（美）苏哈斯·库尔卡尼（Suhas Kulkarni） 著

王道远 高 煌 赵唐静 许 刚 译

科学注塑
——稳健成型工艺开发的理论与实践
（原著第2版）

Robust Process Development and Scientific Molding
——Theory and Practice

化学工业出版社

·北 京·

内容简介

本书在对科学注塑的基础知识，如聚合物性能、聚合物流变学、塑料干燥、常见塑料和添加剂等进行介绍的基础上，重点对科学注塑成型、科学注塑的步骤和方法、科学注塑实验设计、尺寸和工艺窗口控制、模具验收流程、故障排除、影响工艺稳定的重要因素等进行了详细的论述，既包括基础理论，又有关于成型的实践经验。

本书原著作者创造了"科学注塑"这一专业术语，它包括了将塑料粒子转化为最终产品并交付给客户的所有过程。希望该书能够对从事注塑成型工艺开发的各类相关人员提供参考。

Robust Process Development and Scientific Molding——Theory and Practice, 2nd edition/by Suhas Kulkarni

ISBN 978-1-56990-586-9

Copyright© 2017 by Carl Hanser Verlag, Munich. All rights reserved.

Authorized translation from the English language edition published by Carl Hanser Verlag
本书中文简体字版由 Carl Hanser Verlag 授权化学工业出版社独家出版发行。

北京市版权局著作权合同登记号：01-2022-0558

图书在版编目（CIP）数据

科学注塑：稳健成型工艺开发的理论与实践/（美）苏哈斯·库尔卡尼（Suhas Kulkarni）著；王道远等译. —北京：化学工业出版社，2022.1
书名原文：Robust Process Development and Scientific Molding —— Theory and Practice
ISBN 978-7-122-40099-4

Ⅰ.①科… Ⅱ.①苏…②王… Ⅲ.①注塑-生产工艺 Ⅳ.①TQ320.66

中国版本图书馆CIP数据核字（2021）第210697号

责任编辑：赵卫娟　　　　　　　　　　文字编辑：王文莉
责任校对：王　静　　　　　　　　　　装帧设计：关　飞

出版发行：化学工业出版社（北京市东城区青年湖南街13号　邮政编码100011）
印　　装：天津市银博印刷集团有限公司
710mm×1000mm　1/16　印张20　字数367千字　2022年4月北京第1版第1次印刷

购书咨询：010-64518888　　　　　　售后服务：010-64518899
网　　址：http://www.cip.com.cn
凡购买本书，如有缺损质量问题，本社销售中心负责调换。

定　　价：168.00元　　　　　　　　　　　　版权所有　违者必究

原著作者对中国读者的寄语
Message from the Author to Chinese Readers

欣闻《科学注塑——稳健成型工艺开发的理论和实践》一书第2版的中译本即将在中国出版，兴奋异常。我想借此机会向本书的中国读者说几句话。

It is my great pleasure to hear that the Chinese translation of my book—Robust Process Development and Scientific Molding (2nd Edition) will be published soon in China. I would like to take this opportunity to say a few words to the Chinese readers of this book.

我和中国注塑行业的交往由来已久。和美国一样，中国也是世界上使用聚合物进行注塑加工的大国，而且行业发展速度非常迅猛。自从我投身科学注塑咨询业务以来，曾多次来到中国进行技术推广，并辅导企业实施科学注塑，希望以数据为驱动的工艺开发理念能在中国的注塑行业里落地开花。实践证明，科学注塑的实施卓有成效。

It has been a long time since I started to work with China's injection molding industry. Just as United States of America, China is one of the world's biggest player in plastic injection molding industry and the development is really fast. Since I started the consulting business in Scientific Molding, I have made a few trips to China to promote this advanced technology and guide enterprises to implement it with the hope that this data-driven process development concept will be widely accepted in China. It is proven the implementation of this technology is fruitful.

随着近年来工业数字化的浪潮不断高涨，中国的注塑企业也越来越清楚地认识到科学注塑以及稳健工艺开发的优越性。此时正是进一步推广科学注塑的黄金时机。本书长期占据汉斯出版社注塑类图书的畅销榜，它总结了行业前辈们的丰富经验，探讨了开发稳健成型工艺的科学方法，将会对中国注塑行业未来的发展有所裨益。

With the tide of industrial digitization in recent years, more and more China's injection molding companies have realized the advantages of Scientific Molding and systematic process development. It is the best time ever to bring the implementation of the technology to a higher level. This book, one of the best-seller among molding publications by Hanser Publishing House for years, summarizes the experience of many operators in the molding industry and provides the scientific methods of developing robust molding processes. I believe it will bring solid benefits to the future advancement of China's injection molding industry.

很高兴王道远先生带领的翻译小组能抓住时机，及时将本书介绍给中国读者。在过去一年多时间里，翻译小组曾多次与我开视频会议，讨论书中的技术细节。他们这种精益求精的专业精神令我深受感动。

I am glad that the translation group led by David Wang seize the right time to introduce this book to Chinese readers. Over the past year, the group held a couple of video conferences with me to discuss the technical details in the book. I was deeply touched by their professionalism of excellence.

我真诚地希望中国的读者能充分利用这本书中描述的理论和方法，更有效地开展科学注塑工艺的开发，推动行业的高速发展。

I sincerely hope that Chinese readers can make full use of the theories and methods introduced in this book and develop the injection molding process more efficiently. In that way industry will move forward even faster.

Suhas Kulkarni
苏哈斯·库尔卡尼
2021.12.30

译者前言

《科学注塑实战指南》一书于2020年面世后，受到了许多注塑同行的关注，反响较好。但同时也有读者反馈，希望对科学注塑有更深入的了解。这说明科学注塑已越来越受到广大注塑从业者的认可。

传统注塑工艺开发过程与科学注塑工艺开发过程的关系，有点类似于传统中医和西医诊疗的关系。经验丰富的中医师通过望、闻、问、切看病下药，定性的程度比较大。而西医就不同了，先要病人去拍片子，做化验，依托先进的医疗仪器设备，采集数据，然后依此诊断病情，对症下药。因此，科学注射成型工艺的开发更像西医根据检查数据做科学诊断和治疗方案的过程。

通过对注塑过程中关键要素数据的采集和优化，我们可以有条不紊地建立一套具有稳健性、可重复性和可复制性（3R原则）的成型工艺。近年来，高速发展的工业数字化为注塑行业的发展提供了广阔的前景和良好的环境。为顺应这种行业的急速发展，我们精心为大家挑选并翻译了这本《科学注塑——稳健成型工艺开发的理论与实践》。本书从更深刻的理论角度和更具实操性的实验层面，为大家提供了实行科学注塑的有效途径和实用手段。

本书的原作者苏哈斯·库尔卡尼先生在建立稳健注塑工艺方面有着深厚的理论功底和丰富的实践经验。书中介绍的许多注塑基础知识和实验方法，以高屋建瓴的方式，展现了先进的系统方法驾驭传统注塑生产时所产生的魅力。例如书中首次将实验设计（DOE）的方法引入注射成型，利用数理统计的原理有效地规划注塑参数的优选实验，赋予了广大从业者更科学的工艺开发手段。希望这些方法能引导国内企业摈弃仅靠经验和直觉解决注塑问题的模式。

本书翻译和审核期间，受到众多行业同事的大力支持，他们有王晓东、冯文江、向双华、温英兰、高腾飞等，在此表示衷心感谢。此外，华中科技大学高煌博士的加入，也为本书的翻译质量提供了专业保证。

受译者水平所限，本书难免存在疏漏之处，在此恳请广大读者不吝指正。

王道远

2021.12.08 于上海

前言

有句名言："世界上唯一不变的就是变化。"本书第一版问世至今已六年，一直受到广大读者的好评，在此衷心感谢大家的认可！过去的六年里，我初心不改，始终以稳健工艺开发为终极目标，继续深入地探索。随着所发表论文和教授内容的不断增加，我觉得是时候修订本书了。

第二版的各章节大部分都增添了新内容，对第一版中介绍过的部分概念也进行了扩充和重编，让读者读起来更容易理解。同时，对部分数据进行了补充，以加强说明效果。某些章节和文字进行了拆分重组，目的也是使内容理解起来更为流畅。

尽管工艺开发非常复杂，但是一旦厘清概念，实施起来却并没那么困难。因此，关键还是要先弄清基本概念。在我多年的咨询实践中，经常有公司要求我帮他们解决工艺方面的难题。我总是会先根据基本要素，问他们一些关于模具、机器和流程的简单问题。对此他们要么哑口无言，要么在回答问题时，自己就已找到了解决问题的方法。以往的工艺开发说不定是靠抓阄来做决策的，难怪解决问题常常束手无策。本书试图改变这种现状。通过书中介绍的技术，可以建立所谓的自动巡航控制过程：设置工艺、开始成型，避免在工艺完成验证前随意改变设置。

"实验设计"（DOE）在成型中具有非常重要的意义。许多公司虽然采用了这种技术，但效果并不理想。究其原因，并非他们缺乏实验设计的知识，而是缺乏对注射成型基本原理的理解，也有DOE因素和水平选择不当的原因。因此，第二版对相关内容进行了增补。

感谢汉斯出版社及其员工给我机会出版第二版。马克·史密斯和谢丽尔·汉密尔顿在图书的校对中给予了很多帮助，对由我造成的延误也十分包容。也要感谢在新版中帮助过我的其他几位人士。洛伦娜·卡斯特罗（Lorena Castro）将我零散的随笔整理成了流畅可读的文字，对此我十分感激。

第一版前言中，我没能提到那个对我职业生涯和人生有着重要影响的机构。它就是位于印度普纳的国家化学研究所（NCL）。我父亲是一位科学家，一辈子都在该研究所从事研究工作。父亲开展研究时，常常把我带到实验室里，研究所里面的研究员对我潜移默化的影响很大。也是从那时开始，我立志将来要从事研究工作。大学期间，我曾在那里的聚合物工程部做过项目，首次接触并参与了研究工作。也正是国家化学研究所的那段经历不断鞭策我坚持不懈地进行着研究工作。

施以援手并不断给我鼓励的人士还有：独创塑料（Distinctive Plastics）公司的提姆和法厄蕾塔（Tim & Violeta），他们为支持我的研究和论坛还创办了一家公司。还有我的大学教授巴萨格卡博士（Dr. Gasargekar），我的同行拉夫卡尔（Ravi Khare）、阿图康德卡（Atul Khandekar）、韦舒萨哈（Vishu Shah）、维卡姆巴噶伐（Vikarm Bhargava）、兰迪菲利普斯（Randy Phillips），以及我的家人。

父亲、母亲和孩子们，我会永远铭记多年来你们给我的支持和鼓励。

苏哈斯·库尔卡尼
2016年10月

第1版前言

大学毕业后面试第二份工作那会儿，有人告诉我，如果成功入职，我得去参加一期科学注塑与实验设计的研习班，这是个我完全陌生的领域。未来我的工作职责就是把这项新技术作为标准流程，在公司内部推广应用。我接受了这份工作，也出席了那个研习班。

全新技术在首批模具上的应用效果令人耳目一新，也彻底颠覆了我以前的工作模式。将聚合理论应用到注塑成型的科学工艺开发方法，彻底消除了猜测。科学的证据揭示了产品按要求稳健成型的底层逻辑。目睹着与日俱增的成功案例，我对推广新技术的热情空前高涨。在接下来的几年里，我与本地的SPE（塑料工程师协会）分会合作举办了多场演讲，与会者无一不想了解更多的技术，让生产效率得到提高。于是在2004年，我决定开始从事科学注塑成型的咨询工作。

科学注塑成型是我创造出来的一个专业术语，它包括将塑料粒子转化为最终产品并交付给客户的所有过程。在解决聚酯（PBT）和聚酰胺"过度干燥"问题的过程中，我意识到成型工艺不能仅仅局限于注塑机和模具型腔。随着咨询和教学事业的发展，我也注意到有很多同行都在寻找渠道，学习和了解聚合物以及塑料加工的基本知识，并应用到实际注塑生产中去。他们迫切想了解实行科学注塑成型的原理和方法。总有人在问"从哪里才能找到科学注塑的资料？"这本书给出了答案。

从科学角度理解成型过程有利于做出优化决策，设定好影响成型全过程的所有参数。该过程中塑料粒子源于仓库，通过注塑机，最终转化成注塑产品。科学知识与经验也是参数设定的基础，由此才能打造出高效的生产工艺。高产出、少废料、工艺稳健、质量检验频次和工艺变更次数减少、人工干预需求低，这些都是科学注塑成型的优势所在。

本书详细介绍了科学注塑成型的理论与实践。注塑成型中存在着不少"经验法则"，我的使命就是努力让这些法则成为历史，并用科学的解决方法取而代之。模具排气槽尺寸的科学化设计便是一个明证。

我希望自己的孜孜以求能不断给成型工艺带来更深刻的洞察，并在本书的未来版中与大家分享。本书的成功出版离不开诸多友人的相助。他们中有人为我指点迷津，也有人激励我不断求知，更多人给予了无条件的支持。我无法对所有人逐一表示感谢，但我明白如果没有他们的鼎力相助，这本书是无法完成的。首先应该感谢的是我父亲，是他引导我进入了奇妙的化学研究领域。化学研究激发了我的好奇心、创造力和分析解决问题的能力。其次要感谢我的老师和教授，他们不仅授我知识，还为人师表，乐于奉献，为我树立了正确的教育价值观。正是这些观念激发了我投身教育和传播知识。还要感谢我的家人和朋友们的支持和信任。正是从他们身上，我得到了不断突破藩篱，迈向未知将来的意志力和勇气。

这本书的发行出版，要感谢克里斯汀·斯特罗姆（Christine Strohm）先生和汉斯出版社管理团队做出的努力。其次，RJG公司的Mike Groleau先生和Beaumont Technologies公司的John Beaumont先生分别对型腔压力传感器部分和有关流变学的章节进行了审阅，感谢他们提出的宝贵意见。感谢Dave Hart先生进行的校对，使本书成为颇有趣味的技术读物。DOE章节收录了Symphony Technologies公司Ravi Khare先生的宝贵意见。如果没有Distinctive Plastics公司Tim先生和Violeta Curnutt先生的无条件帮助，我也无法对书中提出的许多理论和应用进行试验验证，尤其感激Distinctive Plastics在写作期间给了我宾至如归的感觉。时常有人夸我是一名高效教师，在聚合物科学和流变学方面概念清晰。而我则是从Basargekar教授身上学到了很多知识和教学技能，我衷心感谢他。在Vishu Shah先生安排下，我与SPE成功举办了几次研讨会。这些研讨会给了我编写这本书的动力和素材。除了共同举办研讨会，Vishu先生还成了我的专业导师和私人朋友，我满怀感激之情。我还要感谢John Bozzelli先生和Rod Groleau先生，正是他们在科学注塑领域所做的开拓性工作，提升了注塑行业对科学成型的认知度。

最后致我的母校，印度普纳的马哈拉施特拉邦理工学院和美国马萨诸塞大学洛威尔分校：我的成功离不开你们帮我打下的坚实基石。谢谢你们！

苏哈斯·库尔卡尼

FIMMTECH Inc.

加州 维斯塔

2010年1月

目录

3　聚合物流变学 ·· 39

4　塑料的干燥 ·· 57

5　常用塑料与添加剂　　79

7　科学注塑工艺及成型参数设定 ··································· 111

8　工艺开发：6步法——探求外观工艺 ····················· 127

9 工艺开发二：尺寸工艺的实验设计方法 ································ 187

10 模具验收、量产及注塑缺陷处理 ································· 225

11 影响工艺稳定的重要因素
——模具冷却、排气和再生料 247

12 相关技术和课题 263

13　质量理念 ··· 281

1 科学注塑工艺概论

1.1 注射成型的演变和发展

注塑和挤出是塑料产品加工中两种最常用的技术。其中塑料注射成型技术源自海厄特（Hyatt）兄弟利用塑料制造台球的想法，该想法借鉴了约翰·史密斯（John Smith）金属铸件注射的专利技术。此后，塑料注射成型走过了漫长的发展之路。由于注射成型具有概念简单、生产效率高和尺寸精度高等优点，它已成为塑料产品制造的一项流行技术。

注射成型技术能发展到今天，离不开以下几个关键因素。

① 随着科学技术的不断进步，对注射产品的要求日趋严格，产品的公差越来越小，复杂程度越来越高，并且要求还在不断提高。如今，英制尺寸公差精确到小数点后三位的情况并不少见。

② 设计具有创意并能满足装配要求的产品（DFA）以及多种原料在同一模腔成型的产品（多物料成型），现在已司空见惯。聚合物材料行业随注射成型而生，也随工艺要求的提升而变。当人们发现聚合物有多种形态，熔体在成型过程中需要更好的均匀性时，注射螺杆便应运而生。不久后，能适用于不同原材料的专用螺杆也相继问世。随着高熔点高模温的高温材料投入应用，加热能力更强的高温陶瓷加热圈和高温模温机接踵而至。电气和电子技术的创新让注塑机更易控制，精度和效率更高。如今液压阀的响应时间已达毫秒级。具有良好一致性和精度的全电动和混合动力注塑机渐受青睐。凭借互联网，现在注塑机的实时工艺参数可以随处调看。在线注塑机生产远程监控和在线注塑机调试也早已成为现实，一些辅助设备可由供应商远程进行编程和调试，注塑厂家对此已习以为常。与公司的企业资源计划（ERP）系统绑定的设备会向主管或经理自动发送机台状态和质量问题信息。多年来，对高效生产和先进产品特性的诉求推动了注塑工艺的持

续创新。

1.2   注射成型工艺

传统注塑工艺是指输入注塑机的速度、压力、温度和时间等参数，例如注射速度、保压压力、熔体温度和冷却时间等。这些工艺参数在注塑机上进行设置的同时，也会被记录在一张表单上，该表单称为成型工艺参数表。然而，现在有必要重新定义一下"工艺"这个词。工艺应包括塑料在注塑工厂内经过的所有阶段——从塑料以粒子形式进入注塑工厂直到成为产品离开工厂。例如，塑料的储存、干燥以及产品脱模后的收缩都可能会对产品质量产生重大影响。即在塑料粒子经过的整个成型过程中，每个步骤都会对产品或装配的最终质量产生重要影响。因此，要想控制塑料产品的质量，了解注射过程的每个阶段势在必行。获得满足质量要求的产品并不难，真正的挑战在于以最少的成本和最高的效率获得满足质量要求的产品，并且能够保证成型过程的一致性。这种一致性包括不同型腔、不同模次以及不同生产批次之间产品质量的一致性。

1.3   注射成型的三种一致性

注塑工艺的开发目标就是寻求一种稳健工艺，该工艺一旦确定下来，生产过程中就不需要做任何更改。工艺的一致性将带来产品质量的一致性，如图1.1。一致性可分为三种类型：型腔间的一致性 [图1.1（a）]；模次间的一致性 [图1.1（b）]以及批次间的一致性 [图1.1（c）]。型腔间的一致性是指在多型腔模具中，每个型腔的产品质量相同。模次间的一致性是指连续生产过程中，只要工艺参数不变，后一模次与前一模次产品质量相同。批次间的一致性是指工艺参数相同的两个批次产品质量相同。只有稳健的工艺才能保证生产出的产品质量稳定。

造成一致性欠佳的原因多种多样。型腔或浇口的加工误差会造成型腔间的不一致性；注塑机螺杆末端止逆环磨损会导致模次间的不一致性；注塑工艺不稳健或者前一批次的工艺参数没有完整准确记录，都会造成批次间的不一致性。如何保证产品批次间的一致性正是大多数公司面临的难题。本书将深入探讨如何建立稳健、可重复和可复制的注塑工艺。

　　另一个造成注塑产品一致性不良和波动的原因是塑料的收缩特性。熔融塑料注入模具后会渐渐冷却并冻结形成注塑产品。而当熔体在模具中冷却时，体积会减小，这种现象称作收缩。收缩量的大小将决定产品的最终尺寸。然而，收缩量受很多因素的影响，较难预测。塑料的收缩率通常有一个范围，因此模具设计时很难选定一个固定数值。例如，低密度聚乙烯的收缩率介于1.3%～3.1%之间，变化范围较大。产品的收缩率还会受工艺条件的影响。熔体温度越高，收缩率就越大。几乎每个工艺参数都能对收缩造成不同程度的影响。图1.2显示了成型参数对收缩率和产品尺寸的影响。可以通过调节工艺参数来达到调节产品长度的目的。

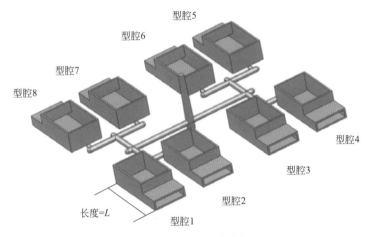

(a) 型腔间的一致性：所有制品长度相等

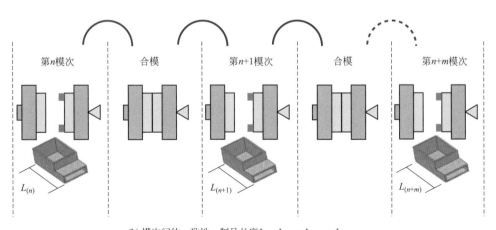

(b) 模次间的一致性：制品长度$L_{(n)} = L_{(n+1)} = L_{(n+\cdots)} = L_{(n+m)}$

图1.1

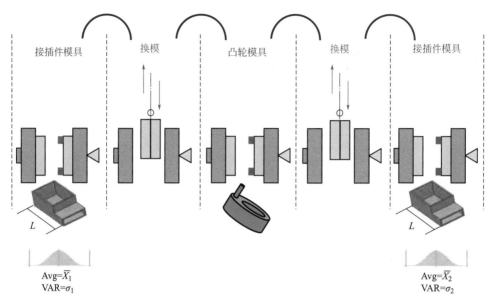

(c) 批次间的一致性：平均长度$\overline{X}_1=\overline{X}_2$，标准差$\sigma_1=\sigma_2$

图1.1   注射成型所需的三种一致性

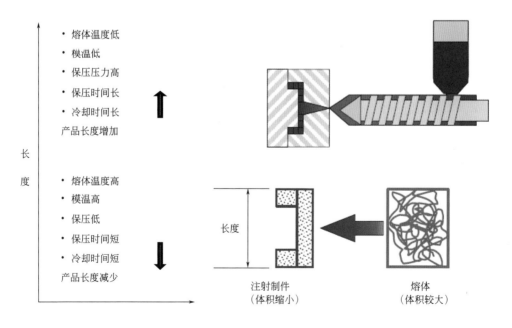

图1.2   成型参数对收缩率和产品尺寸的影响

如图1.2所示，多个参数会对产品尺寸和质量产生影响。为了增加产品的长度，一些参数需要增大，而另一些则需要减小。此外，不同的工艺参数对长度变化的影响程度也不同。如果没有按照以上思路开发成型工艺，一旦尺寸超差，工艺人员就会随意调整工艺参数，结果是：已批准的工艺几个班次下来就完全变了样。再例如，工艺参数表中两年前的设置和当前的设置完全不同。

了解特定模具的成型工艺是注塑厂家的首要任务。而只有遵循系统化的工艺开发方法，才能开发出稳健、可重复和可复制的工艺：即3R工艺。

图1.3中所示的工艺存在很多系统性缺陷，难以获批投入量产。这种工艺会产生残次品，造成原材料和时间的损失，更不用说给注塑人员带来的时间和精力上的损失了。产品可以重新生产后发给客户，但损失的时间和精力是无法弥补的。另外厂家的声誉也会受到极大的影响。

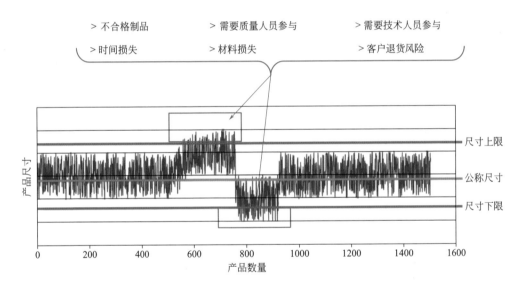

图1.3　低效工艺示例

1.4　科学注塑工艺

科学注塑工艺是指运用基本科学原理来控制注塑工艺参数，实现产品质量一致性。为了实现这种一致性，我们必须控制过程中的每一项活动，而为了控制每一项活动，我们必须了解其中的科学规律。实行科学成型的最终目标是

图1.4 注射成型全过程和需要控制的关键要素

建立一套稳健的工艺。而塑料粒子所经过的各个阶段的稳健性会顺其自然地转化为整体工艺的稳健性。"一致性"不能简单地与符合尺寸规格混为一谈。一致的工艺能生产出具有一致性的产品，但这些产品却可能都超出尺寸规格。在这种情况下，必须调整模具型腔尺寸，让产品符合规格要求，而不应去改变工艺。

"科学注塑"一词是由注射成型领域的两位先驱——约翰·博泽利（John Bozzelli）和罗德·格罗里奥（Rod Groleau）首先提出的。如今，他们倡导的科学注射原理早已广泛应用并已成为行业标准。科学注塑的研究对象是注射成型时实际进入模腔的塑料，而科学注塑工艺则是一套正确处理塑料粒子的工艺，覆盖了从塑料颗粒进入工厂到加工成产品离开工厂的整个过程。图1.4展示了注射成型全过程和需要控制的关键要素。

1.5 注射成型的五个关键要素

图1.5中的五个关键性要素共同影响着注射产品最终的质量，因此需要精心挑选：
① 产品设计。
② 材料选择。
③ 模具设计与加工。
④ 注塑机。
⑤ 成型工艺。
以上每个要素在注射生产过程中都起着重要作用。因此，为了获得合格产品，更为了建立稳定的成型生产过程，必须对每一个要素进行优化。

1.5.1 产品设计

产品的初期概念往往来源于工程师的灵感。产品设计应遵循注塑产品设计的基本原则，以利于后面开展的注塑生产。由于塑料固有的特性，其注塑产品设计的原则与金属产品设计的原则大相径庭。例如，为了避免产生缩痕缺陷，注塑产品的截面不宜设计得太厚。此外，所有转角处均应有过渡圆角，以免产生应力集中或早期失效。随着劳动力成本的持续增加和制造业对高效率的不断追求，产品设计师现在会面临新的挑战，如设计的产品需要与多物料成型工艺生产的产品进行装配，也就是多组分或多种材料注射成型制程。

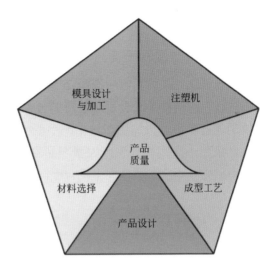

图1.5　影响产品质量一致性和工艺稳健性的五个要素

1.5.2　材料选择

应根据产品设计标准和对产品的性能要求来选择合适的塑料材料。有时为了提高产品性能，需将某些特殊塑料或添加剂加入基体塑料中。如厚壁结构的塑料中会加入填充剂；又如产品存在滑动表面时，塑料中会加入可降低摩擦系数的添加剂。一般在产品基本结构设计完成时，材料就必须选定。与此同时，设计细节的修改也可同步展开。

1.5.3　模具设计与加工

产品设计和原材料的选择完成后，就进入了模具设计和加工阶段。设计和加工的模具必须足够坚固，能够承受成型过程中的各种极端工艺和不利材料特性。例如在注射过程中，尤其在注射和补缩阶段，模具需要承受很高的压力，浇口区域通常存在剧烈磨损。模具里的某些位置需要设置排气槽，这样塑料才能顺利流入模具。某些塑料有明显特性，模具设计时就需特别关注。不同材料之间的收缩率也存在很大区别。以上这些因素都需要全面加以考虑。模具的生命周期产量需求是决定模具材料选用的另一要素。由于模具部件存在磨损，制作模架和模腔的材料选用会直接影响模具的整体寿命，也会影响维持正常生产所需的保养工作量。

1.5.4　注塑机

模具设计完成的同时应选择合适的注塑机。当然选择注塑机也可以与模具设计同步进行。注塑机是否合适对注塑工艺的稳定性起着十分重要的作用。例如，应避免使用注射容量过大的注塑机生产小型产品，否则产品质量的一致性会有所下降。反之，采用小注塑机来生产大型产品也会引起熔胶不均，进而影响填充和尺寸稳定。小型模具不应安装在大型机台上，以免因锁模力过大造成模具损坏。

1.5.5　成型工艺

成型工艺优化是模具投入量产前的最后一项工作，本书将详加论述。如果上述四要素选取不当，准备工作完成不力，即使工艺得以优化，也会给项目带来巨大的成本压力和时间挑战。往往项目在接近完成期限时，考虑到可能增加的成本和时间的延误，打算修改产品设计或模具设计为时已晚。设计制造不良的模具工艺窗口狭窄，成型工艺难以稳定。如果选用的塑料材料难以满足公差要求，则无论采用什么工艺都难以生产出合格的产品。注塑工艺应该稳健、可复制并支持反复生产的需要。

1.6　并行工程

注射产品的生产涉及公司多个部门，因此有必要定期召开由各个部门参加的例会。每个部门对工艺选择都有各自的经验，这不仅对制定工艺有帮助，更重要的是能在模具流转投入实际生产前，对可能出现的异常进行预判。例如，邀请工艺工程师参与模具设计，可优化产品在模具里的排布，便于产品取出；工艺工程师可帮助确定排气槽的位置。质量工程师能帮助工艺工程师理解产品设计提出的公差要求。如果公差要求不合理，可以反馈给产品设计工程师，请求放宽公差要求或更换材料。在注射成型加工中实行并行工程有很多好处。本书有一章专门讨论这个话题。接下来的章节将帮助读者理解注射生产中涵盖的科学原理。理解了原理才能更好地运用它们开发出稳健的工艺，解决生产中出现的问题。书中的章节是按照逻辑顺序编写的，目的是更有效地帮助读者丰富需要或应该学习的知识。当然，如果读者已熟悉了某些主题，就可以跳过相关章节，选择需要的内容。

1.7　波动

　　波动是一种自然现象，存在于生活的每个过程和活动中。例如，开车上班所需的时间是一个数字，但这个数字是在某个时间段内所采集到的时间平均值，实际时间可能会低于或高于这个平均值。在注射成型中，如果测量100个产品的长度，也会得到一个平均值，实际产品的尺寸会小于或大于这个平均值。波动是无法避免的，我们的目标是将其最小化。为了预测注射产品的质量，就需要测量偏差。如图1.6所示，测量了标记为A的一批产品后，似乎可以下结论它们都在规格范围内。但是，测量差值后会发现有一些产品并不符合规格，例如标记为B的产品。

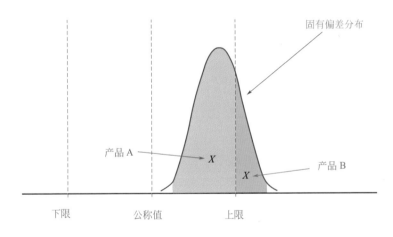

图1.6　波动的评估

　　如图1.7所示，注射成型过程中，引起波动的因素不止一个，例如人、机（设备）、料、法（工艺）、环、测等。注射产品质量的波动是多个因素综合作用的结果。因此，控制每个因素的波动将有助于减少最终产品质量的总体波动。

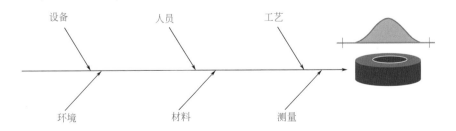

图1.7　导致注塑产品产生波动的部分原因

推荐读物

Osswald, T. A., Turng, L., Gramann, P. J.（Eds.）, Injection Molding Handbook（2007）Hanser.

Munich Kulkarni, S. M., Injection Molding Magazine（June 2008）Cannon Publications, Los Angeles, USA.

2 聚合物特性及其对注射成型的影响

塑料一词通常指用于注射成型的材料，它们是一类具有长链分子结构和某种特性的聚合物。鉴于大部分用于注射成型的商用聚合物都属于塑料的范畴，本书中我们统称为塑料。其他常见的注塑聚合物还有热塑性弹性体（TPEs），它与塑料有着类似的成型特性，但成型后的特性却不相同，我们统称为TPEs。为了更好地理解注射成型的概念，我们需要对聚合物、聚合物的性能以及其中的添加剂有个基本了解。本章将讨论聚合物及其在注射成型中的应用。

2.1 聚合物

物质是由原子组成的，分子也不例外。例如一个水分子由两个氢原子和一个氧原子组成。聚合物是由多个相同分子连接在一起的大分子。一个乙烯分子可以和另一个乙烯分子连接，当成千上万个这样的分子相互连接时，就形成了聚乙烯分子。"poly"代表许多，"mer"是部分。聚合物就是许多部分通过化学方法连接在一起的。合成它的基本单元叫作单体，"mono"就是单体的意思。聚合物也称作高分子。单体转化为聚合物的过程称作聚合反应。聚合物也可以由多种单体合成。例如，ABS是由丙烯腈、丁二烯和苯乙烯三种不同的单体合成的。

聚合物亘古便有。作为生命的基本单元，DNA就是一种存在于所有动植物中的天然聚合物。时至今日，几乎所有的商用聚合物都是由天然原料聚合而成的。19世纪末，首批商用合成聚合物——硬质橡胶横空出世。有意思的是，直到聚氯乙烯、聚酰胺（俗称尼龙）和聚酯问世几十年后，即20世纪50年代末，目前广泛应用的聚烯烃才在商业上获得青睐。而近年来诞生的聚合物则离不开生物材料和纳米技术作为基础。聚合物是由单体通过化学方法合成的。聚合过程主要有两种：加聚和缩聚。加聚是指在催化剂作用下单体间相互加成形成聚合物，常见的如聚乙烯。聚乙烯是由乙烯单体聚合而成，乙烯单体在室温下呈气态。聚合时，乙烯分子内的双键断开，然后与相邻的乙烯分子聚合。这个过程不停持续下去，最终得到一个高分子量的大分子。聚合过程如图2.1所示。

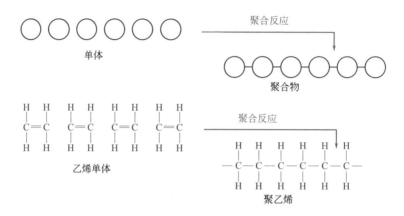

图2.1　聚乙烯的聚合和形成过程

同样，在缩聚反应中，每个单体之间互相结合，但这种化学反应会产生低分子量的副产物。只有不断析出副产物，聚合反应才能够继续进行。缩聚聚合物通常由两个或多个单体家族聚合而成：如聚酰胺（尼龙）和聚酯。聚酰胺（尼龙）是由二元胺和二元酸的单体家族聚合而成的，化学反应式如下。

$$n\mathrm{H_2N{-}R{-}NH_2} + n\mathrm{HO_2C{-}R'{-}CO_2H} \longrightarrow$$

$$\mathrm{H}\!\left(\mathrm{{-}NH{-}R{-}NHCO{-}R'{-}CO{-}}\right)_n\!\mathrm{OH} + (2n-1)\mathrm{H_2O}$$

R和R′是存在于单体中的特征基团，水是副产物。这些基团可以聚合成不同类型的聚酰胺（尼龙）。括号中的单元通过自我复制形成聚合物。如果R是（$\mathrm{CH_2}$）$_6$，那么第一个单体是六亚甲基二胺，如果R′是（$\mathrm{CH_2}$）$_4$，那么第二个单体是己二酸。以上两种单体合成聚六亚甲基二胺，俗称尼龙66。

2.2　分子量及分子量分布

单体单元的重复使分子量增加。平均分子量是所有分子的分子量之和除以分子数量。大多数商用聚合物的平均分子量在4万～20万之间，但有些聚合物分子量巨大。例如，超高分子量聚乙烯（UHMWPE）的分子量在100万～600万之间。润滑脂和软质蜡的分子量在500～3000之间，而一些硬而脆的蜡，分子量在3000～10000[1]之间。当分子间引力（分子间作用力）较大时，即使分子量较小，也具有足够的力学性能，例如聚酰胺和聚酯。而对于聚乙烯等分子间作用力较低的材料，要想满足力学性能要求，就需要较大的分子量。一般来说，聚乙烯的分子量大于聚酰胺或聚酯。某些应用场合下，聚乙烯除了力学性能欠佳外，其他性能都能满足要求，于是便开发了UHMWPE。在大多数情况下，随着分子量的增加，其力学性能逐渐增加并趋于稳定。聚合物的其他性能也会受到分子量的影响。注塑厂应重点关注聚合物黏度，分子量的增加会导致黏度的上升。为了获得均匀一致的熔体，聚合物需要具有一定的黏度。熔体的可加工性随分子量的增加而提高，但由于黏度有所增加，加工所需的能量也随之增加，直到分子量的增加对熔体加工不再产生实际促进作用为止。分子量对聚合物力学性能和黏度的影响如图2.2所示。

聚合过程中单体的聚合（加聚和缩聚）是完全随机的。分子的增长难以控制，从而导致最终分子的长度和分子量的差异。由此呈现出一种聚合物分子量的分布状况，称为聚合物分子量分布。分子量分布是注射成型中的一个重要指标。小分子量单元比大分子量单元熔化得快。在成型过程中，熔体应尽快注入模具，以免接触冷模后提早发生冻结。如果熔体冻结过快，会导致脱模时零件填充不满或内部残余应力较大。分子量的窄幅分布可确保所有分子大约在同一时间段内熔化。一旦熔体在料筒内的停留时间达到上限，分子链断裂或降解的可能性会增大，最终产品的性能也将大幅度下降。这也是分子量分布越窄越好的另一个原因。

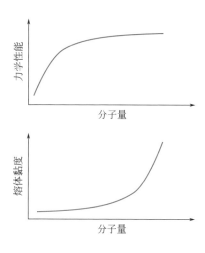

图2.2 分子量对聚合物力学性能和黏度的影响

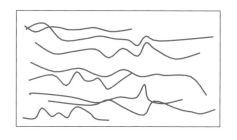

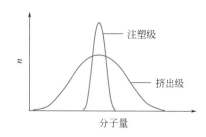

图2.3 注塑级和挤出级聚合物分子量分布

而在挤出成型工艺中，熔体的强度是个重要参数。高分子量单元黏度较高，有助于携带熔化的低分子量单元完成挤出成型，因此挤出成型倾向于宽分子量分布度。较窄的分子量分布度将导致熔体强度降低以及挤出件形状和特征的丢失。此外，由于挤出是一个连续过程，熔体在挤出机料筒里停留时间较短，因此降解风险较低。分子量分布的宽窄决定了塑料是注塑级还是挤出级。有时挤出级塑料也用于注射成型，这是因为它的黏度相对较低，填充型腔高效稳定。相反用注塑级塑料进行挤出加工的情况则不太常见。图2.3显示了注塑级和挤出级聚合物分子量分布的差异。

2.3 聚合物形态（结晶型和无定形聚合物）

聚合物形态指的是分子在聚合物中的排布形式。根据分子的排布形式不同，聚合物可分为无定形和结晶型两类。无定形聚合物分子的排布随机且杂乱无章。在高倍显微镜下，样本看上去像一大碗煮熟的意大利面。而在结晶型聚合物中，某些区域的分子排布有序，高度规整。这些有序区域称为结晶区。图2.4展示了两种聚合物的形态差异，表2.1中则列出了两者的特性差异。

结晶区

图2.4 无定形和（半）结晶聚合物的分子排列

非晶态区域

晶体

图2.5 晶体存在于非晶态基体中

没有一种聚合物是完全结晶的，总会存在一些分子链随机排布的区域。因此结晶型聚合物本质上是半结晶型的，其晶体存在于非结晶区域中。如图2.5所示，分子链一部分位于无定形区域，另一部分则位于结晶区域。结晶度是指样本中结晶区所占的比例，表2.2列举了一些常见聚合物的结晶度。

表2.1 无定形材料与结晶型材料的不同属性

无定形	结晶型
随机结构	有序结构
熔融温度范围宽	熔融温度范围窄
体积收缩率较小	体积收缩率较大
力学性能较低	力学性能较高
透明/半透明	不透明
例如：ABS、聚苯乙烯	例如：聚酰胺（尼龙）、聚酯

表2.2 常见聚合物的结晶度[2]

聚合物种类	结晶度
高密度聚乙烯（HDPE）	0.80
等规聚丙烯（PP）	0.63
聚对苯二甲酸乙二醇酯（PET）	0.50
聚酰胺66（尼龙66）	0.70
聚酰胺6（尼龙6）	0.50

　　决定聚合物是结晶型或无定形的主要因素有两个：分子链排布的几何规整度和分子间作用力的强度差异。几何规整度是指主链上基团的排列形式。有规立构聚合物是指链上的单体具有相同规整结构的聚合物。如同俄罗斯方块游戏中的方块一样，这种规律性有助于分子链更容易、更紧密地组合在一起。而在无规聚合物中，单体链段是随机取向的，导致分子堆积的可能性减小，从而形成了无定形聚合物。

在某些聚合物的聚合过程中，可以通过控制单体取向生成立构规整聚合物。聚苯乙烯就是一个可控聚合的例子。通用聚苯乙烯是无规的，因此也是无定形的。然而，在一定的茂金属催化剂作用下，聚苯乙烯可形成半结晶型有规立构聚合物。半结晶型聚苯乙烯的力学性能和化学性能都更优越。无规型和间规型聚苯乙烯的分子结构如图2.6所示。

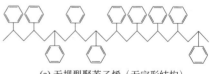

(a) 无规型聚苯乙烯（无定形结构）

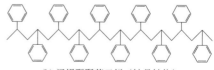

(b) 间规型聚苯乙烯（结晶结构）

图2.6 无规型（a）和间规型聚苯乙烯（b）

　　另一个常见的例子是线型聚乙烯，它是一种高度结晶的无定形支化聚乙烯。分子间的作用力也会对结晶度产生影响，作用力越大，结晶度就越高。聚酰胺便是一种分子间作用力较大的聚合物，其分子结构见图 2.7。一个分子上的氢原子与相邻分子上的氧原子具有很强的亲和力，使得分子链更为密实。这种效应在聚酯中很常见。

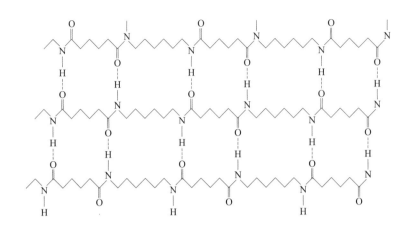

图2.7   分子间引力导致聚合物结晶度增加

表2.3 列出了一些常见聚合物的形态。应该注意的是，聚合物的形态在加工和成型过程中是可能发生变化的。例如，模温对结晶过程有重要影响，低模温不利于晶体的形成。本章后面还将对此进行探讨。

表2.3   常见的无定形及结晶材料

聚合物	化学名称	无定形	半结晶型
ABS	丙烯腈-丁二烯-苯乙烯	Y	
ASA	丙烯腈-苯乙烯-丙烯酸酯	Y	
GPPS	通用聚苯乙烯	Y	
HDPE	高密度聚乙烯		Y
HIPS	高抗冲聚苯乙烯	Y	
LCP	液晶聚合物		Y
LDPE	低密度聚乙烯		Y
PA	聚酰胺（尼龙）		Y
PAI	聚酰亚胺	Y	
PBT	聚对苯二甲酸丁二醇酯		Y

续表

聚合物	化学名称	无定形	半结晶型
PC	聚碳酸酯	Y	
PEEK	聚醚醚酮		Y
PET	聚对苯二甲酸乙二醇酯		Y
POM	聚甲醛（缩醛）		Y
PP	聚丙烯		Y
PPS	聚苯硫醚		Y
PSU	聚砜	Y	
PVC	聚氯乙烯	Y	
SAN	苯乙烯-丙烯腈	Y	

结晶率和分子量共同决定了聚合物的用途。以图2.8中的聚乙烯为例，低分子量和低结晶率的聚乙烯可用作软蜡和润滑脂的原料，而高分子量和高结晶率的材料往往用作硬塑料。

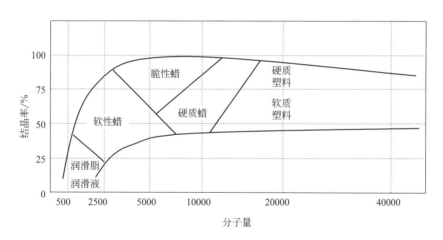

图2.8 分子量和结晶度对聚乙烯力学性能的影响[1]

如2.3节所述，形态是指分子的排列形式。聚丙烯（PP）是结晶材料。当聚丙烯熔化时，分子彼此远离，导致晶体消失。由于所有分子处于随机排列状态，熔融态的聚丙烯便成了无定形态。所有结晶聚合物的熔体都是无定形的，液晶聚合物（LCP）除外（图2.9）。

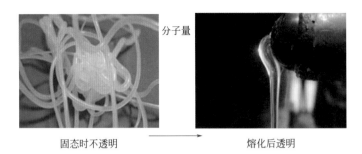

图2.9　结晶材料的熔体总是处于无定形态（LCP除外）

2.4　形态学在注射成型中的作用

结晶型和无定形聚合物的注射成型特性截然不同。晶体的形成受到高的分子间吸引力和分子链成键不受阻碍的概率两方面因素的影响。有时仅仅因为另一个分子或支链结构的存在，结晶就会受阻。在注射成型过程中，只有晶体溶解、分子链断开，黏度才会降低，熔体才能更好地注入型腔。正是晶体具有的这种形成和消融的基本特性，造就了聚合物加工和熔化的不同表现。

2.4.1　无定形和结晶型材料收缩率的差异

收缩是聚合物在熔融态与玻璃态或橡胶态之间的体积变化。当温度升高时，分子所获得能量增加，自由度也随之增加，并相互远离，于是聚合物的体积增大。分子间的体积通常称作自由体积。相反，当聚合物冷却时，自由体积减小，这个过程称为收缩。与无定形聚合物相比，结晶材料中分子间相对运动范围要大得多。当分子遇冷时，它们又会重新排列成高度结构化的紧密阵列，这也是结晶材料收缩率较大的另一个原因。无定形聚合物中不存在这种有序结构，因分子在冷却过程中无需找到固定的位置，因此收缩率比结晶型塑料小。ABS是一种无定形材料，其收缩率仅为0.5%～0.8%，而聚酰胺或缩醛的收缩率可高达2.5%。

2.4.2　熔体可加工温度范围

与冰融化为水类似，聚合物晶体熔化也需要一定的能量。晶体开始熔化的特定温度称为晶体的熔点。结晶型材料的融化温度范围相当狭窄，大约只有20℃，如图2.10。以PBT（Sabic基础创新塑料公司的Valox 420）为例，可加工的熔体温度范围在248～265℃之间，只有17℃的区间。由于存在非结晶区和分子间作用力，结晶型聚合物的熔点不像简单分子材料那么明确。实际上，聚合物的结晶度越低，可加工的温度范围就越宽。

无定形材料没有明确的熔点，但分子会在某一温度范围内软化。无定形材料都有一个推荐的可加工温度范围。在此范围内，塑料的黏度虽低，但足以流动并填充模腔。以ABS（Sabic基础创新塑料公司的Cycolac）为例，其加工温度范围在218～260℃之间，有42℃的区间。

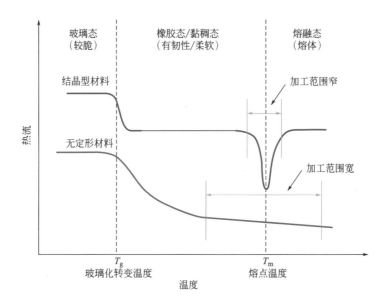

图2.10　无定形和结晶型塑料的热转化及熔体加工温度范围

2.4.3　型腔填充速度

塑料黏度与熔体温度之间成负相关关系。黏度随着塑料温度升高而降低。当熔体流入低温模腔后，它的温度下降，黏度随之增加。由于结晶材料的加工温度范围狭窄，因此必须保证料流前沿的温度始终高于塑料的最低熔融温度。以上面提到的PBT为例，在型腔完全填满之前，料流的前沿温度不应低于248℃。结晶型聚合物狭窄的熔体加工范围决定了它必须尽快注入模腔。

在加工无定形塑料时，由于熔体加工温度范围较宽，所以只要流动前沿的温度保持在最低加工温度之上，就允许使用较慢的射速。这样的工艺在生产镜片或其他光学部件时很常见。

2.4.4　模具温度

与晶体会在特定的温度下熔化一样，聚合物熔体需要在某个特定温度下才能结晶，该温度就称为结晶温度。结晶温度能提供晶体成形必需的能量。如果模具温度过低，分子就无法获得足够能量，晶体难以形成。这会造成塑料产品性能下降。材料供应商通常会通过大量的试验来确定合适的模具加工温度范围。我们强烈建议将结晶材料的模具温度控制在推荐的范围之内。模具温度的概念将在第2.5节有关热传导的部分做进一步的阐述。

由于无定形塑料不结晶，故模具温度范围较宽，可以扩展至较低温度。正由于无需结晶，分子不需要那么多能量，因此可以接受较低的模具温度。然而，为了防止产品产生内应力，不宜采用过低的模具温度。

2.4.5　料筒温度分段曲线

在注塑机料筒中，螺杆起着输送和熔化塑料的作用。螺杆的后端是塑料粒子最先接触螺杆的位置，这部分螺杆的任务是输送和软化粒子。因结晶型聚合物的晶体熔化需要大量热能，而该区段通常是从下料口算起的第二加热段，温度设定应比下一区段更高，以软化分子链。考虑到材料可能具有热敏感性，无法长时间耐受高温，下一区段的温度应有所降低。这样温度分段曲线中部会有一个驼峰突起，典型的结晶类材料大多如此。对于非结晶材料来说，类似分段并无必要。这是因为非结晶性材料熔化所需能量较少，并且可以在料筒中停留较长时间，如图2.11所示。

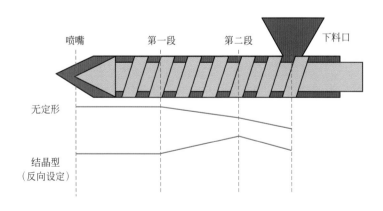

图2.11　无定形和结晶聚合物料筒温度分布

2.4.6　螺杆转速

料筒外围的加热圈为塑料提供热量。由于塑料的导热性差，所以靠近螺杆远离料筒壁的塑料需要额外的热量才能塑化。这些额外的热量来自于螺杆旋转所产生的剪切热。高螺杆转速可产生大量的剪切热，帮助晶体熔融和均匀塑化。对于无定形材料而言，熔化并不需要太多的热量，因此螺杆转速并不是关键所在。事实上，过快的螺杆转速会使材料降解，并产生料花等缺陷。

2.4.7　喷嘴温度控制

在加工结晶型聚合物时，喷嘴温度控制极其重要。喷嘴的温度变化要控制在比熔体加工温度范围更窄的区间内。这在熔体流动处于静止状态时尤为重要，即保压阶段之后，下一个注射周期开始之前。喷嘴温度过低会使喷嘴内的熔体冻结，无法在下次成型时射出。而过高的喷嘴温度又会熔化所有晶体，降低黏度，造成常见的流涎现象。市面上有些特别设计的喷嘴可以解决这个问题。对于无定形塑料，较宽的加工温度范围有益于保持熔体黏度，防止冻结或流涎。

2.4.8　冷却时间

对于结晶型材料，一旦结晶完成，产品就有了足够的强度，温度只需再小幅降低，便可脱模。相比于无定形材料，结晶材料所需的冷却时间更短（零件厚度相同的前提下）。成核剂可以加速结晶材料的结晶速率，缩短冷却时间。成核剂对无定形材料不起作用，因为它们不会形成结晶。

2.4.9　力学性能

晶体能提高聚合物的机械强度。结晶材料犹如一根编好的绳子，而不是一捆杂草，因而拥有更高的强度。一般来说结晶材料比非结晶材料具备更好的力学性能，因此大多数工程塑料都是结晶型塑料。然而，随着新技术的发展和添加剂的不断涌现，非结晶材料的性能通过改性达到与结晶材料媲美的程度。

2.4.10　透明度

绝大多数未经改性的无定形塑料都是透光的。它们分子间距大，光波容易通过，因而呈透明状，例如聚苯乙烯。对于结晶材料，密实的分子结构会阻止光波通过，故呈不透明状。随着结晶度的降低，材料会趋于半透明。正如下一节将要讨论的，无论结晶还是非结晶聚合物，其熔体都是无定形的，因此未加填充料的料筒清洗树脂看上去都是透明的。常态聚乙烯为不透明的结晶材料，而从喷嘴流出的少量熔体却总是透明的。

表2.4总结了无定形和结晶型材料的加工差异。这些比较较为笼统，表中的每一个参数都会受到产品设计和模具设计的影响。

表2.4　无定形与结晶型材料的加工差异[①]

工艺	无定形	（半）结晶
模具填充速率	可用低速	必须高速
模具温度的影响	提升外观质量和释放应力	提高力学性能、外观质量并释放应力
料筒温度设定	常规温度曲线	可能需用反向曲线
熔体热稳定性	好	差
螺杆旋转速度	可用低转速	必须高转速
喷嘴温度控制	容易	困难（要避免流涎和冷料）
冷却时间	较长	较短

① 这仅为粗略比较。产品和模具设计会对表中每一个要素产生影响。

2.5　聚烯烃的形态学特性

大多数聚烯烃是结晶型材料，因此，它们遵循2.3节所述的加工准则。然而，有些结晶型材料也具有一些无定形材料的特性：

① 熔点明显，质地柔软，可以在低于熔点的狭小区间内进行加工。此外在熔点以上的较大范围内，有时甚至高于熔点93℃时，仍具有良好的热稳定性。因此，这类材料虽然属于结晶材料，但其综合加工范围仍非常宽泛。

② 加工温度范围较宽，可以用较慢射速填充模具。

③ 结晶温度决定了模具温度，因此，加工聚乙烯的模具温度须设定在70～110℃之间，而聚丙烯则要高很多。但在大多数生产中，模温常会设定低于此区间，甚至直接使用冰水。采用低温的原因有两个。首先，聚烯烃的玻璃化转变温度低于室温，完全结晶无论如何都会发生，于是产品也自然会达到要求的力学性能。然而，过低的模具温度会导致产品残余应力的增加、尺寸不稳定以及翘曲变形等。由烯烃成型的产品大多是日用品，因此，上述缺陷往往无伤大雅。例如，用聚丙烯注塑的垃圾桶，公差要求并不严格，一般只需要满足外观及一些低载荷的测试要求即可。产品的设计寿命一般也较短，如果用户使用数年后产品出现缺陷，即可丢弃。有时这些缺陷可以通过使用添加剂或者填充料进行弥补。此外，根据不同产品的质量要求，还需设定合适的模具温度。

④ 因晶体结构较为柔软，最终会被剪切熔化，故螺杆转速不应设得太高。为了得到均匀的熔体，螺杆转速应进行优化。如材料中含有易烧焦或易降解的着色剂等添加剂，应适当降低螺杆转速。

聚烯烃塑料质地柔软，产品顶出温度接近室温，这会增加冷却时间，因此成型周期一般也较长。于是产品设计是否合理举足轻重，它会对降低周期时间有着重要作用。

2.6 聚合物的热转换温度

尽管不存在完全结晶的聚合物，为了方便讨论，我们假设确实存在。在接下来的讨论中，我们把结晶型聚合物视作100%的结晶体，无定形聚合物为100%的非结晶体，而半结晶聚合物则为部分结晶且结晶位于非晶区的聚合物。

首先假设将一种无定形聚合物浸入超低温的液体（如液氮）中。液氮的温度介于-210～-195℃之间。在此低温下，各种分子能量几乎不存在，且分子无法自由运动，由此，聚合物变脆。一片原本富有弹性的塑料样件在液氮中浸泡后会变脆，一旦掉落水泥地面，便会像玻璃一样应声而碎。但是，随着样件温度逐渐提高，分子就会获得升温带来的热量。根据材料的不同，当温度升高到一定值，样件就会变软。这个使塑料变软的温度就称作玻璃化转变温度（T_g），或聚合物的玻璃化转变温度。温度为T_g时，分子有足够的能量做热运动，聚合物呈现弹性。如果温度继续升高，能量增加，塑料的弹性也会逐渐增加，直到变成可供成型加工的黏性熔体。分子能量的增加会导致聚合物比容增大。比容（cm^3/g）指的是单位质量聚合物的体积。图2.12是比容与温度的关系图，在达到拐点之前，比容呈线性增长，之后曲线的斜率会发生变化。拐点代表了无定形聚合物的玻璃化转变温度。到达拐点后比容将随温度稳步提升而增加。

接下来，我们用结晶型聚合物做相同的实验。结晶材料分子间的作用力非常大，因此需要更多的能量才能使分子彼此分开。随着温度的升高，分子获得的能量逐渐增加，但分子间的作用力仍限制着分子的运动。直到某个温度分子能够自由运动时，聚合物便变成熔体。晶体熔化需要一定水平的能量，一旦吸收的热能达到这个水平，晶体就会立即熔化。这种现象类似于冰在0℃时融化成水，是一种低分子熔化。由此可见，结晶型材料具有明显的熔点。由固态到液态的这种突变称为熔化，而转变温度则称为熔点温度（T_m）。这类聚合物的转化过程中不存在玻璃化转变温度。如图2.12所示，聚合物比容与温度的关系图在T_m处存在拐点。

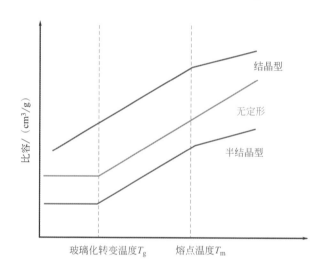

图2.12　聚合物比容与温度的关系

半结晶聚合物的热响应很容易根据无定形和结晶型聚合物的热响应来预测。如前所述，存在于无定形区的晶体结构被认为是半结晶聚合物，因此它同时具有结晶和非结晶聚合物的特性，例如既有玻璃化转变温度，也有明确的熔点温度。在图2.12所示的比容和温度关系曲线图上有两个拐点，分别代表两种转换。半结晶材料一旦熔化，分子就会聚集大量热能，任何额外能量的输入都会使分子分解，最终导致聚合物降解。

了解了结晶型和无定形材料之间的差异，就很容易理解为什么与无定形材料相比，半结晶材料的熔体加工窗口要窄得多。例如，聚酰胺（半结晶材料）的熔体加工窗口在248～265℃之间，而ABS（无定形材料）的熔体加工窗口在

218～260℃之间。聚酰胺的加工窗口宽度为17℃，而ABS则高达42℃。

现在来看看相变的逆过程。当结晶型聚合物的熔体温度逐渐降低时，分子中储存的能量开始减少，熔体黏度增加，晶体重新形成。结晶形成的温度称为结晶温度（T_c）。熔体必须在结晶温度上停留一段时间才能够顺利结晶。假如将结晶型聚合物熔体在玻璃化转变温度下快速淬火，凝固后的聚合物中就不会存在任何晶体，呈完全无定形态。因此，半结晶聚合物成型时模温控制尤为重要，这点与无定形聚合物完全不同。

以上我们讨论了温度对聚合物性能的影响，这些影响将决定聚合物的最终应用范围。对于产品设计师而言，玻璃化转变温度（T_g）是必须考量的重要因素之一。如果希望产品在室温下具有韧性，那么所选材料的玻璃化转变温度必须低于室温，如弹性体聚合物。如希望产品在室温下具有刚性，玻璃化转变温度则必须高于室温。对于注塑技术人员来说，了解结晶和熔化温度的知识很重要，因为它们将影响加工条件的选择。T_c可用来确定模具温度范围，以促进结晶的形成。T_m用来确定熔体的加工温度范围。加工工艺表可能并不提供这些参数值，但它们会在工艺条件中有所反映。材料供应商会进行多组分析和实验，以确定推荐的加工条件。

差示扫描量热仪（DSC）是一种用来测定聚合物热转变过程中所吸收的热量与温度变化关系的仪器。差示扫描量热仪生成的典型图像参见图2.13。对于结晶型聚合物的测定，需要进行两次扫描。在第一次扫描中，聚合物的温度从低温开始逐步升高，直到超过熔化温度，记录转变过程。接着，迅速将已呈熔融态的样件投入液氮中淬火，液氮温度低于大多数聚合物的玻璃化转变温度。由于熔体都是无定形的，一旦快速淬火，能量被瞬间带走，于是固化的聚合物将呈现完全的无定形形态。第二次扫描中，随着温度的升高，分子获得越来越多的能量，便可观察到玻璃

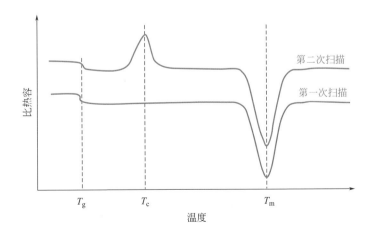

图2.13　典型的聚合物DSC分布曲线图

化转变过程。一旦达到结晶温度，晶体便开始形成。此时记录下的温度就是结晶温度。无定形材料无须做第二次扫描。

图2.14解析了模具温度与结晶度的关系。该图显示了当聚合物样件在玻璃化转变温度以下进行淬火以及在结晶温度下停留一段时间后的形态差异。

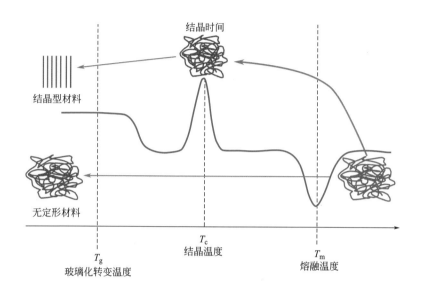

图2.14   不同条件对聚合物状态的影响

塑料在低于玻璃化转变温度时，分子缺乏足够能量，无法做自由运动，于是表现出脆性。而塑料在玻璃化转变温度之上时，分子拥有移动所需的能量，呈现韧性。参见图2.15，假定室温为25℃，折弯用聚碳酸酯（PC）注塑的样件，就会发生断裂，这是因为聚碳酸酯的玻璃化转变温度约为150℃。而如果折弯的是聚丙烯（PP）的直尺的话，它却不会折断，因为对于不同等级的聚丙烯来说，其玻璃化转变温度介于-30℃到0℃之间。

假设有个成型工艺满足下列条件：

① 环境温度为25℃；

② 产品顶出温度为65℃；

③ 产品从65℃冷却至25℃需要7min（见图2.16）；

④ 产品长度为关键尺寸。

用A、B两种塑料进行注射。A的玻璃化转变温度为35℃。温度超过35℃时，分子就有足够的能量运动。低于35℃，分子无法移动。B的玻璃化转变温度为10℃，分子运动也有类似的规律。

塑料A：如图2.17，塑料A的玻璃化转变温度为35℃。由图可知，零件温度降

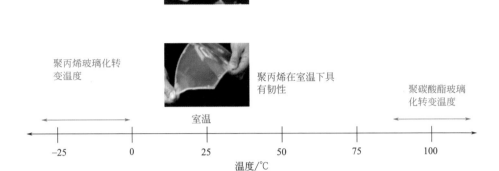

图2.15 由于材料各自的玻璃化转变温度相对室温有所不同，聚碳酸酯在室温下受力
断裂而聚丙烯却可以弯而不断

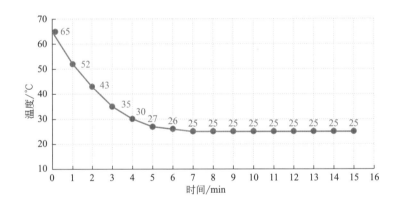

图2.16 产品温度随时间的变化

至 T_g 需要3min。当温度高于玻璃化转变温度时，分子可以自由移动，因此，在玻璃化转变温度之前材料一直处于收缩状态，零件长度也不断变化。也就是说，尺寸达到稳定状态需要3min。综上所述，在玻璃化转变温度以下，产品无后收缩、尺寸稳定。本例中的产品长度也不再随时间的推移而变化。

塑料B：如图2.18，塑料B的玻璃化转变温度为10℃。由于环境温度高于其玻璃化转变温度，所以塑料分子有足够的能量保持运动，最终达到平衡。这种运动将导致产品尺寸在达到平衡前不断收缩。收缩可以持续很长时间，可能几小时甚至几天。在此例子中，玻璃化转变温度为10℃的塑料产品长度将随着时间不断变化，最终达到平衡。

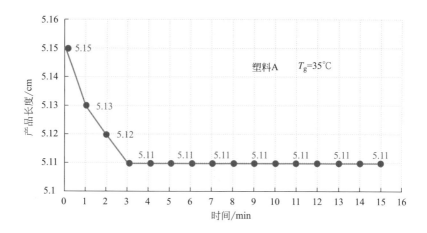

图2.17　玻璃化转变温度为35℃的塑料A产品长度随时间的变化

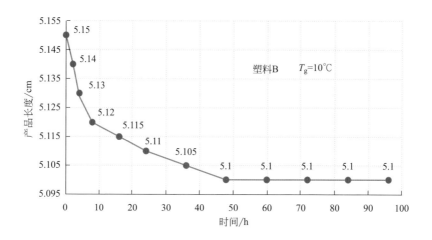

图2.18　玻璃化转变温度为10℃的塑料B产品长度随时间的变化

商用塑料的玻璃化转变温度一般低于室温，因此注射成型后易产生较大的后收缩，如聚乙烯和聚丙烯。我们经常会看到，塑料盒子和盖子使用一段时间后会发生变形，无法合上，这就是注塑后收缩引起的。CD和DVD光碟均由聚碳酸酯注塑而成，其玻璃化转变温度约为150℃，碟片脱模后，很快就会冷却到玻璃化转变温度以下，因此很少见到碟片会发生翘曲变形。另外光盘虽薄但壁厚均匀，这也是不易发生翘曲变形的原因之一。

玻璃化转变温度被称作α跃迁点，它对脱模后收缩的影响最大。除此之外聚合物还有其他低于α的跃迁点，被称为β和γ跃迁点。实际上，分子在玻璃化转变温度以下是有微量运动的，只是不如在玻璃化转变温度以上那么明显。因此，即使温度低于玻璃化转变温度，少量的后收缩仍将持续。有时，会把收缩和同时发生的应力释放混淆起来。其实在玻璃化转变温度以上或以下均可发生应力释放。

常用的退火去应力技术是建立在玻璃化转变温度这一概念基础上的。注塑过程中，由于熔体压力较高，产品中就会产生残余应力。但如果将产品置于略高于玻璃化转变温度的环境下，残余应力就可以消除。基于之前讨论过的原因，产品尺寸在退火过程中可能会发生变化。

图2.19中，音乐磁带盒中留有注塑引起的残余应力。如果炎热的夏天这盘磁带被遗忘在露天的车里，车内的酷热会引起磁带盒内的残余应力释放。几个月后发现时，磁带盒已严重翘曲变形。

玻璃化转变温度和熔化温度见表2.5。

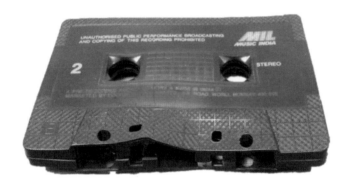

图2.19　残留应力释放引起的翘曲

表2.5　玻璃化转变温度和熔化温度

聚合物	$T_g/℃$	$T_m/℃$
天然橡胶	−73	36
聚酰胺6（尼龙6）	50	250
聚丁二烯（反式）	−54	47
高密度聚乙烯（HDPE）	−125	146
聚丙烯（间规）	−8	204
聚苯乙烯（PS）	100	250
聚氯乙烯（PVC）	−18	191
聚碳酸酯（PC）	150	243
丙烯腈-丁二烯-苯乙烯（ABS）	104	—

注：由于具有相同基底的聚合物可分多个等级，且供应商提供的原料中常掺有添加剂，以上数值仅供参考。以三元共聚物ABS为例，其中丁二烯含量越高，玻璃化转变温度就越低。

2.7 聚合物在注射成型中的收缩

当熔体开始冷却分子逐渐回到最初平衡状态时，收缩便随之产生。因此，熔融状态时的分子间距大于冷却时的分子间距。随着熔体的冷却，分子间的距离和体积均逐渐减小，从而引起塑料收缩。塑料在熔化阶段体积增加越多，冷却时的收缩就越大。注射加工中塑料的收缩会受到各种成型参数的影响。这些影响对模具加工中型芯、型腔尺寸的确定，以及成型中产品质量的保证，都带来了很大的挑战。

因此，开发一种产品收缩一致、受外界因素变化影响极小的稳健工艺将意义非凡。图2.20显示，注射产品的收缩状况也和塑料流动方向有关。熔体经浇口流入型腔后，分子链就会沿着料流方向排布。一旦获得足够能量和运动空间，分子便趋于恢复到无取向的平衡状态。但情况也并非总是如此。当成型周期较短或产品壁厚较薄时，分子脱离将受到限制，无序平衡便难以实现。此外，分子还常常受到注射、充填和保压引起的机械应力作用，导致流动方向和垂直于流动方向上的收缩率存在差异。这种差异在结晶型材料中尤为明显，因为晶体的形成会导致收缩加大。无定形材料在流动方向上也会表现出收缩差异，但并不明显。垂直流动方向与平行流动方向上收缩率不同的材料称为各向异性材料，而两个方向上收缩率相同的材料则称为各向同性材料。例如，聚酯是各向异性材料，而ABS则是各向同性材料。由Sabic公司生产的一款聚酯材料Valox 357，其平行流动方向上的收缩率在1.0%～1.4%之间，而垂直流动方向上的收缩率却在1.2%～1.6%之间。虽然它们有重叠区间，但垂直流动方向上的收缩率平均值显然更高。三星生产的一款型号为Starex AB-0760的ABS材料，其垂直和平行流动方向上的收缩率均为0.30%～0.60%。

收缩率是多个参数的函数，因此难以精确预测。一些材料供应商会公布不同样件厚度的收缩率，原因是较厚的产品热量散发较慢，分子链恢复时间较长，故收缩更大。正因为如此，要想十分准确地设计模具型腔尺寸，并获得尺寸十分精确的合格产品非常困难。一套模具生产出的产品与CAD模型中尺寸完全一致的例子十分罕见。模具厂在制造模具时，通常会采用"留铁（steel-safe）"（为避免加工关键零件时发生过切，加工前有意多留钢铁余量的做法，是行业内的俗语）的方式加工型腔，再根据试模样件进行尺寸调整。使得预测收缩率更为复杂的另一个因素是，制品最终的收缩率会受到垂直和平行于流动方向不同收缩的影响。要将关键尺寸设计成完全和流动方向平行或垂直几乎不太可能，最终的收缩率是两者的组合。为此在型腔和型芯上"留铁"不失为一个妙招。当然模具厂不可能每次都如法炮制，所以模具工程师应依靠过去的经验，做出最优判断。

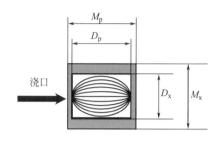

p—平行于流动方向

x—垂直于流动方向

垂直方向模具尺寸 M_x = 平行方向模具尺寸 M_p

垂直方向收缩率>平行方向收缩率

垂直方向制品尺寸 D_x < 平行方向制品尺寸 D_p

图2.20　平行流动方向和垂直流动方向的收缩率

注射成型中所谓的收缩率是产品尺寸与模具相应尺寸比较而得的。熔体在自由状态下的收缩率总是正的，就是说体积总是在缩小，产品尺寸也变小。自由状态一词用来描述分子不受任何外力制约的运动状态。有些产品收缩时长度减小，而径向尺寸反而被撑大，如长管型产品，见图2.21。这个现象类似于泊松效应。泊松效应描述了物体在外力作用方向上所产生的轴向收缩会导致径向膨胀。这种径向负收缩是由于产品受到较大的轴向作用力后发生长度缩短而导致的。这样的产品内部很容易聚集内应力，造成早期失效。

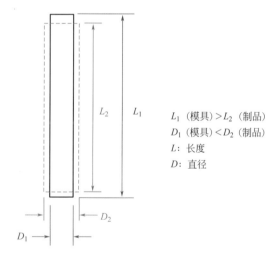

L_1（模具）> L_2（制品）

D_1（模具）< D_2（制品）

L: 长度

D: 直径

这种现象不一定造成负收缩，也可能仅有收缩率减小，结果取决于产品中机械应力的大小。但这种现

图2.21　产品的正收缩和负收缩

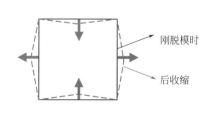

刚脱模时

后收缩

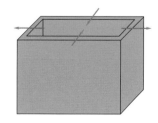

图2.22　机械应力对产品尺寸的影响

象给模具厂确定型腔尺寸带来了另一个挑战。机械应力会导致几何形状特殊的制品尺寸发生变化，例如具有深腔的方盒子，这类深腔盒子侧壁大多无筋位支撑，有时一个方向上两壁间的距离减小会导致另一方向两壁间距离增大，如图2.22所示。

2.8　塑料压力−体积−温度（PVT）关系曲线

图2.23表明压力为0时，随着温度升高，比容增大，这是分子间距离和自由运动体积增加的结果。在任一给定的温度下，如果施加外力，熔体受到压缩，比容就会减小。比容与温度成正比，但与压力成反比。

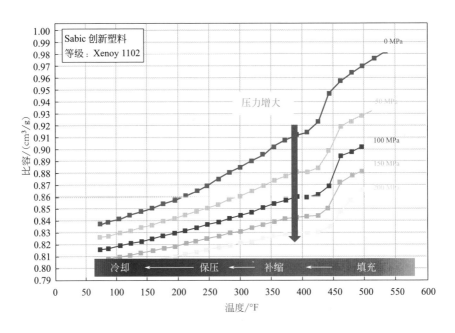

图2.23　注射成型中的压力−体积−温度关系图

$t/℃ = 5/9 \ (t/℉ - 32)$

在注射成型过程中，当熔体聚集到螺杆前端时（见2.8.1节），由于存在背压，熔体会在一定程度上受到挤压。随后，熔体通过高压射入温度较低的型腔中并逐渐冷却。由此可见，熔体在转变为产品的全过程中会受到多种因素的综合影响，压力、体积和温度也都在不断变化，最终显示的则是图2.23中的曲线组合。型腔压力传感器设备可以跟踪这些曲线，并预测不同模次间产品的质量和稳定性。

工艺人员应该牢记塑料熔体是可压缩并富有弹性的，可以把它想象成一只橡皮筋球（图2.24）。在注射过程中可以观察到，在第二阶段保压结束计量开始前，螺杆有回弹现象。出现这种现象的原因是，保压一旦撤销，熔体中残留的压力就会释放。我们将要在第7章中加以讨论，残料量必须维持在最低限度，以避免每次射出产生波动。

图2.24　可压缩塑料熔体类似于一个橡皮筋球

2.8.1　注射成型过程中的密度

密度是指单位体积内材料的质量，单位为g/cm^3或kg/m^3。例如，聚苯乙烯（PS）的密度是$1.06g/cm^3$，即$1cm^3$聚苯乙烯的质量为1.06g。$1cm^3$铅的质量为11.36g；而$1cm^3$乙醇的质量为0.789g。

根据定义，注塑机的名义注射量是螺杆前端可容纳聚苯乙烯料的最大质量，也叫射重。如名义注射量为100g，即当螺杆完全回退时，料筒内可容纳100g密度为$1.06g/cm^3$的聚苯乙烯。如果螺杆前端可容纳100g体积相同但密度更高的塑料，例如密度为$1.53g/cm^3$的含30%玻璃纤维的PBT，那么此时的标准注射量为144g。另外，如果用密度为$0.90g/cm^3$的聚丙烯代替聚苯乙烯（PP），则此时的注射量只有85g。这意味着，即使料筒的名义注射量为100g，也不可能在该机台上注塑100g的聚丙烯产品，参见图2.25。

与注塑相关的计算经常涉及机台的最大注射量，所以针对所用材料进行最大注射量的计算显得尤为重要。

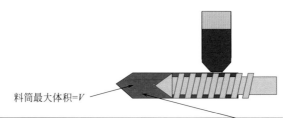

序号	材料	密度/（g/cm³）	最大注射量/g
1	聚苯乙烯	1.06	100
2	聚酰胺6（尼龙6）	1.15	108
3	缩醛	1.42	134
4	30%玻璃纤维/PBT	1.53	144
5	LDPE	0.92	87
6	聚丙烯	0.90	85

图2.25　机台最大注射量与材料密度相关

计算公式为：

最大注射量＝（GPPS的名义注射量/GPPS的密度）×所使用材料的密度

式中，GPPS为通用型聚苯乙烯；GPPS的密度为1.06g/cm³。

为了避免混淆，有些注塑机制造商以体积为单位来标定机台的射出能力。这样产品和流道中物料的质量都必须转化为体积才能进行准确计算。

2.8.2　原料的滞留时间和最长滞留时间

在特定的温度下，聚合物滞留在料筒中不发生降解的时间是有限的。如果停留时间过长，分子链会发生断裂和降解。原料发生降解前在料筒里允许停留的时间定义为最长滞留时间。图2.26是Sabic的一款聚醚酰亚胺ULTEM 1000原料的滞留时间。

如果熔体温度设定为约700°F（371℃），塑料可在料筒中最长停留12min。随着熔体温度升高，最长滞留时间缩短。从图中可以看出，如果熔体温度上升到770°F（410℃），那么最长滞留时间只有6min。

在注射成型过程中，塑料进入下料口，经料筒加热熔化后，由螺杆传送并聚集在螺杆前端，最后通过喷嘴注入模具。装有螺杆的料筒在加热圈的辅助下熔化塑胶。螺杆转动产生的剪切力也将参与加热和熔化塑料。塑料以粒子形态进入料筒后以熔体形态输出，那么从下料口传输至喷嘴所需要的时间称为塑料在料筒中的滞留

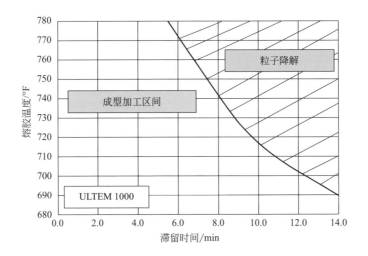

图2.26　　ULTEM 1000的最长滞留时间（来自Sabic的PEI）

时间。由于注射成型是个批量化加工过程，因此塑料在料筒中的滞留时间会受模具的单次射重、成型周期以及注塑机的最大注射量影响而发生变化。

注射成型时，应该确保熔体的滞留时间短于其最长滞留时间。如果模具配有热流道，则应将熔体在热流道系统中的滞留时间与料筒内的滞留时间相加，从而得到总的滞留时间。更多的计算或信息请参见第6.10.2节。

2.8.3　塑料物性表

由材料厂家提供的塑料物性表形式多样，表中记载了塑料的详细信息。最常见的物性表包括性能数据表、加工参数表和材料安全数据表（MSDS）。

物性表提供了关于塑料性能的多种信息，如物理性能、力学性能、介电性能等，按照材料的最终用途分类。图2.27所示为通用型ABS的物性表。该物性表中的性能参照了美国材料与试验协会（ASTM）、国际标准化组织（ISO）、德国工业标准化组织（DIN）和日本工业标准化组织（JIS）的指导原则。这些组织建立了所有测试样件规范、测试条件和测试流程。表中的数据仅作为参考。

在比较两种材料的性能指标时，应注意它们所用的测试方法是否相同，因为不同的测试方法之间并没有转换关系。例如按ASTM和ISO试验标准得到的结果之间无法换算。此外，最终产品的几何形状与样件之间无疑会存在很大差异，且基础物性表中的数据均为单一试验条件下的结果，因此表中数据仅供参考。而实际加工参数也会对材料性能产生重大影响。例如，当ABS熔体温度在218～271℃之间变化，模具温度在29～85℃之间变化时，材料的抗冲击性可在小于2N·m和接近

典型特性			
力学性能	数值	单位	相关标准
拉伸应力测试 [屈服点拉伸强度（屈服准则），类型 I, 0.2]	7500	psi	ASTM D 638
拉伸模量（0.2 in/min）	450000	psi	ASTM D 638
弯曲应力（屈服点弯曲强度，0.05 in/min，跨度 2）	17600	psi	ASTM D 790
弯曲模量（0.05 in/min，跨度 2）	325000	psi	ASTM D 790
洛氏硬度 R	90	—	ASTM D 785
抗冲击性	数值	单位	相关标准
悬臂梁冲击（缺口，73°F）	4.1	$ft \cdot lbf/in^2$	ASTM D 256
悬臂梁冲击（缺口，-40°F）	1.2	$ft \cdot lbf/in^2$	ASTM D 256
加德纳冲击（73°F）	8	$ft \cdot lbf$	ASTM D 3029
热性能	数值	单位	相关标准
HDT（热变形温度）（264lbf/in², 0.250″, 未退火）	220	°F	ASTM D 648
CTE（热膨胀系数）（流动，$-40 \sim 100$°F）	4.21×10^{-5}	1/°F	ASTM E 831
相对温度指数（电气特性 F）	60	°C	UL 746B
相对温度指数（有机械冲击条件下）	60	°C	UL 746B
相对温度指数（无机械冲击条件下）	60	°C	UL 746B
物理性能	数值	单位	相关标准
密度	1.05	—	ASTM D 792
模具收缩率（流动方向, 0.125″）	$0.5 \sim 0.8$	%	GE Method
熔融指数（230°C /3.8 kgf）	5	g/10 min	ASTM D 1238
光学性能	数值	单位	相关标准
光滑（无饰纹, 60°）	88	—	ASTM D 523
电学性能	数值	单位	相关标准
空气中的介电强度（62 mil）	952	V/mil	ASTM D 149
耐电弧性（钨 PLC）	6	PLC Code	ASTM D 495
热导线引燃性（PLC）	3	PLC Code	UL 746A
高压电弧跟踪率（PLC）	1	PLC Code	UL 746A
表面大电流电弧引燃性（PLC）	0	PLC Code	UL 746A
相对漏电起痕指数（UL）（PLC）	0	PLC Code	UL 746A
可燃性	数值	单位	相关标准
UL94[阻燃等级 HB（3）]	0.060	in	UL 94

注：1psi=1lbf/in²=6894.76Pa；1in=2.54cm；1ft · lbf/in²=2101.52J/m²；1mil=0.0254mm；1kgf=9.80665N；1ft · lbf=1.3558J。

图 2.27　物性表示例

50N · m 的范围内发生变化。

　　成型加工参数表如图 2.28 所示。材料供应商通过测试得出表中的参数值。这些测试没有现成标准。物性表中大多数模具温度、熔体温度、干燥时间和其他温度等参数值都是可靠的。然而，像注射压力、注射速度、背压、螺杆转速（每分钟转速）以及料筒使用率等参数不能生搬硬套，因为这些参数是与产品设计和模具设计紧密相关的。一个10mm×50mm的产品与一个3mm×200mm的产品相比，需要的填充压力和速度要小得多。直径为20mm和直径为50mm的两根螺杆设定的旋转速度同为30r/min，后者的圆周速度更高，于是产生的剪切热也更多。目前还没有研究表明，料筒使用率介于50%～70%时生产的产品质量更好。行业内常用的范围是20%～80%，但也会受到产品设计和材料加工条件的影响，此外成型周期也应考虑在内。

注塑工艺参数	数值	单位
干燥温度	200～210	°F
干燥时间	2～4	h
干燥时间（累计）	8	h
最大含水率	0.01	%
熔体温度	450～500	°F
喷嘴温度	450～520	°F
前段——第三区段温度	450～470	°F
中段——第二区段温度	420～440	°F
后段——第一区段温度	370～390	°F
模具温度	120～180	°F
背压	50～100	psi
螺杆转速	30～60	r/min
料筒使用率	50～70	%
排气槽深度	0.0015～0.002	in

图2.28　工艺参数范例

2.9　参考文献

[1] Turner, A.and Gurnee, E.F., Organic Polymers, Prentice-Hall, 1967, p.51.

[2] Zweifel, H., Maier, R., Schiller, M., Plastics Additives Handbook（2009）Hanser, Munich.

[3] Ref:http://www.ptonline.com/columns/the-importance-of-melt-mold-temperature.

推荐读物

Deanin, R.D., *Polymer Structure*, Propertie sand Applications.

（1972）Cahners, Boston, MA Tager, A. A., Physical Chemistry of Polymers（1978）Mir Publishers, Moscow.

Odian, G., Principles of Polymerization（1991）Wiley Interscience, USA.

Gowariker, V. R., Viswanathan, N. V., Sreedhar, J., Polymer Science（1996）New Age International（P）Limited, Delhi.

Billmeyer, F. W., Textbook of Polymer Science（1984）.

Wiley Interscience, NY Brydson, J.A., Plastics Materials（195）Butterworth-Heinemann Ltd, Oxford, UK.

3 聚合物流变学

聚合物流变学是研究聚合物流动规律的科学。流变学对于我们理解塑料的熔体加工过程具有重要意义。无论采用哪种熔体加工技术，塑料都必须熔化成型，以保证符合最终产品的要求。在注射成型中，塑料熔体先注入模具，经冷却成形后得到最终产品。在挤出成型中，聚合物熔体依靠口模塑形，经过冷却得到所需的产品外形。从聚合物熔体注入模具直到最终成型，聚合物熔体总会受到各种力的作用，包括机械力和热动力。本章将简要阐释这些概念，以便读者充分理解并应用于实际注射成型过程中。这些概念都已简化，省略了大部分详细的数学推导。若想深入理解，可查阅本章末相关参考文献资料。

3.1 黏度

黏度是流体对流动表现出的阻力。流动阻力越大，黏度越大。蜂蜜或糖浆黏度较高，因此不易流动。而水的黏度较低，因此较易流动。和水相比，气体的黏度更低，也更容易流动。黏度虽然是流体固有的特性，但它会受到许多外部因素的影响。根据聚合物受力类型的不同以及其承载介质类型的不同，黏度分为多种类型。在注射成型中，特别关注一种聚合物熔体黏度，称为表观黏度。接下来将讨论，熔体的黏度会随外部作用力的大小而发生的变化。因此，我们用"表观"一词来描述特定剪切速率下的黏度。

假设有一股流体夹在两块金属板之间，如图3.1所示。顶板与底板之间的距离为 H，板的面积为 A。底板固定，顶板在力 F 的作用下以速度 $V=V_H$ 沿 X 方向位移，如图3.2。

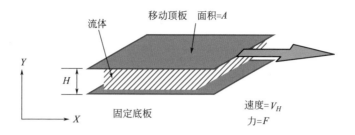

图3.1　确定速度梯度的试验设计

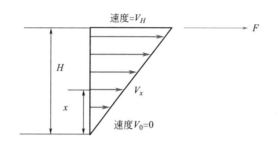

图3.2　剪切力作用下流体速度剖面图

　　紧贴顶板下方的流体层体会随着顶板以V_H的速度移动，而紧贴底板的那层流体保持静止不动，速度$V=V_0=0$。在距离底板x的任意一层流体，其速度V_x与到底板的距离成正比。剪切速率是层与层之间的速度差，由于每一层的移动速度不同，所以剪切速率也是距离x的函数，顶层的剪切速率方程为

$$\dot{\gamma}_H=V_H/H \tag{3.1}$$

在距离底板x的任意一层则为

$$\gamma_x=V_x/x \tag{3.2}$$

剪切速率的单位是s^{-1}。

　　由于每一层流体都在外力方向上受到了拖曳，因此都会受到剪切力的作用。应力的计算方法为力除以面积，故顶层流体的剪切应力τ为

$$\tau=F/A \tag{3.3}$$

　　距离底板层x的任意一层都将受到力F_x的作用，其大小介于0和F之间，力的作用面积保持不变，故该层的剪切应力为

$$\tau_x=F_x/A \tag{3.4}$$

　　F_x和V_x大小均与流体层和底板之间的距离成正比，即距离越大，速度越高，剪

切力就越大。剪切应力的增加与剪切速率的增加直接相关，两者的关系见以下等式

$$\tau=\eta\dot{\gamma} \tag{3.5}$$

式中，η称为液体黏度，是比例常数，而黏度是剪切应力与剪切速率关系曲线的斜率。

3.2　牛顿流体材料与非牛顿流体材料

如上所述，剪切应力与剪切速率呈线性关系，黏度为比例常数，见图3.3。而在某些流体中，剪切应力与剪切速率之间呈非线性关系，黏度也不再是常数，它取决于剪切速率大小或流体受剪切时间的长短。此类流体被称为非牛顿流体。根据对剪切力的响应不同，非牛顿流体可分为膨胀性流体（dilatant fluid）和假塑性流体（pseudoplatic fluid）。膨胀性流体的黏度随剪切速率的增加而增加，假塑性流体的黏度随剪切速率的增加反而降低，如图3.4（a）。根据流体在恒定剪切速率下对剪切时间的响应速度，非牛顿流体又分为流变性流体和触变性流体，见图3.4（b）。所有塑料都有剪切变稀的现象。

本章开始曾提到，聚合物流变学是研究聚合物流动和变形的科学。而所有聚合物熔体均为非牛顿流体，并且都具有剪切稀化的特点，即随着剪切速率的增加，黏度下降。

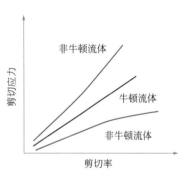

图3.3　牛顿和非牛顿流体的剪切力–剪切速率关系

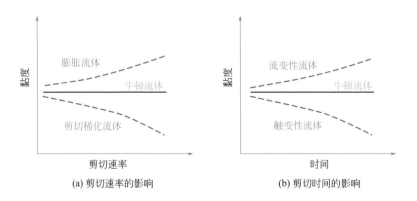

(a) 剪切速率的影响　　　　　(b) 剪切时间的影响

图3.4　牛顿和非牛顿流体的黏度随剪切速率和剪切时间的变化

3.3　聚合物熔体的黏度

聚合物熔体是非牛顿流体。研究表明，聚合物熔体流动的连接各层速度的曲线并不是图3.2所显示的直线。典型的聚合物熔体前沿的速度曲线呈喷泉形状（或称抛物线形），如图3.5所示。喷泉形状的速度曲线是压力驱动流体通过封闭通道的结果。由于通道壁的阻力会减缓聚合物熔体的流速，造成中心流速相对较快，所以流动前沿中心流速较快的聚合物熔体会"泉涌"般地喷向速度较慢的边缘区域。喷泉流动仅出现在流动前沿。但是，由于料流中心的流速永远比外围快，类似的速度不均现象存在于料流的所有位置，包括流动前沿。

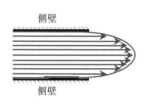

图3.5　料流速度剖面图

热流道内部始终充满熔胶，所以不存在喷泉流动，除非在首次填充的时候。喷泉流动最常出现在型腔及冷流道中。从填充不满的流道或短射的产品上总能观察到流动前沿的速度分布形态，如图3.5所示。

由于速度曲线是非线性的，剪切速率方程要改为

$$\dot{\gamma} = (x/h)(\mathrm{d}x/\mathrm{d}t) \tag{3.6}$$

式中，t 为时间；h 为流动通道的厚度或直径；x 是离通道壁或侧壁的距离；$\dot{\gamma}$ 为剪切速率，为 s^{-1}。

黏度与剪切速率之间的关系可用多种数学模型来描述。目前广泛适用于塑料注射成型的是 Ostwald 和 De Waele 提出的幂律黏度模型。该方程准确地表述了高剪切速率下剪切稀化的区域。幂律黏度模型方程为

$$\eta = m\dot{\gamma}^{n-1} \tag{3.7}$$

式中，m 为常数，称为稠度系数；n 为幂律指数。典型聚酯材料黏度-剪切速率关系见图3.6。需要注意的是，此处剪切速率幂指数与实际生产情况相吻合。

聚合物熔体的黏度在极低的剪切速率下非常稳定，剪切速率的变化对黏度几乎不产生影响。然而，如此低的剪切速率在正常注塑生产中几乎不会用到。这也解释了为什么存在多种不同的黏度模型。

式（3.7）可以改写为

$$\lg\eta = \lg m + (n-1)\lg\dot{\gamma} \tag{3.8}$$

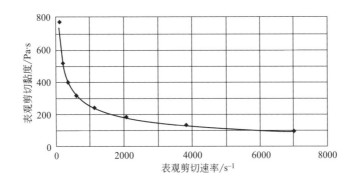

图3.6 线性坐标下剪切速率对黏度的影响

此方程为线性方程，在对数坐标系中是一条直线，斜率为（$n-1$），如图3.7。这也是聚合物熔体流变仪测试得到的典型图线。图3.7与图3.6所用的PBT数据完全相同。聚合物熔体具有剪切稀化的特点，所以随着剪切速率的增加，黏度下降，直线斜率为负，因此n的值只能介于0～1之间。

聚合物熔体受到剪切力作用时，分子便沿着流动方向排列，摆脱初始的平衡缠绕状态。随着剪切速率增加，越来越多的分子沿流动方向伸展并取向排列。这种排列方式使各流动层之间的相对运动更容易，从而降低了流动阻力或者说降低了黏度。直到某一刻，所有分子都已沿流动方向排列，若继续增加剪切速率，则对黏度的影响甚微甚至完全没有。

在实际注射成型中，我们把高剪切速率区间的聚合物熔体看作是黏度保持不变的牛顿流体。由于黏度受填充速度的直接影响，所以此时对应的填充速度也可视作处于稳定区域。这里注射速度等同于剪切速率，模内黏度曲线与图3.8所示相似。剪切速率可以用填充时间的倒数算出，而填充时间是螺杆从设定的注射起

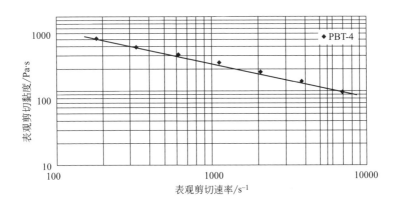

图3.7 对数坐标系下剪切速率对黏度的影响

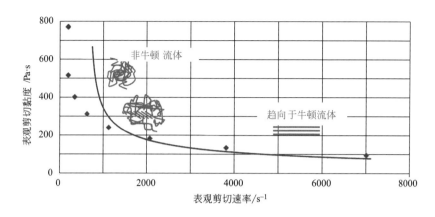

图3.8　剪切速率（注射速度）对聚合物黏度的影响

始位置移动到保压切换点所需的时间，简单来说，就是螺杆在注射阶段运动所用的时间。

3.4　温度对黏度的影响

固态时聚合物分子具有的热能微乎其微，因此几乎处于静止。在一定的环境温度下，由于不同聚合物的玻璃化转变温度不同，聚合物既可能呈现脆性，也可能呈现韧性。材料的热性能分区已经在第2章里做过阐述。塑料在玻璃化转变温度以下呈脆性，是所谓玻璃态；而在玻璃化转变温度以上呈韧性，是所谓橡胶态或黏弹态。结晶材料的温度超过熔点温度就变成熔融态。总体来说，随着温度升高，热量会降低分子间作用力，使它们更趋活跃。无定形聚合物随温度升高会持续软化，结晶聚合物则会存在一个明显的熔点。温度升高，分子流动性增加，聚合物的黏度下降。聚合物的黏度与温度呈负相关性。图3.9显示了温度对聚合物熔体黏度的影响。这里也可清楚看到剪切速率对黏度的影响明显大于温度的影响。

在实际注射成型中，通常的做法是提高聚合物熔体温度以增加其流动性。然而图3.9显示，增加注射速度更有利于聚合物熔体产品填充。我们将在第7章讨论这种有利影响以及如何生成模内流变曲线。

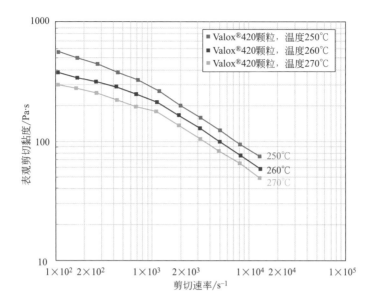

图3.9 温度对熔体黏度的影响（来源：Sabic Innovative Plastics）

3.5 熔体流速与剪切速率分布图

速度曲线图给出了聚合物熔体流经通道不同层面时的速度。图中箭头的长度代表不同层面的速度。侧壁处的熔体速度为零，因此附近的剪切速率很低。流速图剖面呈抛物线形状，由侧壁往中心方向速度不断增加，在通道中心处速度最快。如前所述，剪切速率为相邻两层聚合物熔体之间的流速差。如图3.10，靠近侧壁的两层熔体间的速度差异比中心处的大。因此，靠近侧壁面处的剪切速率较高。剪切速率分布曲线是速度分布曲线的导数，见图3.10（b）。以上是最新的研究结果[1]。

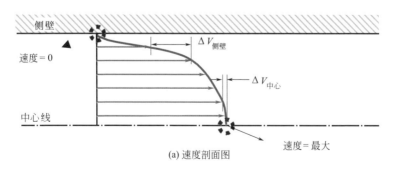

(a) 速度剖面图

图3.10

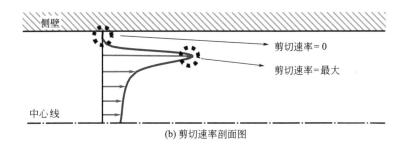

(b) 剪切速率剖面图

图3.10   聚合物熔体流速与剪切速率分布图

图3.11[1]显示了有限差分流动分析程序的输出结果。包括聚合物熔体横截面的速度、剪切速率、聚合物熔体温度和黏度。

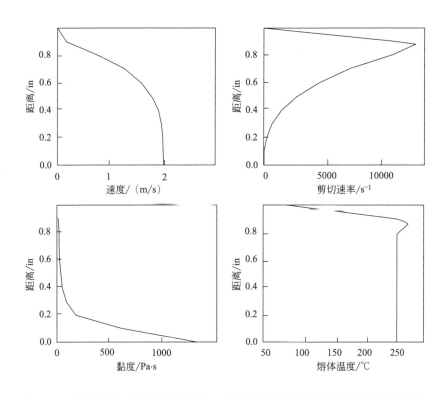

图3.11   有限差分流动分析程序的输出结果提供了冷流道横截面熔体的相关信息

y轴表示从通道中心线到侧壁的距离[1]

3.6 黏度曲线在注射成型中的应用

显而易见，上述讨论的剪切速率分布对于注射成型有着显著影响，尤其对于多腔模具的填充模式。塑料进入流道后就会形成不同的剪切层，如图3.10。由于聚合物熔体流动属于层流，所以也会以层流形式进入下级流道，并且每一层都保留原有的特性，如剪切速率和温度的特性。因此，紧贴流道壁的高剪切层形成了一个低黏度区，改变了局部型腔内的填充速度，导致不同型腔间流动不平衡。下面将介绍此类填充的一些常见特征及其对产品的影响。

3.6.1 一模8腔模具的填充不平衡分析

假设有一套如图3.12所示的一模8腔模具，熔体流过主流道时形成了剪切层。

假如不计冻结层（在冷流道模具中），聚合物熔体可明确地分为两层：表层高剪切层和内层低剪切层。在图中，阴影区域表示高剪切层。A-A为主流道的横截面，呈现出两个同心层。由于流入模具内的熔体是层流，所以不同层之间剪切、温度和黏度的变化都会被带入次级流道中。位于中心的低剪切层会冲击次级流道的远侧壁，而原主流道外侧的高剪切层分叉后则沿着次级流道的近侧壁继续流动。截面图B-B说明了分支次级流道中高剪切和低剪切材料的分布状况。

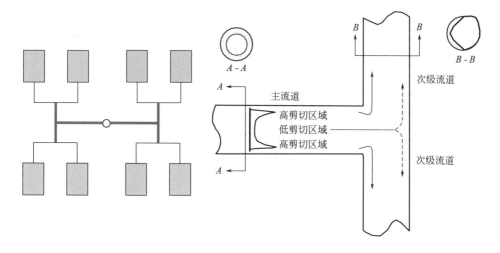

图3.12 8腔模具剪切层的分布[2]

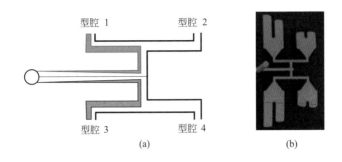

图3.13   内侧与外侧型腔填充不平衡[3]

熔体继续以层流形式通过次级流道和第三级流道,然后进入型腔。结果,靠近中心的型腔(离主流道近的型腔)首先填满,因为这部分熔体在前几级流道中受到的剪切最强,所以温度最高且黏度最低,如图3.13所示。其中,图3.13(b)为最佳成型工艺条件下聚碳酸酯材料的短射样件。而图3.14直观地证明了高剪切层的存在。

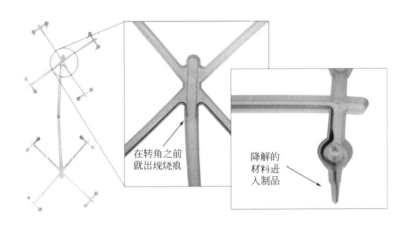

图3.14   高剪切层流的直观图片[3]

显而易见,此处用于成型PVC部件的流道由于高剪切而发生了降解。图中内侧黑色条纹是高剪切层。请注意,材料烧伤痕在转角前便存在了,这里特别指出这一点的原因是,有时剪切引发的不平衡被误认为是由尖锐转角引起的。这张图证明了这种说法并不正确,因为此处流道转角处是有弧度的,并非尖锐转角,而且在转角之前就出现了烧伤。

上述型腔之间的不平衡现象称为流变不平衡。即流道虽然在几何上是平衡的,但在流变学上却是不平衡的。当主流道到每个型腔浇口处的距离相等时,浇注系统被称作达到了几何平衡,而这种几何平衡的流道普遍被认为是一种"自然平衡"的流道。

3.6.2 等壁厚产品填充的跑道效应

图3.15中的平板件产品由单穴模具生产，直径100mm，壁厚均匀为2mm。从型腔内的料流形态可看出剪切对黏度的影响。流道分叉后产生的高剪切低黏度材料，沿着扁平产品的两侧外缘汇聚流动，便产生了跑道效应。请注意，由右图可知，这种跑道效应非常明显，以至于产品浇口对面（或填充末端）产生困气。

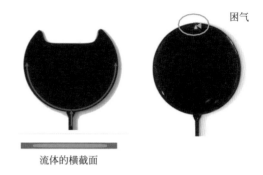

图3.15 跑道效应导致厚度均匀产品产生困气

3.6.3 注射成型产品中的残余应力

图3.16所示的产品为一模两腔的透明件。在偏光镜下可观察到产品内部存在的内应力。这是因为局部高温层流导致相邻区域间冷却不均，从而产生了内应力。

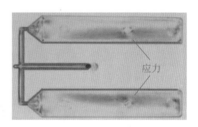

图3.16 偏光镜下的应力分布[3]

3.6.4 不同型腔产品间的翘曲变形差异

一模4腔的注射产品如图3.17。由于高温熔体层在型腔中流动位置不同，导致出现两腔产品产生翘曲而另两腔产品完全平整的现象。

型腔2&3产品翘曲

型腔1&4产品平整

图3.17 聚合物熔体不平衡引起的型腔间翘曲变形差异[3]

3.7　应用流道翻转技术解决填充不平衡

为了解决料流不平衡问题，来自宾夕法尼亚州伊利市Beaumont公司的John Beaumont先生，开发了一套让模具流变平衡的解决方案，并获得了专利（请注意使用该项技术前应先取得Beaumont技术有限公司的授权许可）。其聚合物熔体控制方法俗称流道翻转（Meltflipper®）技术，应用范围广泛，包括模具结构和产品填充的流变平衡建立、型腔内填充和翘曲状态的优化、产品性能以及产品外观的调整。图3.18（a）所示为一个传统的8腔H形冷流道模具的料流横截面图。可以看出主流道中高剪切和低剪切区域构成同心圆。当料流在次级流道分叉时，高剪切层熔体留在内侧。直到第三级流道分叉后，高剪切材料首先进入内侧型腔，然后才填充外侧型腔，使得内侧和外侧各型腔中的熔体状态有所不同。最终，内外两侧型腔成型的产品在尺寸、重量和性能上也大不相同。

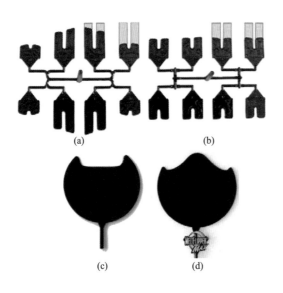

图3.18　采用聚合物熔体翻转技术前后的实例对比[3]

Beaumont注册的流道翻转专利技术，通过采用多种方法调节熔体的高低剪切层位置，以达到理想的平衡效果。以这套8腔模具为例，熔体在进入第三级流道前，先行"翻转"或旋转90°，如图3.18（b）所示。旋转通常位于主流道和次级流道的交叉点。当熔体离开次级流道时，高剪切区域出现在顶部，而非内侧。图3.18（a）是没有流道翻转的对比图。当经过翻转的熔体进入第三级流道的分叉位置时，高剪切和低剪切的熔体均匀地分成两股支流，于是每个型腔填充的高剪切和低剪切熔体量相等。这样所有型腔之间就建立了填充和流变的平衡。

上述例子中，熔体仅在一个点上进行了旋转，即主流道和次级流道的交叉点。为了达到16腔模具的平衡，熔体翻转必须延伸到两个位置上。此外，通过使用熔体翻转技术，产品上的一些缺陷也能得到解决。文献[1]就这一主题做了详尽论述。

图3.18是一些"流道翻转前后"的产品对比。图3.18（a）为基于传统（几何平衡）流道的填充模式，这时不仅型腔间填充不平衡，就连内圈四腔的流动模式也不相同。图3.18（b）是熔体翻转后的填充模式。注意填充平衡不仅指型腔之间的平衡，也指型腔内部的平衡。如果使用压力传感器（或热电偶）进行监测并加以控制，不仅8个产品可以做得几乎完全一致，而且整个注射工艺都能得到显著改善。图3.18（c）是一个简单的平板圆盘的填充形态。

其中，流道的高剪切材料在圆盘边缘形成了跑道效应。图3.18（d）为同一圆盘产品，使用了Beaumont的多轴翻转技术（MAX™技术）后，流体的流动形态得到优化，大部分高剪切层位置也进行了重新分布，可以顺利流过型腔的中心区域。

图3.19显示了使用熔体翻转技术前后的熔体温度分布，这些照片是产品成型后立即用红外相机拍摄的。图3.19（a）为高剪切熔体填充的内侧型腔。显而易见，采用传统流道的模具内侧型腔由温度更高（白色）的材料填充。值得注意的是，即使产品部分冷却后，仍然可以观察到这种温度差异。

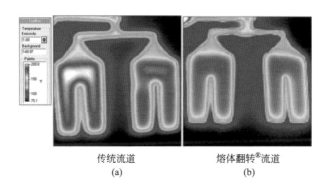

传统流道　　　　　　熔体翻转®流道
(a)　　　　　　　　　(b)

图3.19　采用熔体翻转技术前后的温度分布[3]

3.8　喷泉流动

在热塑性塑料成型时，设定的模具温度应低于熔体温度，因为熔体只有冷却到脱模温度，产品才能进行顶出。有时模具摸上去是热的，但相对于熔体温度而言已经属于冷模了。聚醚酰亚胺（PEI）的模具温度可高达165～180℃。使用这类模具时，工作人员必须配戴安全手套。因此，在以后的章节中凡是提到"冷模"，并非指人的体感，而是指低于熔体的温度。

塑料以层流方式流动，如图3.20所示。注射开始时，熔体首先接触到的是"冷模"，并在型腔表面逐渐冻结。随后进入的熔体沿着中心区域向前推进，穿越冻结层，并在它前方紧贴型腔表面凝结成新的冻结层。这样持续推进的结果就形成了由内而外的流动模式，其流动前沿看上去好像一股喷泉，因此被称为"喷泉流动"。

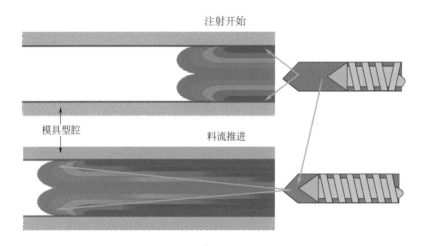

图3.20　熔体推进过程中冻结层和喷泉流的形成

如果把注射进模具的熔体分成几个部分，然后观察各部分熔体停留的最终位置就会发现一些有趣的现象。喷嘴头部的熔体形成了主流道的外表皮，而主流道中心部分则由料筒中最靠近止逆环前面的熔体构成。图3.21是模具剖面示意图，其中熔体推进过程中各部分的位置由数字来标记。例如，在料筒中编号为1的熔体处于喷嘴头部，当注射到模具中后，它会停留在离注塑机喷嘴最近的产品表面上。当第2部分继续推进后，熔体会停留在第1部分前方的模腔内壁上。

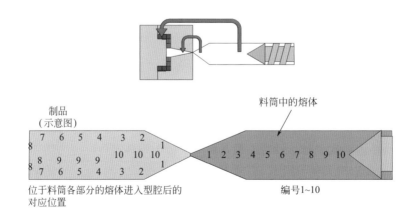

图3.21　料筒与最终成型产品中熔体分子的位置关系

在原料换色过程中也很容易观察到喷泉流动的痕迹。如果原料颜色由无色透明切换成黄色,那么黄色原料会出现在最晚冻结的区域,而透明原料则会出现在主流道或是浇口区域。如图3.22所示,当产品和流道的颜色从透明逐渐变为黄色时,主流道表层以及产品仍旧是透明的,而产品内部相当大一部分已经成为黄色。此外,主流道末端的冷料穴也是透明的,因为此处是熔体最先进入模具之处。产品的浇口区域为最晚冻结区域,虽然已渗入黄色熔体,但产品表层仍包裹着透明塑料。

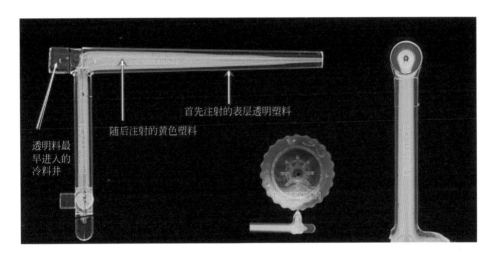

图3.22　换色时的喷泉流动轨迹

了解喷泉流动的特点有助于解决注射成型产品的缺陷。如果产品上某一位置总是出现外观缺陷,便可根据熔体中缺陷点的位置推断出问题的根源所在。例如某个注塑厂生产的一个产品,某个固定位置上总是出现缺陷。查找原因时发现问题出在一个加长喷嘴上,它的一端是热电偶,另一端是加热圈。开始注射时喷嘴中的部分熔体已发生降解,而降解的熔体正好填充到出现缺陷的部位。缩短喷嘴长度就解决了这一问题。

喷泉流动的概念也在共注成型技术中得到了应用,参见图3.23。在共注成型工艺中,产品的表层由一种材料成型,而内芯由另一种材料填充。表层材料的选择往往是根据产品的外观或环保要求做出的,而内芯材料则当作填料,大多采用低成本回收材料,也有的当作发泡基材,以减轻重量和防止收缩。

共注成型是将表层材料和内芯材料先后注入模具的一种技术。其中定量的表层材料注入型腔后,只占据部分的型腔空间,随后注入的内芯材料会将表层塑料挤压在型腔壁上,直至内芯材料完全填满产品内部为止。

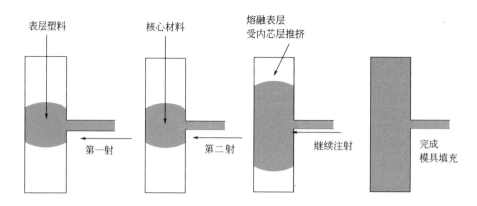

图3.23　共注成型；喷泉流动的应用

3.9　喷泉流动对结晶度、分子取向和纤维取向的影响

当结晶型聚合物熔体填充模具时，一旦接触到冷模型腔，瞬间就会在模具型腔表面冻结，所以表面层中的分子没有时间和热量进行完全结晶。而冻结内层的熔体因与模具表面热量绝缘，则需要更长时间冷却到无流动的状态。因此，熔体离中心层越近，完成结晶的时间和热量就越充分。如果我们查看一下产品横截面上的结晶度，就会发现中心层的结晶度最高，而表层结晶度最低。

如上所述，产品表层几乎是瞬间冻结的，所以流动方向上分子和玻纤的取向基本一致。越往里层，在热量的作用下分子和纤维越发松弛，直至达到平衡。于是产品表面的分子取向性最强，而内部的分子取向性最弱，参考图3.24。

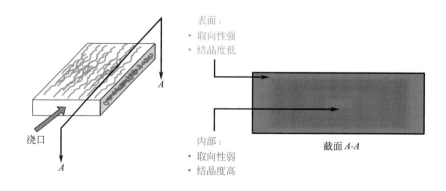

图3.24　产品的分子取向、纤维取向及结晶度

3.10　聚合物的黏度测试

聚合物应用广泛，既可用于溶液中（如油漆中），又可以以聚合物熔体形态进行加工。在如此广泛的应用范围内，剪切速率有高有低。出于以下几个原因，需要采用多种技术来测试黏度。首先，没有一个单独的黏度模型能适用于宽泛的剪切速率。低剪切模型无法拟合高剪切速率下黏度与剪切速率关系，反之亦然。其次，其他介质的存在会对黏度产生影响，从而改变黏度模型，如溶剂或增塑剂。因此，基于不同的表征方法，形成了不同的黏度定义。溶液流变学研究的是聚合物在溶剂中的特征，熔体流变学研究的是聚合物熔体的流变特性。尤其是高剪切下的熔体流变学对注射成型至关重要。这可以借助毛细管流变仪来测量。我们通过毛细管流变仪可以模拟聚合物熔体经机器射嘴、主流道、流道、浇口及产品时的剪切速率，通常剪切速率范围介于 $100 \sim 100000s^{-1}$ 之间，但浇口处的剪切速率可高达数百万每秒。流变仪由一个料筒和柱塞构成。在料筒的底部有一个口模。料筒加热到指定温度，然后填充需测试的塑料。柱塞以不同的剪切速率移动时将熔体由口模挤出。口模是用来测量剪切速率的，故内径大小非常重要。接着对在不同剪切速率下挤出的熔体进行黏度测定。通常会测量三种不同温度下的黏度。有时材料供应商会提供这些数据，供模具设计和模流分析使用。

另一种常见的测试称作熔体流动测试。该测试使用的是熔体流动指数仪，基本配置类似于毛细管流变仪，不同的是，这是一个低剪切速率的测试，而注射成型中很少采用低剪切速率。但由于操作简单，并可反映高低剪切速率黏度之间的普遍相关性，这种方法很受欢迎。最终得到的结果称为熔体流动指数（MFI）或熔体流动速率（MFR）。除了在柱塞上加载的是一个固定重量而不是可变砝码外，熔体流动指数仪和毛细管流变仪很相似。该装置也由柱塞、料筒和口模组成。料筒调到指定温度，然后加入塑料。一旦达到预设时间，重量就会加载到柱塞的顶部，塑料从料筒中挤出。在10min内挤出的塑料重量（单位为g）称为塑料的熔融流动指数（简称为熔融指数）。如从口模中挤出了25g塑料，则熔融指数为25，业内将其称为熔指25的材料。无论采用何种测量系统，熔融流动指数始终以g为单位。原材料来料证明中常用MFI作为质量控制参数。许多公司会自己进行测试来确认熔融指数，并作为材料批次的数据记录。这是一种既简单又成本低廉的质量控制方法，但是必须留意有添加剂存在的情况。因添加剂不会熔化，会造成流料不畅、结果偏差等不稳定的状况。

美国材料与试验协会（ASTM）和其他标准测试机构对毛细管流变仪和熔体流动指数的测试流程均做了规定。这些机构还对不同的测试材料定义了不同的温度、重量、时间和其他测试条件。

3.11　参考文献

[1] Beaumont, J., Runner and Gating Design Handbook（2007）Hanser,Munich.

[2] Beaumont,J.et al., Solving Mold Filling Imbalances in Multicavity Injection Molds, Journal of Injection Molding Technology（June 1998）Vol 2, No.2, p.47.

[3] Beaumont Inc., Technical Presentation（2009）.

推荐读物

Beaumont, J., Nagel, R., and Sherman, R., Successful Injection Molding（2002），Hanser Publishers, Munich.

Aklonis, J. J., Introduction to Polymer Viscoelasticity（1983）.

Wiley Interscience, NY Billmeyer, F. W., Textbook of Polymer.

Science（1984）Wiley Interscience, NY Cogswell, F., Polymer Melt Rheology（1981）John Wiley, NY.

Dealy, J. and Wissbun, K., Melt Rheologyandits Rolein Plastic Processing Theory and Applications（1990）Van Nostrand Reinhold, NY.

4 塑料的干燥

　　大多数塑料在潮湿环境下都会吸收水分，无论是未加工的塑料粒子，还是已加工的注塑产品，概不例外。易吸湿的塑料称为吸湿性塑料或亲水性塑料，而不吸湿的塑料则称为疏水性塑料。聚酰胺（尼龙）是一种常见的吸湿性塑料。用聚酰胺生产的产品，其尺寸会根据吸湿程度高低而变化。聚酰胺产品吸收水分后会发生膨胀，尺寸随之增加甚至超出规格范围。尽管注塑件的吸湿现象在所难免，但为了获得合格的产品，我们仍应在注塑加工之前，将塑料粒子的含水率控制在一个可接受的水平上。每种塑料都有可接受的最高含水率标准。一旦超过该标准，熔体过程就会出现问题。因此生产中应确保材料含水率低于推荐值。表4.1列出了一些未填充材料的最大含水率。这些材料均不含填充料。填充料大多是疏水性的，即不吸收水分。以不含填料的聚酰胺材料为例，加工前材料中的含水率应低于0.20%。如果某牌号的聚酰胺含50%玻璃纤维，那么剩下的50%聚酰胺中能接受的含水率就是0.2%的50%，即0.1%。进行含水率测试时，必须考虑到填充料的比例。然而，大多数材料供应商在提供材料性能表时都忽略了这个细节。

表4.1　未填充材料的最大含水率（出自：www.IDES.com）

学名	简称	推荐最大含水率/%
聚甲醛（POM）共聚物	POM 共聚	0.15 ～ 0.20
聚甲醛（POM）均聚物	POM 均聚	0.2
丙烯酸、聚甲基丙烯酸甲酯	PMMA	0.097 ～ 0.10
丙烯腈 - 丁二烯 - 苯乙烯	ABS	0.010 ～ 0.15
聚酰胺6	尼龙6	0.095 ～ 0.20
聚酰胺66	尼龙66	0.15 ～ 0.20
聚酰胺66/6共聚物	尼龙66/6	0.099 ～ 0.20
聚邻苯二甲酰胺	PPA	0.045 ～ 0.15

续表

学名	简称	推荐最大含水率/%
聚碳酸酯	PC	0.019～0.020
聚对苯二甲酸丁二醇酯	PBT	0.020～0.043
聚对苯二甲酸乙二醇酯	PET	0.0030～0.20
聚醚酰亚胺	PEI	0.020～0.021
高密度聚乙烯	HDPE	NA
低密度聚乙烯	LDPE	NA
线型低密度聚乙烯	LLDPE	NA
聚苯硫醚	PPS	0.015～0.20
聚丙烯均聚物	PP均聚物	0.050～0.20
通用聚苯乙烯	PS（GPPS）	0.02
耐冲击性聚苯乙烯	HIPS	0.1
聚氯乙烯	PVC	NA
苯乙烯-丙烯腈	SAN	0.020～0.20

注：NA表示不适用。

　　聚酰胺类的材料在生产加工中，水分如同熔体黏度调节剂，对成型加工起着极为重要的作用。因此，对材料的最低含水率有着一定的要求。本章将就这个题目加以讨论。加工前塑料粒子的干燥流程非常关键。吸水性塑料粒子必须进行规定时长的高温干燥，有效地去除其中多余的水分。然而，当塑料粒子干燥时间和温度超过材料供应商的标准时，会出现"过度干燥"，也会产生不良后果。尽管过度干燥会对产品的力学性能和外观产生巨大的负面影响，但这种现象却一直没有引起人们的重视。

　　干燥不当会导致生产中的产品报废，由此浪费的生产时间难以弥补。干燥通常是由注塑车间的烘干设备完成的。有些塑料原料交货时已进行了真空密封包装，材料取出后立即投入加工的话，则不需要进行干燥。如果打开包装后材料未用完，再次使用前则仍需进行干燥。

4.1　熔料过程中水分带来的问题

　　塑料熔化程中含水率不当可能导致以下问题。

4.1.1 塑料降解

水分在料筒内会造成塑料降解。水分在成型加工温度下会引发一种称作水解的化学反应，破坏聚合物的长分子链。首先水分子充当催化剂引发降解，而降解过程又会产生更多的水，使降解反应加剧，最终导致产品的性能下降。水解反应分两种：如果断裂发生在链端，分子量的损失并不显著，对最终产品的影响可以忽略，称为链端降解；如果断裂位置沿分子链长随机分布，导致分子量显著下降，进而引起力学性能降低，则称为随机降解。通常，用降解材料制成的产品性脆，力学性能欠佳，此外，产品表面还会时常出现光泽暗淡以及料花等缺陷。水解现象常见于下列缩合聚合物中，如聚酯、聚酰胺、聚碳酸酯和聚氨酯。

4.1.2 表面缺陷

材料中的水分会引起以下各种表面缺陷。

（1）料花

注射过程中随熔体进入模具型腔的水分都会逸出，在熔体与模腔壁之间形成一层薄膜。这层薄膜会阻止熔体和型腔壁的直接接触，妨碍模腔表面纹理向产品转印。这层薄膜表面光滑，一旦冷却，就会在产品表面留下一片闪亮条纹，如图4.1。这种现象被称为料花或银纹。

图4.1 产品表面料花

（2）气泡

水分被困在熔体内部无法排出时，会在产品中形成空洞或气泡之类的内部缺陷。有时气泡离产品表面太近，脱模时气泡内尚余的高温和高压会导致产品外观缺陷，如隆起或气泡。这些缺陷有时很细小，但遇到面积较大或壁厚较厚的产品时，会表现为剧烈的变形。含水率过高导致的产品内部空洞和外部缺陷如图4.2所示。

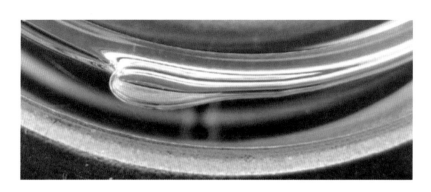

图4.2   含水率过高造成的产品内部空洞和外部缺陷

（3）焦痕

当注射速度很高时，熔体内部的剪切速率也会增加。此时水分的存在会导致塑料发生降解或燃烧，在产品上出现暗色条纹或变色。有时，在填充末端还会看到焦痕。合理设计排气有助于在填充过程中排出型腔和流道中的空气。如果熔体中含有的水分引起塑料降解，就会产生更多的气体需要从型腔内排出。水汽如遇到熔体流动前沿，就不会再与熔体混合，而是始终停留在熔体前部。如果排气设计不当，水汽或其他气体无法及时排出，困在前端的气体将在较高的注射、补缩和保压压力的作用下产生柴油机效应，将塑料烧焦。不同的塑料种类会因烧焦在填充末端留下黑色或白色的痕迹。

（4）排气槽堵塞

水汽或由聚合物及添加剂降解带来的挥发性气体过多，会造成排气槽处过载。降解产生的低分子量副产物会聚集在排气槽内导致堵塞。随着生产的持续，排气能力不断下降，产品质量逐渐恶化。每当这种情况发生时，就可以在产品填充末端看到焦痕。此时，应清洁排气槽，消除焦痕。图4.3展示了模具表面形成的残留物。

图4.3   次级排气口上堆积的降解物

（5）尺寸波动

排气槽堵塞会导致产品尺寸变化。产品尺寸是与型腔中塑料压力直接相关的，因此，必须保证每个成型周期型腔压力一致，这样才能保证质量稳定。如果排气槽堵塞，空气和其他气体无法及时逸出，型腔内压力就会产生波动，导致产品尺寸不稳，尤其在尺寸公差很小时，很容易出现超差。

（6）熔接线附近的产品性能损失

当塑料粒子干燥不够充分时，成型过程中料流前沿会出现水分，而水分的介入会降低熔接线的结合强度，有时熔接线也会因此更为明显。排气槽堵塞引起的排气不畅也会造成熔接线处强度下降。

（7）喷嘴流涎

这种现象在成型聚酰胺等结晶塑料时很常见。在正常的螺杆回退的储料阶段，塑料熔体不会从注射机喷嘴滴漏。两种方法可以防止喷嘴流涎：第一，当熔体过程结束时，螺杆在不旋转的情况下松退较短的距离，这会降低料筒内熔体的压力，并使熔体从喷嘴退回料筒；第二，将喷嘴的温度控制在合理区间，温度既不能太高，也不能太低。温度太高熔体黏度降低，会从喷嘴滴出。而温度太低，熔体黏度升高，下个注射循环开始时塑料可能无法通过喷嘴。这种温度控制非常重要。但如果塑料中存在水分，熔体黏度就会降低，导致塑料不断从喷嘴流出。此时，塑料流动很快，来不及在通过喷嘴这么短的距离里充分冷却，因此，无论降低喷嘴温度或增大松退都将无济于事。与非结晶材料相比，结晶材料的加工范围更窄，黏度也更低。因此，结晶材料更需要进行合理的干燥，避免流涎。塑料粒子加入干燥机并达到所需的干燥时间后，位于干燥机出口附近的粒子却受不到干风的烘烤。这是烘料斗的结构所致。干燥进风只能在一定水平高度以上吹入，故只有在此高度以上的塑料才能吹到。因此，建议在加工之前将这部分未充分干燥的粒子先行排出。在含水率很高的情况下，熔体从喷嘴喷溅出来的情形也很常见。一旦稳定的成型生产开始，原材料就会源源不断地从料斗顶部流向底部，干燥后的材料再不停地输送给注塑机。

（8）注射量控制不稳定

水分的存在会掩盖真实的熔体注射量，从而导致实际注射量减少。尽管螺杆会始终保持相同的注射量或所需的注射体积，但真正射出的熔体体积却难以达到合格产品的要求。每次注射熔体重量的变化，都会引起注射不稳定。

有些吸湿性材料中即使有水分存在也不会发生降解，如ABS、SAN以及丙烯酸树脂。聚酰胺和聚酯类材料是容易遇水降解的材料。不吸湿的材料有聚乙烯、聚丙烯和聚苯乙烯等。这类材料虽然不会吸收水分，但在潮湿的环境中，水汽仍会附着在未加工的塑料粒子表面，最终导致产品表面缺陷，如材料表面吸附的水分未烘干而出现料花。

4.2 吸湿性聚合物

人们将容易吸收水分的聚合物称为吸湿性聚合物。聚合物是否会吸收水分取决于其化学结构，如图4.4。水分子由两个氢原子和一个氧原子组成。由于两个氢原子和氧原子存在共用电子，而氢原子又通常位于分子的一侧，于是水分子一端会带正电而另一端带负电。存在这种电荷分布的分子被称为极性分子。

与水分子相似，聚合物的主链中也存在某些带有极性的基团。例如，聚酰胺和聚酯中的羰基（$\rangle$C＝O）是带有极性的基团（如图4.5）。聚合物主链上的这些极性基团会像磁铁一样吸引同样带有极性的水分子，形成较弱的次级键，这就使聚合物具有了吸湿性（图4.6）。这些次级键也称作氢键。

图4.4　水分子的化学结构　　　　　　　图4.5　极性基团

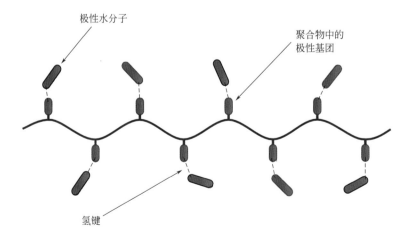

图4.6　极性水分子与极性聚合物基团形成氢键，聚合物具有吸湿性

有些聚合物，如聚乙烯是由无极性单体如乙烷聚合而成的。而在乙烷分子中，碳原子周围的电荷是平衡的，于是聚合物呈现出无极性。无极性的聚乙烯分子不会吸引极性水分子，于是聚乙烯表现出非吸湿性（如图4.7）。

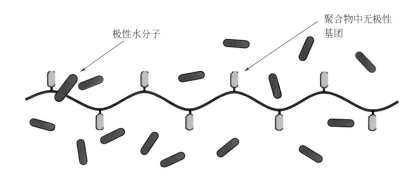

极性水分子

聚合物中无极性基团

图4.7　极性水分子与无极性聚合物基团间无法形成氢键，聚合物不具吸湿性

4.3　塑料的干燥

在熔体加工之前，为了实现对塑料粒子的有效干燥，应对以下重要因素予以考虑。

4.3.1　干燥温度和时间

由于不同塑料中极性基团的性质不同，因而水分子和聚合物分子之间所形成键的强度也不同。例如，聚氨酯中键的强度比在ABS中高得多。因此，不同塑料所需要的干燥时间和温度也就不同。不同等级的聚氨酯通常要在132℃温度下干燥4 ～ 6h，而ABS只需在75℃左右温度下干燥2 ～ 4h。干燥时间与聚合物材料初始的含水率有关，而聚合物含水率是由其所处环境湿度决定的。在除湿效率不变的情况下，初始含水率越高，所需的干燥时间就越长。在给定时间内干燥只能带走一定量的水分。当然塑料颗粒的大小和形状也会影响干燥时间。表4.2列出了一些常用塑料的干燥温度和时间。请注意其中有些塑料并非用于注射加工。

对于有些塑料，干燥时间和干燥温度可以有多种不同组合。例如，聚邻苯二甲酰胺（PPA）可以在79℃下干燥8h，也可以在212℃下干燥2h。选择何种组合取决于塑料在干燥机中最佳的停留时间。有时干燥机的容量远远大于每小时材料消耗量，此时应特别留意那些对干燥高温非常敏感的材料，尤其是材料在干燥机中的停留时间长于供应商推荐值。干燥时间过长对塑料有不良影响，例如能观察到塑料颗粒开始变色，发生软化或在干燥机中结块。受影响最严重的是靠近料斗出口处或底部的颗粒，这些颗粒需承受上方颗粒的重力，可能出现的"架桥"效应会使情况变得更糟。干燥温度过高也会导致基础聚合物中低分子量添加剂流失。

表4.2　常用塑料的干燥温度和时间（来源：www.IDES.com）

名称	干燥温度/°F	干燥时间/h
ABS	175～190	2.0～4.0
POM	175～195	2.0～4.0
PMMA	180	3.0～6.0
ASA	180～190	2.0～4.0
PA6	160～180	2.0～4.0
PA66	175	2.0～4.0
PBT	250～280	3.0～4.0
PC	250	3.0～4.0
PEEK	176	3
PEI	300	4.0～6.0
PLA	212	4
PPS	275	3.0～6.0
PS-GPPS	180	2.0～4.0
PS-HIPS	160～180	2.0～4.0
PSU	275	4
PUR	N/A	N/A
PVC	150	2.0～4.0
PVDF	302	1
SAN	160～180	2.0～4.0
SPS	176	2.0～4.0

注：N/A表示不适用。

　　无论是吸湿性还是非吸湿性聚合物，颗粒表面都难免有水汽凝结。当塑料颗粒从相对低温的环境（如厂房外的料仓）运送到温度和湿度较高的生产环境中时，粒子表面会凝结成水汽，就像空气湿度较高时，我们在冷饮杯外侧观察到的冷凝水一样。冷凝水也会出现在注塑机的下料口附近，这里通常应由循环冷却水保持低温，防止粒子"架桥"效应的出现。如果该区域冷却不良，从储料结束到模具打开之前，处于静止状态的塑料颗粒便会熔化结块，无法传输到料筒中。对于非吸湿性塑料，加工前要在低温下进行表面干燥，去除水分。做法是将塑料颗粒短暂置于室温或低温干燥的空气中。在低湿度环境下，干燥时间可以缩短为半小时。添加剂也是具有吸湿性的，例如某些钙基填料。任何添加了这些成分的塑料在加工前都必须进行干燥，无论基料是否具有吸湿性。

4.3.2　相对湿度和露点

塑料除湿时所用的干风越干燥越好。当含水塑料颗粒置于干风中时，干燥系统为寻求动态平衡，会将塑料中的水分不断带走。空气的干燥程度可用两个术语来表示：相对湿度和露点。相对湿度是样本空气中的水蒸气含量与同一样本空气中能容纳的饱和水蒸气含量之百分比。水蒸气饱和水平随温度而变化。温度越低，空气中所能容纳的最大水蒸气量就越少。

露点代表了样本空气中水蒸气的含量，其定义是：空气中所含的水蒸气达到100%相对湿度或完全饱和所需要降至的温度。因此，较低的露点意味着空气中的水蒸气含量较低。露点为-40℃时的样本空气中水蒸气含量极低（低于0.4%）。因此该温度可认为是干风输入干燥机时的目标露点温度。

举个例子，干燥机温度设为100℃，即输入干燥机的空气温度为100℃。在此温度下，空气仍含有水蒸气，其含量取决于相对湿度。水蒸气的存在会阻碍塑料达到应有的干燥水平，因此需要进一步干燥。常用的做法是利用干燥剂床来吸收气流中的水蒸气。随着空气中水分的减少，其凝结温度或露点温度也会降低。较低的露点温度也表明，供给干燥机的空气中水蒸气含量较低。因此，测量露点可以反映空气的干燥程度。露点为-40℃时的空气质量达到了干燥塑料的要求。空气的最终含水量与温度、相对湿度和露点均有关系。

4.3.3　干燥空气流量

低露点的干燥空气经加热到推荐温度后，供给干燥原料的料斗。随着干燥过程的进行，材料内部的水分逐渐浮上材料表面，并最终被带走。因此为了保证干燥效果，系统应提供充足的干风流量，这点十分重要。

4.4 塑料干燥设备

用于塑料干燥的干燥机有多种类型，可根据所采用的干燥技术或其他特征进行分类，如根据干燥机安装的位置分类。

4.4.1 炉式干燥机

在注射成型发展的早期，当工艺人员认为塑料需要干燥时，便采用类似烘焙用的烤箱进行干燥。将塑料铺满整块托盘，放进烤箱里烘干。使用托盘便于将塑料铺开，增加暴露在热气中的面积。如果塑料铺得太厚，便无法均匀干燥。取出烫手的托盘，运到注塑机边，再把材料倒进料斗，通常需要两个人配合。时至今日，研发或生产部门处理小批量塑料时仍会沿用小型烤箱。真空泵是与烤箱配套使用的设备之一，它能降低液体沸点，加速干燥室中的水分排出，加快整个干燥过程。

4.4.2 热风干燥机

热风干燥机使用的热风通过底部进入，空气从塑料中流过时，会带走塑料粒子表面的水分并将水分排出系统。加热后水分会转移到粒子表面，从而加速干燥过程。来自于大气的空气经过加热输入干燥机。这类干燥系统尤其适合于非吸湿性材料（如烯烃）或是含水率要求不高的材料表面干燥。

4.4.3 除湿干燥机

这类干燥机与热风干燥机相似，不同的只是空气首先经过一个干燥剂床，它能吸收输入空气中几乎所有的水分，随后干燥的空气经过加热输送至料斗。由于干燥后的空气相对湿度很低，因此可以从塑料中吸收更多的水分，达到像聚酰胺这类材料的较低含水率要求。随着干燥剂吸附水分量的增加，干燥剂最终会趋于饱和，吸湿能力减弱，干燥效率降低。为了弥补这一缺陷，干燥剂可进行循环再生，重新干燥后，在系统中回用。除湿干燥机因具有较强的适用性得到了广泛应用。

4.4.4 根据干燥机安放位置分类

干燥机一般摆放在注塑机旁，干燥完的原料通过软管输送到注塑机里。这类传统干燥机在中小型公司里应用广泛，这是由于这些公司使用的原料品种多样，换模次数频繁。这类干燥机可移动，从一台注塑机移动至另一台十分方便。如果公司需要同时处理吸湿性和非吸湿性原料，也不需要购买与注塑机等量的干燥机，干燥机可以根据需要随机移动。而料斗式干燥机是直接安装在注塑机下料口上的。对于吸湿性极强的材料如聚氨酯，这种模式相当奏效，避免了材料在输送软管中就开始吸收水分。这类干燥机由于直接安装在注塑机上，因此很难在短时间内转移到别的注射机上。在实际操作中，此类干燥机往往被当作注塑机的专用辅机。

集中式干燥机是公司用来处理大量相同原料的大型干燥系统。原料集中干燥后再输送到注塑机进行加工。

4.5 含水率的测定

精确测定用于成型加工的塑料含水量十分重要。要达成此目的，精密的测量系统不可或缺。有很多直接或间接的测量方法，但大多数都存在一个根本缺陷，即在抽取水分进行分析和测量的同时，聚合物所含的易挥发物质、添加剂、残留物等也会随之挥发。这往往会掩盖塑料中的真实水分含量，给出错误的结果。虽然可以找到多种方法避免这种情况发生，但在生产环境中并不适用。下面我们来介绍几种水分分析方法。

4.5.1 载玻片测试法（TVI测试）

这项测试方法是由GE塑料（现称Sabic基础工业公司）开发的，称为托马塞蒂（Thomasetti）挥发性指标测试或简称为TVI测试。将数颗塑料粒子放在一块预热过的载玻片上，盖上另一块载玻片，把粒子压在两片载玻片之间。粒子压扁后，撤掉载玻片，让粒子自然冷却。粒子中的水分会在载玻片上留下水珠，有时水珠需要借助显微镜才能观察到。这种测定样本中水分的方法简单易行。为了保证安全，操作载玻片和加热板时需十分小心。该测试无法提供塑料中含水量的具体数值，与其他测试一样，也无法确定由于降解或从添加剂产生的挥发物质种类。TVI测试在工业领域并不常用。

4.5.2　卡尔·费歇尔滴定法

　　通过该测试分析得到的结果非常精确。但由于该测试花费的时间较长，还需要额外的原材料和仪器，故该实验并不常用。测试的基本原理是：试剂与塑料中的水分反应后会产生微量电流。实验时，塑料必须经过加热，释放水分。电流的大小与系统中水分含量直接相关。通过对电流的精确测量就能获得塑料样本中的水分含量。图4.8展示了卡尔·费歇尔（Karl Fischer，又译为卡尔·费休）滴定系统装置。这个系统有个缺陷，在高温下某些塑料会析出水分。这是由聚合物降解或熔体聚合反应引起的，第4.1.1节曾对该现象进行过解释。这时新生成的水会使实验结果发生偏差，产生错误的读数。

图4.8　卡尔·费歇尔样本水分测量装置
（由丹佛仪器公司提供）

4.5.3　电子水分测定仪

　　随着技术的发展和人们对塑料吸湿过程的进一步了解，电子水分测定仪在生产部门得到了广泛的应用。这种测定方法最大优势是简单易行，操作者无须拥有对塑料原料或水分测定的专业知识或经验。只需不到10min的时间，便可打印出塑料水分测试结果。测试仪也可连接个人电脑（PC），记录测试数据随时间的变化。测定仪的工作原理是：随着塑料受热，所含水分蒸发，其重量会有所下降。实验中，将少量塑料样本放入天平的称量盘，记录样本的初始重量，然后根据原材料种类将样本加热至相应的预设温度。水分蒸发后，样本重量逐渐下降，最后趋于稳定，这时可认为塑料已充分干燥。记录最终重量，计算出水分比例，于是就得到了样本的含水率。该系统的缺点是：无法考虑加热过程中材料中挥发物引起的重量损失，从而造成含水率结果偏差。图4.9展示了电子水分测定仪的照片。

4.5.4　露点测量

露点仪可以测量出输送到干燥机的空气露点。尽管这种方法不能直接测量塑料的干燥程度，但它可确保输入干燥机的为干燥空气。-40℃的露点温度充分表明空气中含水量处在可接受范围的低水平上。

图4.9　电子水分测定仪
（由丹佛仪器公司提供）

4.6　"过度干燥"或干燥过久

大多数聚合物和塑料中都混有低分子量添加剂，如热稳定剂、加工助剂或其他专用添加剂。使用添加剂的目的是增强塑料在特定应用条件下的性能或者降低成本。这种混合后的聚合物称作树脂。所有用于熔融加工的塑料都含有最基本的添加剂，因此都可称为树脂。添加剂的种类有：增塑剂、润滑剂、阻燃剂、热稳定剂、着色剂、发泡剂和杀菌剂。添加剂一般在聚合物中的比例很低，且通常是一些低分子量的化合物或低聚物。

为了避免干燥超过供应商推荐的最长时间，塑料干燥时间需要严格控制。但这在实际生产过程中，经常容易被人忽略。为避免时间的浪费，行业内习惯做法是先将树脂倒入干燥机，然后进行换模，让材料有充分时间干燥。尽管这种做法效率很高，可是一旦模具安装无法按时完成，或是开始几次试射碰到了问题，必须卸下模具进行维护，留在干燥机中的塑料就将经受高温的长时间烘烤。这种过度干燥会引起塑料中低分子量添加剂的丧失。其原因是添加剂通常耐热性不如聚合物，特别是长时间干燥的情况下。另一种导致过度干燥的状况是干燥机的容量大大超注塑所需的料量。容量过大的干燥机会造成塑料的滞留时间过长，甚至超过推荐的最长干燥时间。例如，每小时的原材料用量为10磅（4.5kg），建议的最长干燥时间为8h，如果干燥机容量大于80磅（36kg），就会导致最后进入干燥机的塑料停留时间超过8h，应当避免发生这种情况。

（1）案例分析

以聚酯和聚酰胺这两种材料为例。这里聚酯是含30%玻纤的聚对苯二甲酸丁二醇酯（PBT），而聚酰胺是含15%玻纤的聚酰胺66。对两种树脂进行不同时长的干燥，然后分析过度干燥带来的影响。用现有生产模具来成型产品。对每种材料，尽管干燥时间不同，但塑料成型的工艺条件保持不变。结果表明，这两种材料过干燥时的效应是不同的，热学分析和力学实验也证实了这一点。在热重分析（TGA）实验中，对塑料样本持续加热，直到聚合物在某个温度下发生燃烧，该温度则因基础塑料和添加剂不同而异。流变学研究可找出塑料的黏度以及干燥对塑料产生的影响。剪切扫描研究提供了黏度与剪切速率的曲线图，而通过绘制给定剪切速率下黏度与时间的关系图可进行热降解研究。塑料在料筒中停留一段时间后，其降解及黏度变化情况被记录下来。下面对实验中观察到的现象和结果进行一些分析。

（2）PBT的实验结果

塑料粒子和成型的产品经过上述流程干燥后进行测试。对成型过程进行观察，可以发现，随着干燥时间的增加，产品的溢料变得严重，这表明熔体黏度有所下降，但填充时间、料垫量、计量时间等成型工艺条件均无明显变化。热重分析数据如图4.10所示。

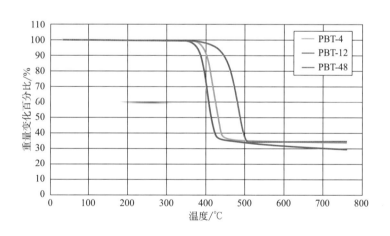

图4.10　PBT干燥4h、12h和48h后的热重分析图形

经过烘干，原材料最终的残余质量为初始的33%。由于树脂含有30%玻纤填充料，所以残留物大部分都是玻璃纤维。为了更好地解读所得到的结果，我们将重量损失率为50%时的温度定义为$T_{1/2}$。PBT-4的$T_{1/2}$约为420℃，而PBT-48的$T_{1/2}$则约为475℃。这表明，对于时间较短的干燥过程，重量损失在温度较低时就已出现，即树脂中包含的某些成分此时就已分解，从而导致重量提前损失。而对于较长

时间的干燥过程中，随着干燥时间的延长和温度的上升，添加剂会不断分解并从干燥机中析出。PBT-48的$T_{1/2}$比PBT-4的$T_{1/2}$高出约55℃。仔细比对数据并分析PBT的初始重量损失，可以看出PBT-4的曲线斜率较大，说明出现了与低分子量化合物或低分子聚合物类似的急剧重量损失。经过斜率有所差异的开始阶段后，三根曲线便趋于平行，这说明树脂中基材有着近似的分解过程。

通过毛细管流变仪获得的剪切扫描数据如图4.11。数据显示两种熔体在流变学特性上没有明显差异。这说明在干燥过程中损失的添加剂并不是可以降低熔体黏度方便加工的助剂，除此之外没有别的解释。

使用毛细管流变仪获得的时间扫描数据如图4.12所示。数据显示，只有当滞留时间等于或大于9min时，两种树脂才会表现出差异。与PBT-4相比，PBT-48的黏度较低。这很可能是由于基料的降解引起了平均分子量的下降，从而造成黏度也降低。这也可以证明，在过度干燥过程中损失的组分是热稳定剂。值得注意的是，黏度曲线在9min后趋于平缓，这说明聚合物已完全降解，此时只有存在于已降解树脂中的玻璃纤维尚支撑着熔体的黏度。

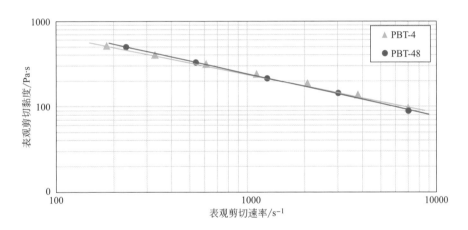

图4.11　PBT干燥4h和48h毛细管流变仪剪切扫描数据[1]

用在干燥机内滞留时间较长的PBT注射的产品受到轻微外力就会裂成碎片。产品跌落冲击实验的结果显示了PBT-4和PBT-48之间的明显差异，如图4.13所示。显而易见，随着干燥时间的增加，造成产品破坏需要的平均失效能量下降，产品的脆性也更大。这既可能是添加剂（如冲击改性剂）流失造成的，也可能是树脂降解造成的。当干燥时间介于12～36h之间时，平均失效能量会急剧下降。而在这一时间段前后，曲线相对平坦。通过这些数据可以知道，只有将干燥时间控制在12h之内，材料的特性才保持不变。

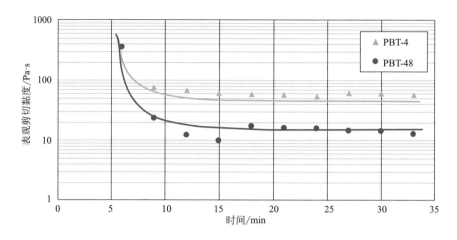

图4.12　PBT干燥4h和48h毛细管流变仪时间扫描数据[1]

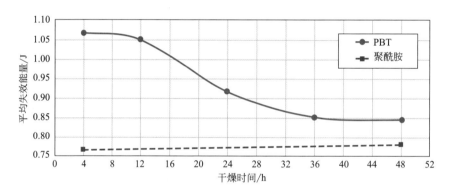

图4.13　PBT和聚酰胺在不同干燥时间下的平均失效能量[1]

（3）聚酰胺的实验结果

对于聚酰胺，我们也进行了干燥时长分别为4h和48h的研究。用前面提到过的步骤进行树脂和注塑产品的测试，得到的热重分析数据如图4.14。这里使用的树脂含有15%的玻纤。最终的残留物重量只有原始重量的17%，因此可以再次确定大部分残留物是玻璃纤维。聚酰胺4和聚酰胺48的$T_{1/2}$值约为470℃。两者重量损失的开始时间几乎相同，且曲线形状相差无几。由此我们可以推断，聚酰胺的常规干燥和过度干燥的热重分析曲线之间没有显著差异，也不存在明显的添加剂损失。

毛细管流变仪剪切扫描数据如图4.15所示。有趣的是，聚酰胺48的黏度高于聚酰胺4的黏度。Khanna等[2]已注意到，在干燥时间保持不变的情况下，聚酰胺的黏度会随着干燥温度的增加有所上升。Pezzin和Gechele[3]的类似研究也表明，在含水量较低的情况下，熔体黏度随干燥时间的增加而增大。Khanna推测，导致黏度

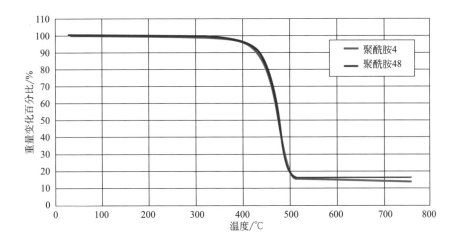

图4.14 聚酰胺干燥4h和48h后的热重图

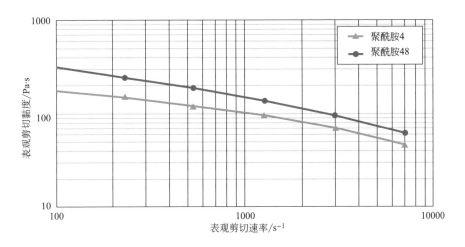

图4.15 聚酰胺干燥4h和48h毛细管流变仪数据（剪切扫描）[1]

增大的原因可能有以下两个：

① 聚酰胺中的水分作为熔体的增塑剂，可使黏度降低。而在较高的干燥温度下，水分的损失将导致黏度增加。

② 熔体的化学平衡通常用一个特性平衡常数K_{cond}表示。如果处于平衡状态的熔体中加入了过量的水，化学反应会朝着反应物方向进行（即降解），而如果从处于平衡状态的熔体中除去水分，反应则会向相反（即缩聚）的方向进行。

在本研究中，干燥温度保持恒定，而干燥时间是可以变化的。参照Khanna提出的理论以及通过本实验获得的类似结果可以得出，增加干燥时间与增加干燥温度得到的最终结果相同。在4～48h干燥时间内损失的水分必定会导致熔体黏度增加。

下面的这个产品注塑过程也印证了这一观点。该产品长48mm，平均厚度3.5mm，宽6mm。使用干燥4h的聚酰胺4注射时，产品几乎可以完全填满（99%）。而换成干燥48h的聚酰胺48时，该产品的填充长度仅为原长度的62%。如图4.16所示。

完整产品

聚酰胺4（99%）

聚酰胺48（62%）

图4.16　分别干燥4h和48h的聚酰胺注射出的完整和不完整产品[1]

使用毛细管流变仪的热降解数据如图4.17所示。当滞留时间达到12min或更长时，这两种树脂的黏度相差无几。滞留时间为6min时，聚酰胺48的黏度比聚酰胺4的黏度大。运用上节PBT实验相同的推理方法可得，一旦滞留时间超过6min，树脂便开始降解，而最终两种树脂的黏度却不相上下。

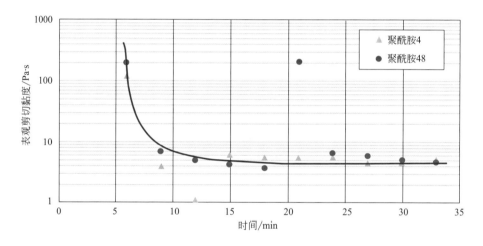

图4.17　聚酰胺干燥4h和48h后毛细管流变仪数据（时间扫描）[1]

聚酰胺4和聚酰胺48的产品跌落冲击测试结果没有显著差别，如图4.13中的虚线所示。两个样本的平均失效能量均为0.744J。较长的干燥时间并未对样本的跌落冲击强度带来影响。从上述讨论中可以清楚地看出，树脂干燥的过程控制非常重要。一旦过度干燥就会造成PBT的物理性能损失以及聚酰胺的黏度增加。由于水分对聚酰胺材料的黏度有较大影响，因此可以将它看成是聚酰胺的黏度调节剂。黏度的变化会对熔体的流动性和产品特征有影响，如熔接线强度。与流动相关的其他产品特性，如表面光洁度或聚合物与填料的比例等，也会受到干燥时间长短的影响。正因为水对聚酰胺黏度具有调节作用，我们应将聚酰胺中的含水量控制在0.015%左右的水平。当然最终的含水量还需要工艺人员依据具体情况而定。

4.7　注意事项

一些树脂如PBT的干燥过程具有累积效应，即干燥过程对水分及其他低分子量添加剂的去除具有持续作用，水分一旦去除，便不会再次吸入，即使干燥结束后树脂又被放回原料库也是如此。然而聚酰胺干燥后却会再次吸收水分，并影响黏度。由于每种树脂及所含的添加剂都是独一无二的，我们需要通过定制化的实验来确定每种工艺的控制方式。因为实验过程耗时费钱，因此上述实验结果不应作为标准应用，最简单有效的方法就是避免过度干燥。

4.8　避免过度干燥

实际操作中，有几种有效的方法可以避免过度干燥。

①　降低干燥机温度：如果材料干燥后注射成型无法立即开始，应将干燥机温度降至约25℃并保持运转。不断向料斗中吹入低温干风可以防止湿气进入，同时也不会对树脂造成任何不良影响。

②　选择正确的料斗容积：应选择正确的料斗及干燥机的工作体积，确保塑料在干燥机里的停留时间满足材料供应商推荐的干燥时间范围。料斗尺寸过大，要达到这个目标比较困难。此时，可以利用料位传感器调校干燥机料位，以维持所需的物料量。

生产所需要的料量应经过计算，并且只干燥必需的料量。如果在干燥后注塑机需要长时间待机，应尽快关闭干燥机。

4.9　过度干燥控制器的设置

图4.18说明了控制器的设计逻辑，图4.19描述了可编程控制器对干燥过程进行控制的概念。

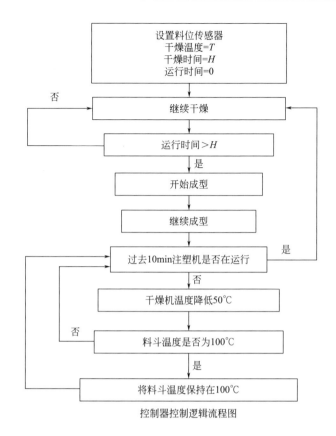

控制器控制逻辑流程图

图4.18   干燥机控制器对材料滞留时间的控制逻辑[1]

　　首先，根据材料供应商推荐的干燥时间和温度设置控制器。然后，根据注塑量调整料位传感器，树脂在料斗中的停留时间可比推荐干燥时间长1～2h。一旦到达设定的干燥时间，干燥机控制器就会采集注塑机是否正在生产的信号，例如螺杆转动或开合模具信号。有信号干燥机就会保持干燥温度。如果没有收到信号，则表明注塑机没有运转，控制器按预设值调低干燥温度，如调低10℃。如果在预设时间（例如15min）内，控制器仍未收到注塑机运转的信号，温度会继续降低。此过程持续不断，直至干燥温度降至25℃。与此同时，干风在料斗中循环，保持树脂干燥。一旦控制器接收到注塑机运行的信号，料斗按照预设的时间和温度梯度升温至预设值。如果注塑生产中断，控制器也将遵循上述同样的逻辑降温。这种控制机制将保证树脂不会干燥过度。

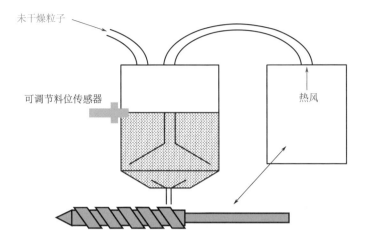

图1.49 干燥机控制干燥过程流程图

4.10 参考文献

[1] Kulkarni, S. M., SPE ANTEC Tech Papers（2003）p. 736.

[2] Khanna Y. et al., Polymer Engineering and Science, Vol. 36（13）, p. 1745,（July 15, 1996）.

[3] Pezzin G., and Gechele G., J. Appl. Polymer Sci., Vol 8, p. 2195,（1964）.

推荐读物

Brydson, J. A., Plastics Materials（1999）Butterworth Heinemann Ltd, Oxford.

Harper, C. A., Modern Plastics Handbook（2000）McGraw Hill, New York, NY.

Deanin, R. D., Polymer Structure, Properties and Applications（1972）Cahners, Boston.

MA Odian, G., Principles of Polymerization（1991）Wiley Interscience, NY.

Shah, V., Handbook of Plastics Testing and Failure Analysis（2007）Wiley Interscience,NY.

5 常用塑料与添加剂

注射成型从业者的关注点通常是塑料的流动方式以及塑料加工的温度。所有塑料的流动特性都非常相似，均遵循非牛顿流体的流动规律，也都会表现出剪切稀化的效应。由于塑料总是以层流方式流动，所以尽管两种不同塑料的压力和温度分布可能有区别，但它们在模流分析软件里的流动模式看上去都非常相似。每种塑料均有其独特的加工温度区间，包括模具温度和熔融温度。尽管塑料具有许多共性，但了解不同类型的塑料以及塑料添加剂的特点仍非常重要。一旦掌握了这些知识，从业者便能更好地针对他们所使用的材料，在加工过程中采取必要的预防性措施。例如，聚乙烯可以耐受非常高的注射速度，却很容易在高速注射时发生降解，因此加工聚氯乙烯时需要小心谨慎。本章将介绍基础材料、添加剂以及加入添加剂的原因。由于篇幅原因，本章仅讨论一些常见的聚合物和添加剂。

5.1 聚合物分类

聚合物有多种分类方法。在注射成型领域中，塑料一词最常用。而当描述分子的本质及其性质时，则使用"聚合物"一词。塑料是指在受到中等或较大外力作用而不发生显著变形的聚合物。而在较小负载作用下就发生变形的聚合物称为弹性体。在技术层面上，塑料和弹性体之间的差异可以从图5.1所示的应力-应变图中清楚看出。在下文中，塑料一词将用于描述所有成型材料，而聚合物一词则在提及材料固有特性时使用。

聚合物还有以下分类方法。

① 热塑性塑料：热塑性塑料可以反复加热、融化并加工成各种产品。例如：ABS。

② 热固性塑料：这些聚合物一旦经过加工，便形成化学网格，所有分子都发生

交联。这种状态下的聚合物无法重新熔融，因为分离交联键所需的能量比断开主链所需的能量还要多。强行分离交联键会造成聚合物完全破坏。例如：液态硅胶（LSR）。

③ 有机聚合物：有机聚合物为主要来自于自然界且主链中含有碳原子的有机材料。例如：聚乙烯。

④ 无机聚合物：无机聚合物的主链由非碳原子组成。例如：聚硅烷。

⑤ 弹性体（TPE）：它们与热塑性塑料相似，只是在室温下柔软而富有弹性。它们的玻璃化转变温度低于室温。

⑥ 均聚物：均聚物是仅由一种单体聚合而成的聚合物。例如：聚乙烯。

⑦ 共聚物：共聚物是由两种或多种单体组成的聚合物。例如：ABS由丙烯腈、丁二烯、苯乙烯聚合而成。

⑧ 合金：合金是物理混合的聚合物，不同聚合物之间没有化学反应。例如：PC-ABS合金在家电行业很常见。

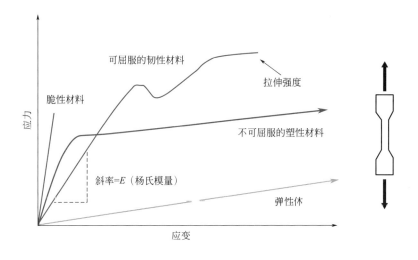

图5.1　不同塑料的拉伸特性

5.2　重要的商用塑料

下面介绍一些用于注射成型的重要商用塑料。这里介绍的塑料均不含填充物或添加剂。

5.2.1 聚烯烃

聚烯烃是最基本的烃类化合物，只含有碳原子和氢原子。聚乙烯和聚丙烯是注射成型中应用最广泛的聚烯烃。

（1）聚乙烯

聚乙烯具有优异的电绝缘性、良好的耐化学腐蚀性、抗冲击性以及成本低廉等优点，是应用最广泛的塑料之一。聚乙烯的性能可以根据特定的应用要求进行调整。根据密度不同，聚乙烯可以分为低密度聚乙烯（LDPE，密度为 $0.91 \sim 0.92 \text{g/cm}^3$），中密度聚乙烯（MDPE，密度为 $0.93 \sim 0.94 \text{g/cm}^3$），高密度聚乙烯（HDPE，密度为 $0.95 \sim 0.96 \text{g/cm}^3$）。从技术角度上看，线型低密度聚乙烯（LLDPE）是一种共聚物，具有较好的抗冲击性和韧性，主要用作制造薄膜，其密度约为 0.91g/cm^3。通过增加聚乙烯的分子量，可以在不改变聚乙烯本来属性的情况下，提高其力学性能。改性后的材料称为超高分子量聚乙烯（UHMWPE），密度为 $0.92 \sim 0.93 \text{g/cm}^3$，熔体黏度很高，较难注射成型。超高分子量聚乙烯的平均分子量在 $(1 \sim 6) \times 10^6$ 之间，而其他乙烯的平均分子量在 $50000 \sim 300000$ 之间。聚乙烯的缺点是热膨胀性大、耐候性差以及热变形温度低。通过加入玻璃纤维等增强填料，聚乙烯的力学性能会有所改善，通过交联工艺也可以改善它的其他性能。

（2）聚丙烯

聚丙烯和聚乙烯具有相似的结构和性能。大多数商用聚丙烯是等规聚丙烯，密度为 0.90g/cm^3。聚丙烯具有良好的电学性能、环境应力开裂性以及良好的耐热性。聚丙烯还具有良好的抗弯曲性，因此在薄壁成型领域占主导地位。带铰链的CD盒可承受多次反复折弯，便是一个很好的例子。聚丙烯最大的缺点是低温韧性以及抗冲击性不佳。当温度降低到0℃时，聚丙烯变脆，经常会发生开裂。通过加入添加剂或用少量聚乙烯共聚，可以解决这个问题。

其他烯烃，如环烯烃，虽然也用于注射成型，但应用范围远没有聚乙烯和聚丙烯广泛。

5.2.2 由丙烯腈、丁二烯、苯乙烯和丙烯酸酯组成的聚合物

丙烯腈、丁二烯、苯乙烯和丙烯酸酯的单体和聚合物彼此组合，可制成各种用途的聚合物和塑料。它们其中任何一种均可以自聚合或与其他单体聚合。每种单体都为最终聚合物带来独特的性能。例如，丁二烯是一种玻璃化转变温度 T_g 值较低

的聚合物，因此能提高塑料的抗冲击性；苯乙烯可增加产品的光泽，并可改善塑料的可加工性；丙烯腈可增加塑料的耐热性和耐化学性；丙烯酸则可增加塑料的耐候性。ABS是最常用的材料之一。根据最终用途不同，ABS可以用不同比例的单体进行生产。如果不加苯乙烯可生成丁腈橡胶，不加丁二烯可生成苯乙烯-丙烯酸酯树脂（SAN），而不加丙烯酸酯则会生成苯乙烯-丁二烯橡胶（SBR）或抗冲击改性的苯乙烯（HIPS）。丁苯橡胶是含少量聚苯乙烯的丁二烯，而高抗冲聚苯乙烯则是含少量丁二烯的聚苯乙烯。聚合产物本身是聚丙烯腈、聚丁二烯和聚苯乙烯。如图5.2所示，与丙烯酸酯单体的类似组合可以产生不同的聚合物。由于单体之间存在无限的组合可能性，故最终聚合物的性能是可以定制的。在聚合过程中，不仅单体的比例起着重要的作用，其制备方法也对性能有一定影响。聚合物可以由单体共聚而成，也可以通过单体嫁接到基础聚合物上构成，或者由各种单体聚合物物理混合而成。这些聚合物可以进一步与其他聚合物混合，制成其他定制聚合物。如广泛应用于如手机外壳等薄壁成型中的PC/ABS就是聚碳酸酯（PC）和ABS的混合物。

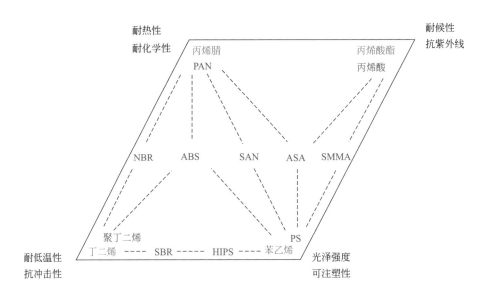

图5.2　由丙烯腈、丁二烯、苯乙烯和丙烯酸酯组成的聚合物

5.2.3　聚酰胺（尼龙）

聚酰胺（PA）是结晶型材料，它们通过缩聚反应制成，反应的副产物通常是水。由二元酸和二元胺生成的聚酰胺可由一个编号系统进行识别，该编号系统标注了基

本单体中的碳原子数。聚酰胺66在二元酸中和二元胺中分别有六个碳原子。聚酰胺4/聚酰胺12在二元酸中有四个碳原子，在二元胺中则有十二个碳原子。聚酰胺66是由己二胺和己二酸制成的，它们各含有六个碳原子。由一种单体生成的聚酰胺通常仅用一个数字标识，如聚酰胺6，它是由含有六个碳原子的己内酰胺开环聚合而成。在商业上，聚酰胺6和聚酰胺66广泛用于注射成型。聚酰胺质地坚韧，即使在较高的温度下也具有良好的抗冲击性和耐化学性。这就是汽车上大量采用聚酰胺材料的原因，如车用齿轮、凸轮和轴承等。聚酰胺是一种强亲水性材料，它的最大缺点就是会吸收大量水分。水分会极大地影响聚酰胺的性能，如尺寸稳定性和电性能。因此，大多数聚酰胺材料特性表中的数据都是在"干燥"条件下的数据。聚酰胺的性能也会受到聚合物结晶度的影响。表5.1显示了聚酰胺6和聚酰胺66性能之间的相对波动。

表5.1　聚酰胺6与聚酰胺66之间的性能区别

性能	聚酰胺6	聚酰胺66
结晶性	较低	较高
抗热性	较低	较高
抗化学性	相同	相同
冲击强度	较高	较低
耐磨性	较低	较高
可加工性	熔点低且工艺窗口宽	熔点高且工艺窗口窄

聚酰胺流动性好，易于成型加工。生产前，必须将聚酰胺烘干到适当的含湿水平。塑料中有一定量的水分可起到降黏剂和黏度调节剂的作用，因此应避免过度干燥。第4章中已讨论过聚酰胺的干燥问题。如果聚酰胺在注射成型前未经干燥，则会在料筒中发生降解导致性能下降。一旦塑料颗粒干燥不当，很容易出现料花等表面缺陷。另一个常见问题是开模后合模前出现的射嘴流涎，其原因是水分会使塑料的黏度降低，一旦熔体堆积，就会从射嘴前端流出。由于聚酰胺的T_m和T_g较高，产品的成型周期会很短。

5.2.4　聚苯乙烯

聚苯乙烯（PS）由苯乙烯聚合而成。如第2章所述，聚苯乙烯可以是无规立构，也可以是间规立构。大多数商业上使用的聚苯乙烯是无规立构。由于它属于无定形材料，故具有良好的透光性。聚苯乙烯的T_g较高，故具有良好的尺寸稳定性。

聚苯乙烯的耐溶剂性、耐候性和冲击强度均较低。通过掺入少量橡胶（如丁二烯），可以提高其冲击强度，产生高抗冲聚苯乙烯，商业上称为HIPS。但是，这会影响最终产品的透明度。聚苯乙烯可加工成泡沫塑料。市售的泡沫聚苯乙烯是熔体在加工过程中与发泡剂混合，由此形成了发泡产品。发泡聚苯乙烯具有广泛的用途，尤其在包装行业占有主导地位。由于聚苯乙烯成本低廉、易于成型、市售材料能满足美国食品药品监督管理局（FDA）的等级标准，因此广泛应用于家用和厨房产品中。

5.2.5　丙烯酸

商用丙烯酸主要是聚甲基丙烯酸甲酯（PMMA），俗称亚克力。它是一种无定形聚合物，具有出色的透光性。由于其抗紫外线能力强，耐候性好，因此被广泛用于制造灯光标志牌和户外照明产品。它是玻璃的上佳替代品。丙烯酸的缺点是抗划伤能力很差，另外耐有机溶剂性差，抗应力开裂性也较低。

5.2.6　聚碳酸酯

聚碳酸酯（PC）具有高透明度和高冲击强度，常被当成工程塑料，是制造汽车外部照明部件、头盔护目镜和安全护目镜的理想材料。虽然材料中的水分会给聚碳酸酯的成型带来很多问题，但加工聚碳酸酯还算比较容易。诸如料花等表面缺陷比较常见。市场上有多种不同聚碳酸酯供应，但在使用新等级的聚碳酸酯之前，必须仔细分析材料特性表。两种不同聚碳酸酯的加工工艺可能大相径庭，加工温度甚至不存在重叠区。聚碳酸酯具有较低的抗应力开裂性能和较好的耐化学腐蚀性能。

5.2.7　聚酯

聚对苯二甲酸乙二醇酯（PET）和聚对苯二甲酸丁二醇酯（PBT）是注射成型最常用的聚酯。它们具有优异的力学性能，并且易于加工。按用量计算，PET大多是用来吹塑容器和瓶子。由于PBT对车用化学液体具有较高的抗腐蚀性，它也用于制造发动机周边的产品。但PBT易受某些溶剂的侵蚀。

5.2.8　聚氯乙烯

聚氯乙烯（PVC）是最不稳定的聚合物之一。但如果添加剂和稳定剂使用得当，加工也是可以顺利进行的。由于加工和处理PVC存在安全隐患，多年来它一直名声欠佳。然而，由于聚氯乙烯易于改性，适用范围广，它又是最常用的聚合物之一。聚氯乙烯本身非常坚硬，常以硬质PVC或超级PVC（UPVC）为名进行销售。PVC也具有优异的耐化学性和耐候性，广泛应用于游泳池和园林设备中。PVC还具有优良的电气性能，可用作电缆的绝缘层。硬质PVC通过添加增塑剂可以进行软化。增塑剂添加到一定水平，PVC甚至可以通过非熔融工艺加工成薄膜。为了使PVC具有更强的化学耐受性，可在其分子中加入氯原子进行化学改性。改性后的PVC称为氯化聚氯乙烯。但加氯改性后的PVC耐热性和耐候性都会有所降低。处理PVC的熔体需要非常小心。由于PVC分解时会生成对人体有刺激性的盐酸，因此必须严格控制它在料筒中的滞留时间。一旦生产结束，必须彻底清除料筒中所有PVC残料。其他辅助设备中的材料也应予以清除，以避免PVC残料混入下一种注射原料进入料筒。如果下一种注射原料是乙缩醛，则彻底清除残料尤其重要。乙缩醛和PVC熔体一旦混合就有发生爆炸的危险，因此应避免将它们混合。

5.2.9　聚甲醛

乙缩醛又称聚甲醛（POM），是结晶型聚合物，常被用作工程塑料。聚甲醛具有较好的刚性、疲劳耐久性以及抗蠕变性，摩擦系数较低。聚甲醛在70℃以下对所有有机溶剂都具有优异的耐化学性。而在70℃以上时，一些酚醛材料就可能与它发生反应。聚甲醛对无机聚合物的耐受性较低。由于聚甲醛具有一些独特的性能，它是齿轮、轴承、传输部件或装配机构中运动部件的理想选材对象。与烯烃或聚酰胺相比，聚甲醛的密度较高。不含填充剂时聚合物的密度为$1.42g/cm^3$。较之其他注射材料，聚甲醛注射产品较重，成本也较高，使用范围受到限制。聚甲醛成型加工容易，但应避免料筒过热或材料在料筒中滞留时间过长，否则材料会发生降解并生成刺激性的甲醛气体。聚甲醛不吸湿，因此不需要干燥。在潮湿的环境下保持原料表面干燥有利于注塑生产。注射聚甲醛产品时的一个常见问题是产品的收缩量难以预测，常常与材料特性表里公布的数据大相径庭。其主要原因常常是产品补缩尚未到达足够的塑料量，浇口已经冻结。所以扩大浇口会有所帮助。

5.2.10　含氟聚合物

含氟聚合物就是含氟元素的聚合物。聚四氟乙烯（PTFE）又称特氟隆，是最常见的含氟聚合物。然而，由于它的熔体黏度很高，几乎无法进行注射成型。在很宽的温度范围内，聚四氟乙烯都具有优异的力学性能。它不溶于酸、碱或其他有机溶剂，介电常数也很低。由于聚四氟乙烯无法在熔融状态下进行加工，只有采用烧结技术才能进行如泵阀类的零部件生产。冷却水接头在安装到模具上之前缠绕的聚四氟乙烯胶带是通过刮削（skiving）的工艺生产的。聚偏氟乙烯（PVDF）是一种可注射成型的含氟聚合物。虽然它的耐化学性不如PTFE，但也相当出色。聚偏氟乙烯已成功地应用于制造化工和电气设备，甚至用来制造电池内芯组件。氟化全氟烷氧基共聚物乙烯-丙烯（FEP）和乙烯-四氟乙烯（ETFE）是另一类性能可与PTFE媲美的含氟聚合物，它们经过改性可以进行注射成型。用于注射含氟聚合物的模具应该有较宽的流道和浇口，以减少熔体通过模具时的压力降。加工这类聚合物的螺杆应具有截面尺寸大、进料段长度长以及计量段长度短等特点。

5.3 添加剂

如今，所有原料供应商提供的聚合物都含有添加剂。添加剂可以显著改变聚合物的性能，PVC就是个很好的例证。如前所述，PVC本身硬度很高，但加入增塑剂后，它会变得非常柔韧。所有添加剂都必须与聚合物基体相容，并且在各种极端的使用条件下不得析出。有些PVC薄膜随着温度的升高开始发黏，这是其中一些塑化剂发生析出的结果。添加剂还必须承受不同成型条件的考验，如熔体温度、剪切速率等。添加剂可以呈固态、液态或气态，甚至是另一种聚合物。下面将根据用途介绍一些重要的添加剂。

5.3.1 填料

聚合物中加入填料的目的是改善其性能或降低成本。例如，玻璃纤维可作为填料用来增加基础材料的硬度或抗蠕变性，故也被称为增强填料。用于提高基底塑料的冲击强度和刚度的其他增强填料还有木粉、碳纤维和聚酰胺纤维等。将玻璃珠添加到塑料中通常是为了减少产品收缩或减轻聚合物的重量（取决于基础聚合物的密度和玻璃珠的密度）。以上这些填料被称为惰性填料，惰性填料的例子还有滑石粉和碳酸钙。从理论上讲，任何可以与聚合物基体相容的材料都可以作为填料。多年来，人们对各种填料进行了大量实验，尤其是那些可以就地取材的特殊材料。例如，一些南亚国家已成功采用椰树皮或果实纤维作为填料。由于填料，尤其是无机填料与聚合物并不一定相容，某些情况下可使用偶联剂使填料和聚合物之间的耦合。

5.3.2　增塑剂

添加增塑剂可以改善材料的柔韧性和柔软度。增塑剂具有一定的相容性，进入聚合物分子之间后，能增加分子间的距离。增塑剂还有助于降低熔体黏度，改善原料的加工性能。按用量计算，PVC中用的增塑剂最多。增塑剂通常是低分子量化合物，或称低聚物。如果增塑剂与聚合物无法相容，就会迁移到聚合物表面。PVC中常用的增塑剂是邻苯二甲酸酯，如邻苯二甲酸二异辛酯（DIOP）。人们对PVC产品使用安全性的担忧促使研究人员开发出了多种天然增塑剂产品，例如近年来日渐流行的环氧大豆油（ESO）。

5.3.3　阻燃剂

大多数和人身体直接接触或靠近人类生存环境的产品中都会加入阻燃剂，这样可以避免失火时火势蔓延，如家具、玩具、电视机和计算机。制造这些产品的塑料难免遇火燃烧，但火源一经移除，塑料应立刻停止燃烧。大多数用于日用消费品的原料，切断火源后还会继续燃烧，如烯烃和聚苯乙烯。为了阻止这种持续燃烧，塑料中就加入了阻燃剂。实现阻燃有多种机理，例如生成不可燃气体或切断燃烧所需的氧气供应。含卤素化合物如氯化石蜡。磷酸盐如磷酸三羟酯，均可用作阻燃剂。通过阻燃剂的各种测试，我们可获得诸如燃烧速度、火焰熄灭后的燃烧时间和样品燃烧量等重要数据。

5.3.4　抗老化剂、紫外线稳定剂

随着时间的推移，聚合物内部的成分、结构等要素会发生变化，某些特性也会丧失：如由于分子链断裂分子量可能有所下降，以及添加剂降解或析出。某些反应产物会助推新一轮的反应，从而引起连锁反应。抗氧化剂和紫外线稳定剂一般作为抗衰老剂加入塑料，抗氧化剂与生成的自由基发生反应，阻止分子链进一步断裂。紫外光照射会造成聚合物物理性能改变，如注射产品变硬、表面开裂或褪色。由于长期受到阳光中紫外线照射，汽车前灯灯罩使用一段时间后便会发黄。紫外线稳定剂能吸收紫外线，防止它对塑料产品造成不良影响，因此暴露在阳光下的塑料件均应加入紫外线稳定剂。一些胺类聚合物就可被用作紫外

线稳定剂。

5.3.5 成核剂

成核剂主要用来加快结晶型聚合物的成核过程和降低成型周期。当熔体进入模具型腔时，完全是无定形的。随着熔体逐渐冷却，结晶过程渐渐开始。为了给结晶过程提供足够的能量，需维持较高的模温。结晶赋予最终产品应有的性能，必须在塑料温度低于 T_g 之前完成。一旦温度低于 T_g，将不再产生实质性的结晶。使用成核剂能促进成核的发生并提高成核速率。大多数用于注射成型的结晶型聚合物中都少不了成核剂，如烯烃、聚酯和聚酰胺。滑石粉就是一种很好的聚丙烯成核剂。

5.3.6 润滑剂

聚合物中加入润滑剂可以降低产品的摩擦系数。在很多装配总成中，运动部件之间存在相对滑动（如凸轮）或一个部件通过机械力驱动另一个部件（如齿轮），此时往往需要降低摩擦系数，原因如下：

① 减少部件运动所需的能量；

② 降低摩擦系数，产品上积聚的热量就会减少。否则，热量的积聚会引起产品受热膨胀，改变产品尺寸，造成总成失效。

在塑料中加入少量的石墨和PTFE可以起到润滑作用。

5.3.7 加工助剂

一些文献将润滑剂和加工助剂归为同一类添加剂。加工助剂作为熔体降黏剂，对塑料的熔融加工很有帮助。加工助剂还被称为流动增强剂，胺蜡便是一个例子。加工助剂并不会改变塑料的最终性能，其主要作用是使塑料加工变得更容易。

5.3.8 着色剂

在基础聚合物中加入着色剂可以给塑料染色。着色剂和聚合物相容固然重要，但当色母与塑料混合时，用作着色剂载体的树脂与聚合物也应相容。着色剂可以液体形式直接加注到注塑机料筒里，尽管直接加注液体会使料筒脏乱，但好处是可以非常精确地控制液体加入量。色粉与树脂的混合必须在加工开始前完成，否则粉末在运送过程中极易分离，也容易粘在混合设备和料斗的侧壁上。

5.3.9 发泡剂

发泡剂用于注射具有蜂窝状结构的塑料产品。在厚壁产品中，发泡剂可以减少整体重量，提高结构强度，并消除与壁厚相关的缺陷，例如缩痕。发泡剂与塑料混合后产生的内部压力将塑料向模具型腔表面推挤。因此，与常规工艺生产的产品相比，尺寸一致性更好。使用发泡剂的缺点是混料会增加额外的成本和工作量。用发泡剂成型的产品一般表面质量欠佳。使用发泡剂注射需要大型料斗或容器。当该工艺用于改善产品结构性能时，也称为结构发泡成型。生产保丽龙杯的注射成型就使用了发泡剂。发泡剂可以是一种固体化学物质（例如碳酸氢钠），能在料筒中加热分解形成气体，使塑料发泡。发泡剂也可以是某种气体，如氮气或空气。

5.3.10 其他聚合物

从技术角度上讲，将一种聚合物添加到另一种聚合物中可以生成共混聚合物。这些聚合物也可看作是添加剂。例如，在PC/ABS共混物中，PC可认为是ABS的添加剂，反之亦然。图5.3为聚羟基丁酸酯（PHB）和聚乙酸乙烯酯（PVAc）共混聚合物的热性能。

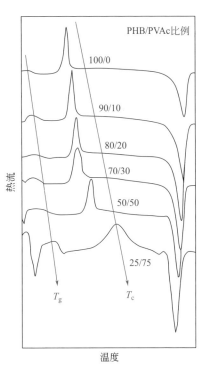

图5.3　PHB/PVAc共混聚合物的热性能

5.4　结语

第2章和第3章分别讨论了聚合物的形态特性和流变特性，而添加剂对这两种特性都有着巨大影响。加入添加剂后，原本属于结晶型的聚合物可以彻底转变成无定形聚合物。图5.3显示了PHB/PVAc共混聚合物的热性能。我们把聚乙酸乙烯酯从10%开始按不同比例混合到PHB中。随着PVAc比例的不断增加，PHB相的玻璃化转变温度和结晶温度均有所升高。聚合物的性能可以通过共混技术和添加剂配方进行调整。然而，鱼与熊掌不可兼得，聚合物不可能所有优良性能同时兼备，有时不得已只能有所妥协。

6 注射成型与注塑机

6.1 注射成型的变迁

塑料注射成型的概念起源于19世纪早期至中叶发展起来的金属压铸业。在那个时期，塑料的各种使用特性并不为人所知。当时几乎所有的聚合物都是天然材料，并没有太大的工业价值。1869年，约翰·海特（John Hyatt）提出了一个用硝酸纤维素塑料（商品名为赛璐珞）制造台球的想法。他使用的设备由蒸汽加热的料筒和液压柱塞缸组成，料筒用来熔化赛璐珞，而柱塞缸则将塑料推入模具。在持续不断的开发中，数位发明家提出了多种注塑机及其部件的设计方案。多年来，注塑机从手动操作发展到由电气控制自动操作。第一台注塑机问世近七十年后，出现了一个里程碑式的事件。1948年，注塑行业首次引入了两级螺杆。在此之前，熔体的均匀性是借助料筒里的鱼雷头实现的。两级螺杆的应用提供了充分的熔体均匀性，同时注射量也得到了更精准的控制。两级螺杆提高了熔化效率和熔体均匀性，注塑机便可以熔化更大体积的塑料，从而注射尺寸更大的产品。随着电子工程技术的发展，注塑机的控制系统得到不断的改进，机构更加精密，对注射过程的控制也更加精准。多射注塑机、优化螺杆设计、模具夹紧位置的多样性和全电动机等，仅仅是众多被引进注塑行业的改进功能和产品种类的缩影。如今注塑机结构高度复杂，几乎可以成型设计师想要的任何产品，大到汽车工业中的超大部件，小到手表工业中的微注塑零件，以及介于两者之间的任何产品。最新一代注塑机可以通过互联网连接任何一台计算机，并完成远程监控。这样，工程师即使不在现场，也能快速调试并解决注塑机以及注塑生产中的问题。

6.2   注塑机及其分类

传统的注塑机如图6.1（a）所示。塑料粒子进入注射机料筒后，在螺杆旋转产生的剪切热和料筒外围加热圈产生的热量作用下熔融，达到可加工状态。螺杆边旋转边将注射所需的塑料量推送到料筒前部。接下来螺杆继续向前移动，将熔融塑料注射到模具型腔中。模具中有冷却水通过，用以降低模具温度。一旦产品冷却到其顶出温度以下，便可脱模。注射成型过程虽然看起来简单，但为了生产高质量的产品，必须严格控制注射速度、压力、时间和温度。科学成型的核心就是优化这些工艺参数，成功地实现高效的注塑加工。

注塑机有多种分类方法。根据其锁模方式，可分为水平锁模和垂直锁模注塑机（见图6.1）。水平锁模注塑机适用于大多数注射产品，它们脱模后由于重力作用，会自动掉落在传送带上或包装盒中。这些产品可能需要进行后道加工，才能包装并发送给客户。水平锁模注塑机为通用设备，也最常见。而垂直锁模的注塑机则适用于需要镶嵌注塑的产品，因为模具的分模面位置是水平的，嵌件容易固定在模具中。正是由于垂直锁模注塑机这种垂直锁模方式，让模具的分型面能够和地面保持平行。这种结构让嵌件或其他嵌注产品因重力被固定在下半模的相应位置。一旦嵌件定位完毕，上半模即与装有嵌件的下半模闭合。垂直锁模注塑机通常配有一套旋转或穿梭机构，该机构将下半模从合模机构下方转移到操作员或机械手易于操作的区域后，脱出成品并装入新的镶件。在大多数情况下，垂直锁模注塑机配有两套或两套以上可替换动半模。当嵌件被装入其中一套空置的动半模时，另一套动半模正锁定并合模，然后进行注射。这种并行动作能够节省时间，提高嵌件注塑工艺的产能，也能够减少塑料在料筒中的滞留时间。

注塑机也可以根据注射方向进行分类。最常见的是水平注射式注塑机，其注射单元平行于地面，塑料通过安装在模具中心位置的浇口套进行注射。流经浇口套的塑料，通过垂直于模具分模面（即上下半模的分离线）的中心线进入模腔。流道系统由模芯一侧或两侧共同形成，把塑料输送至型腔。浇口在模具中心位置与流道相接，将塑料熔体分配到各个型腔中去。开模后，注射产品和流道通常保留在动模侧。这时，硬化了的塑料浇口会从定模中拉出，形成一个长长的料把，由机械手抓手夹紧取出，完成整个脱模环节。这是水平注射的标准形式。有些注射产品因产品设计或模具设计的限制，无法通过定模中心的浇口和流道输送塑料。于是，主流道不见了，整个流道系统就设置在分型面上。由于塑料被注射到分型面上两个半模接

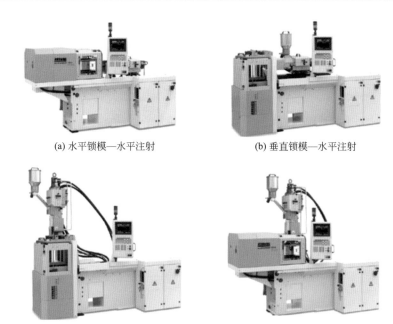

(a) 水平锁模—水平注射   (b) 垂直锁模—水平注射

(c) 垂直锁模—垂直注射   (d) 水平锁模—垂直注射

图6.1 根据锁模方式和注射方向分类注塑机（Arburg公司提供）

合的位置，这种注射形式通常被称为分型面注射。在这种情况下，塑料需要垂直注射，于是料筒就旋转到了垂直位置上。由于垂直注射单元通常由拉杆支撑，所以对它的尺寸有所限制。有些垂直注射单元有自己独立的支撑系统，但仍需在水平方向上能够灵活移动，以配合模具分型面位置的变化。

多射注塑机使用两个或两个以上的料筒，能够注射由两种不同材料组成的制

图6.2 双射（双物料）注塑机（Arburg公司提供）

品。双色牙刷便是双射工艺生产的典型案例。进行第一次注射时，塑料基底成型。然后模具打开，带有第一注射塑料的型腔通过分度移动与第二注射单元对齐。模具再次关闭后，第二注射塑料覆盖到已经硬化的首射塑料基底上，生成一个双色产品，并从模具中顶出。通常，第二注射塑料是一种质地较软的弹性体类材料，典型例子是牙刷上注射的软手感握柄。双射注塑机如图6.2所示。

6.3　注塑机规格

注塑机的规格通常由锁模力和塑料注射量决定。故选择注塑机时，需要优先考虑这两个参数。

6.3.1　锁模力（吨位）

塑料注入模具时的压力很高，这种高压会在模腔表面产生很大的作用力，在注射和保压阶段将模具撑开。为防止模具被撑开，锁模机构将施以反作用力锁住模具。机台保持模具闭合的最大作用力称为机台的锁模力。锁模力一般以"吨"为单位，故此也称为机台的吨位。附录B列举了注塑机锁模力的计量单位。

6.3.2　注射量

注射量是选择注塑机时要考虑的另一个重要参数。注塑机的注射量是由螺杆单次行程可注射的通用聚苯乙烯（GPPS）最大重量来确定的。如注射量为100g就表示，该机台可注射重量不超过100g的GPPS产品。有种日渐流行的做法是用料筒构成的圆柱体体积来定义注射量，而非GPPS产品的重量，因为后者可能会产生误导。GPPS的密度为1.06g/cm^3，因此，在给定的注塑机料筒空间中，由于替换材料的密度大小不同，所能容纳的材料重量可能也有所不同。为了简化问题，我们假设注塑机的注射量为106g，相当于100cm^{3}的体积，因此，它可以容纳106g GPPS。如果用密度为0.91g/cm^{3}的低密度聚乙烯（LDPE）代替GPPS，则最大注射量仅为91g。如果换成含30%玻璃纤维的聚酰胺（密度为1.33g/cm^3），注射量就成了133g。因此，现在通常以体积而不是重量来定义注射量。注塑机上注射量的设定也采用这种方法，以便将模具从一台注塑机转移到另一台螺杆直径不同的注塑机上。与采用线性尺寸来计算新机台的注射量相比，用这种方法配对注射量更加容易。

6.3.3　螺杆直径和长径比

顾名思义，螺杆直径就是螺杆的直径，以mm为单位。料筒直径比螺杆直径稍大一些。例如，直径为50mm的螺杆，一般与之匹配的料筒筒壁间隙为0.1mm。随着使用时间的增加，螺杆的磨损会造成螺纹顶部的熔体泄漏，从而导致不同模次之间产品质量的不一致。螺杆长度与直径的比值称为长径比（L/D）。长径比越大，熔体的均匀性越好。

6.3.4　塑化能力

注射加工中的塑料必须首先熔化并加热到其成型温度。塑料的熔化是通过料筒外围的加热圈的热量和螺杆旋转产生的剪切热来完成的。螺杆将塑料输送到料筒前部，为注入模具做准备。料筒温度、加热时间和螺杆转速对获得均匀熔体都很重要。如果熔体移动过快，塑料粒子没有足够的时间熔化，熔体中就会残留未熔化或仅部分熔化的塑料粒子。料筒清料过程中，如果螺杆速度过高，常会看到未熔化的聚乙烯塑料粒子从射嘴流出。注射机单位时间能加热通用聚苯乙烯至成型温度且通过计量传送至料筒前端的最大重量，称为机器的塑化能力。它通常以kg/h表示。

6.3.5　最大注射压力

填充薄壁产品需要的压力比填充厚壁产品大。因此，根据不同应用场景，需要确定最大的注射压力。对于液压机来说，最大注射压力取决于最大液压压力和螺杆的增强比。常见的注射压力单位有MPa、psi等。

注塑机参数表上还定义了其他的参数，但对这些参数的讨论已超出了本书的范围。本章末尾将推荐有关的参考书籍。

6.4　注塑机螺杆

注塑机螺杆和料筒体组件的作用是将质量符合要求的熔体注入模具型腔。安装在料筒外围的加热圈提供辐射热量来熔化塑料。在制备均匀熔体的过程中，螺杆起了至关重要的作用。螺杆除了提供剪切热，帮助塑料熔化、混合和均匀化，还能准确计量注入模具的塑料注射量。根据不同的材料及其加工需求，人们设计出了不同形式的螺杆。最常见的螺杆称为通用螺杆，即GP螺杆。通用螺杆的结构如图6.3所示。

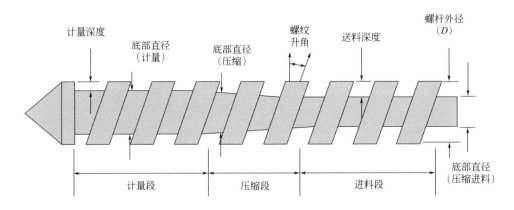

图6.3　通用螺杆

通用螺杆通常分为三个主要区段，每段的用途各不相同。其用途和一些相关的术语描述如下。螺杆结构可描述为由螺纹缠绕的一根圆杆。大多数情况下，螺杆仅有一条螺纹线。

（1）外径

这是一个虚拟圆柱体的直径，包括了螺纹的外表面。螺杆的外径是个常数，比料筒内径稍小。

（2）底径

这是圆杆的直径。从螺杆后部到前部，底径根据区段的功能发生变化。

（3）螺槽深度

外径与底径之差为螺槽深度。如果底径发生变化，从螺杆后部到前部的螺槽深度也会随之发生变化。

（4）进料段

这是螺杆从进料口（料斗底部）接收原料的区段，也是输送并开始软化原料的区段。这里的螺杆底径最小，并且是恒定值。由于底径为恒定值，故螺槽深度也为恒定值，它们也被称为进料深度。在进料段，原料随着螺杆的旋转被带走并软化，但材料不应完全熔化，否则螺杆就无法接收更多的原料。有个常用来描述这种现象的术语叫螺杆打滑（screw slipping），此时熔体随螺杆旋转，导致螺杆无法后退，难以为下次注射储存更多原料。

（5）压缩段

压缩段螺纹底径逐渐增大，而螺槽深度逐渐减小。该段起始点的底径与进料段的底径相同，随后逐渐增大，直到该段结束，于是进料深度也逐步减小。随着螺杆的旋转和塑料粒子向前不断输送，逐渐减少的进料深度开始挤压已软化的塑料粒子，将粒子间的空气和其他挥发物挤出。吸收了外部加热圈的热量加上螺杆旋转产生的剪切热量，塑料开始熔化。随着螺杆进料深度进一步减小，通过分散混合（dispersive mixing）和分布混合（distributive mixing）两种方式，塑料在到达过渡区末端时形成均匀熔体。当熔流分叉并重新聚集时产生分布混合，而分散混合则类似于涂抹的动作。在料筒中会同时存在分布和分散两种混合效应。

（6）计量段

计量段是螺杆的最后一个区段，靠近注塑机射嘴。与其他两个区段相比，该段螺槽深度最浅且底径恒定，故螺槽深度一致。由于每射料量是通过螺杆回撤到设定的线性位置（注射量）来实现的，因此计量深度应尽可能小，以减少连续注射时熔胶量的波动。如果计量深度增大，进入螺杆前端的料量就容易产生波动，造成工艺的不稳定。然而，随着螺槽深度减小，剪切力将增大，材料的降解风险也增大，特别对于PVC等剪切敏感材料。因此对于这些材料需要找到折中方案，设计出合适的特殊螺杆。图6.4显示了塑料通过以上区段时的熔化过程。在进料段，料粒开始软化并相互粘连。到达过渡段时，熔化的和未熔化的塑料互相混合，但仍有粒子被压缩在一起的迹象。计量段和过渡段长度几乎相同，而进料段长度则通常是前面任意一段长度的2倍。对于订制的螺杆，这些长度都可进行调节。较长的进料区能增加塑料的推送量，较长的过渡段可以减少剪切，而较长的计量段在生成均匀熔体的同时，也会造成更多剪切。

（7）压缩比

压缩比是进料段槽深与计量段槽深的比值，它决定了材料所承受的压缩程度。

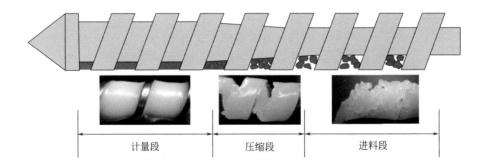

图6.4 塑料通过螺杆各区段时的熔化过程

压缩比越大，熔体均匀性越好，同时剪切强度越大。螺槽深度对于剪切产生的热量多少、熔体的均匀度以及推送量均会产生影响。

典型的压缩比范围如下：

- 低压缩比：1.5：1～2.5：1，适用于剪切敏感材料，如PVC；
- 中压缩比：2.5：1～3.0：1，适用于通用材料；
- 高压缩比：3.0：1～5.0：1，适用于结晶型材料，如各种聚酰胺。

（8）螺纹升角

螺纹升角是螺纹相对垂直于螺杆轴线平面的角度。

（9）长径比

长径比（L/D）是螺杆螺纹段工作长度与外径之比。大多数注塑机螺杆长径比为20：1。长径比大意味着塑料经受的加热和剪切程度较高，熔体的均匀度更好，因而在理想的加工温度下塑料的推送量也更多。

6.5   螺杆设计

图6.3中描绘的是一种通用螺杆设计，适用于大多数材料和应用场景。有些螺杆是为了满足特殊要求而设计的，如加工剪切敏感型材料或为了提高熔胶量并减少成型周期。螺杆的结构设计还取决于塑料的结晶度、黏度和添加剂种类。在注射成型中，混合式螺杆和阻挡式螺杆设计最为常见。顾名思义，混合式螺杆能混合像着色剂那样的添加剂，有效改善熔体的均匀性，螺杆上集成的某些特殊结构可以产生良好的混合效果。阻挡式螺杆的过渡段上设有两根螺纹槽，中间由一根螺纹隔开。未熔化的塑料先停留在第一根螺纹槽内，直到完全熔化后，才流进第二根螺纹槽。这样的结构能确保塑料在到达计量段之前完全熔化。图6.5是螺杆结构的两个例子。

图6.5   混合式螺杆和阻挡式螺杆（Westland公司提供）

6.6　止逆环总成

单向阀实际上是由止逆阀总成构成的。最常用的止逆环设计如图6.6所示。在储料阶段，螺杆通过旋转获取原料。在此期间，止逆环处于向前的位置，允许熔体流向螺杆前端。而在注射阶段，止逆环则紧贴在阀体上，防止塑料回流过阀芯突沿，从而起到单向止流阀的作用。经过一段时间的使用，止逆环会发生磨损，塑料渐渐漏过止逆阀。这将引起注射量不稳定以及模次之间的波动。因此止逆环应定期检查，并在出现轻微泄漏迹象时就予以更换。市场上有多种针对特殊塑料和特殊应用而设计的止逆环。

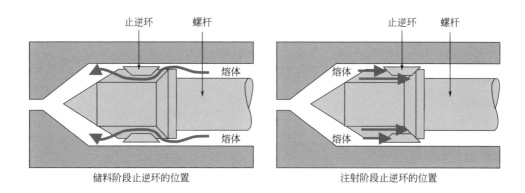

图6.6　止逆环的工作原理

其他类型的止逆阀还有球形止逆阀和锥形头止逆阀。球形止逆阀适用于不含填料且对剪切不敏感的材料，如聚烯烃。而锥形头止逆阀可用于加工高黏性材料，如硬质聚氯乙烯。锥形头止逆阀中没有封闭装置，塑料本身的高黏度就能防止注射时发生回流。

6.7　增强比

为了理解增强比（IR）这个概念，我们可以假设有一个液压缸及活塞如图6.7所示，有800 psi的压强作用在截面积为6 in^{2}的大活塞上。这样，作用在活塞后面的液压压力为800×6=4800 lbf，当截面积由 6 in² 减小到 2 in² 时，同样 4800 lbf 作用在 2 in² 的小截面积上。因此，一侧小活塞上计算出的压强为 4800/2=2400 psi。活塞面积从 6 in² 减小到 2 in²，压强则从 800 psi 增大到 2400 psi，增强了 3 倍。这里的面积大小之比就是增强比。

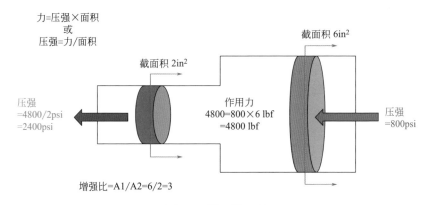

图6.7   增强比原理

把钉子钉进墙里时，力是作用在钉子头部的。由于钉子头部的截面比钉子尖大，因此，锤子作用在钉子头部的力到达钉尖时被放大，这样就很容易将钉子钉进墙壁里去。这只是一个类比，在注射成型中，我们加工的是流体而不是固体。流体和固体在机理上是不完全相同的。在注射成型时，注射螺杆后面有一个液压柱塞，施加液压压力。这种力在螺杆顶端得到强化后转化为注射压力。柱塞的截面积与螺杆的截面积之比就是增强比，见图6.8。射嘴处的注射压力等于液压压力与增强比

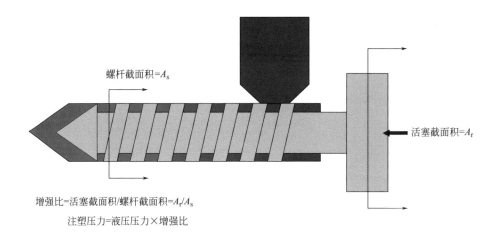

图6.8   增强比

的乘积。常见的增强比范围为6：1～23：1。注射流长比较大的薄壁产品时必须使用较高的增强比。电动注塑机中没有液压柱塞，施加在螺杆上的压力就是塑料承受的压力，故电动机的增强比为1。

当模具从一台注塑机转移到另一个注塑机上时，为了生产出质量相同的产品，两台注塑机使用的注塑工艺必须相同。需要进行匹配的参数之一是注射压力。注射压力可以按照上面的公式进行计算，然后根据相同的公式反推出第二台机台的液压压力。表6.1给出了一个示例。如果机台1的液压压力是800psi，增强比是10，那么有效的注射压力是8000psi。如果将模具转移到增强比为13.5的机台2上，则必须具备8000/13.5=593psi的液压压力才能获得和机台1相同的注射压力（8000psi）。假设机台2的液压压力和机台1的相同，则注射压力为800×13.5=10800psi，这可能导致产品出现飞边或尺寸波动。

表6.1 机台间工艺转移及注塑压力匹配

参数	一号机台	二号机台	
增强比	10	13.5	
案例1： 液压压力 ↓ 注射压力	800psi 800×10=8000psi →	8000/13.5=593psi 需要=8000psi ↑	
案例2： 液压压力 注射压力	800psi → 800×10=8000psi	800psi 800×13.5=10800psi ↓ →	产品可能出现飞边或尺寸超差

注：1psi=0.0069MPa；1in=0.0254m。

6.8 如何获取增强比

从注塑机制造商那里直接获得注塑机增强比有时并非一件容易的事。这里介绍几种获取增强比的方法。有些注塑机附有如图6.9所示的图，图中会有机器匹配不同型号的螺杆对应的压力曲线。根据机台上的螺杆尺寸，用注射压力除以液压压力也可得出增强比。该图表还可以用来找出给定液压设定下的注射压力。

如果找不到这样的图表，能找到注塑机规格说明书也会有所帮助。注塑机规格说明书会列出最大注射压力。打开注塑机上的压力设置面板，通常会显示出一个压力范围，上限值便是注塑机的最大液压压力。用规格书里的最大注射压力

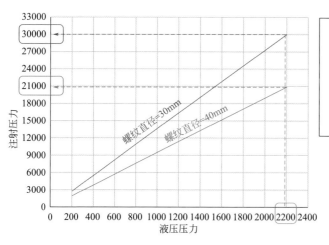

图6.9　根据供应商提供的图表计算增强比（1psi=0.0069MPa）

除以注塑机的最大液压压力，得到的值便是增强比。如果注塑机没有显示压力范围，那么可以在现场输入一个很高的数值，系统将报错，同时显示出最大的液压压力值。

6.9　注塑机选型

注塑机是决定产品质量的五个要素之一，模具和注塑机必须配套。但这一点往往被人们忽视，而只考虑的两个要素：模具尺寸和机台是否匹配以及锁模力是否足够。然而，最重要的要素之一是注塑机注射量的使用百分比。其次是材料在料筒中的滞留时间和模具的尺寸下限。下面对这些要素分别进行描述。

6.9.1　模具尺寸

定义模具的大小有三个尺寸（图6.10）：

① 模具高度（H）。合模后上下模板之间在开合模方向上的距离。

② 模具宽度（W）。这是沿注射方向上看，模具两垂直侧面之间的距离。该定义主要适用于安装在卧式注塑机上的模具，但也可延伸到其他形式的模具上去。

③ 模具长度（L）。这是沿注射方向上看，模具上下面之间的距离，同样也指卧式注塑机上的模具。

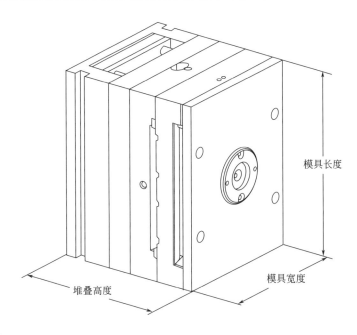

图6.10 模具尺寸

当然，模具必须能放进注塑机，而且至少有两边可以用螺栓固定在注塑机模板上。模具的另两个边可以超出注塑机模板边缘，但注射区域不能超出，并且必须有注塑机模板支撑，如图6.11。如果型腔得不到足够的支撑，注射压力很容易使模板变形，造成产品飞边。如果注射压力很高，施加在模具的作用力也会很大，长时间支撑力不够会导致模具部件损坏。另一方面，模具尺寸也不能比注塑机模板小太多，而必须覆盖机床拉杆间至少70%～75%的面积。对曲轴锁模注塑机尤其如此，这种机台的锁模力是施加在模板外侧而不是中间部位的。如果模具尺寸过小，机台的模板就可能发生变形，久而久之也会造成损坏。曲轴锁模系统在注射压力集中的模具中心提供的支撑较弱，即使模具中有足够的支撑柱，仍然可能产生变形，造成产品缺陷。

每台注塑机都有它能够容纳的最小和最大的模具高度。注塑机动模板

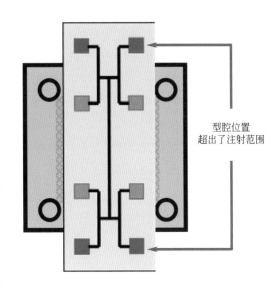

图6.11 型腔位置超出了注射范围

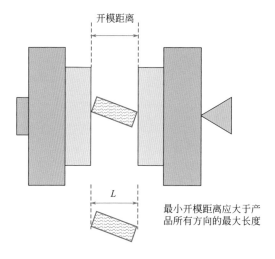

开模距离

L

最小开模距离应大于产品所有方向的最大长度

图6.12　最小开模距离

带动模具闭合，并施加一定的锁模力。由于机台模板合模时有行程限制，故模具高度必须大于此限制，否则，动模和定模无法接触，锁模力也无法起作用。因此，最小模具高度很重要。另外，模具尺寸也不能大于最大的模具高度，否则就无法放入注塑机。

开模行程取决于产品在脱模方向上的尺寸。合适的开模行程应该让产品在脱模后能够自由掉落。开模行程必须大于产品在脱模方向上的最长尺寸。如图6.12所示的矩形产品，开模行程应该是产品的对角线。即使开模行程达到这样的距离，仍然存在着产品损坏的风险，因为当它从顶针上掉下来时，可能会碰到对面的模具表面。因此，开模行程应尽可能放宽，以避免产品损坏。然而，开模行程也不宜过大，否则会延长成型周期。

6.9.2　注塑机锁模力计算

注射压力会在模具型腔上施加一股向外的作用力，将两个半模撑开。注塑机必须平衡这个作用力，才能保持模具闭合。一旦注射压力大于锁模力，模具就会被撑开，导致塑料从模具分型面上溢出，造成产品飞边缺陷。保持模具闭合的力称为注塑机的锁模力。

投影面积是指垂直于模具开合方向上承受注射压力的面积，图6.13所示的涂色部分区域即投影面积。有些模具中用滑块来成型产品的某些特征。当模具关闭或打开时，斜导柱或斜锲块带动滑块移进移出。注射压力可能对滑块施加压力，这也会使模具打开。在这种情况下，滑块上成型的塑料面积也必须加到投影面积上。

计算锁模力的经验公式为：

所需锁模力=（产品投影面积×型腔数+流道投影面积）×单位面积所需锁模力

塑料的特性决定了每种塑料的填充、保压时所需要的压力。通常，结晶材料每平方英寸投影面积需要3.5～4.5t的锁模力，而无定形材料每平方英寸投影面积则

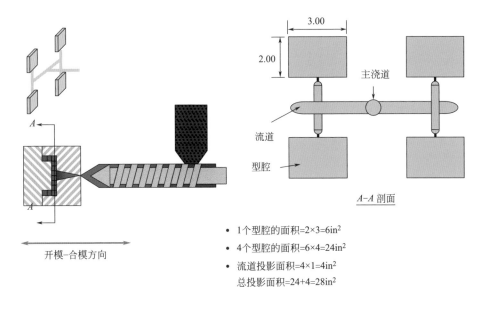

- 1个型腔的面积=2×3=6in²
- 4个型腔的面积=6×4=24in²
- 流道投影面积=4×1=4in²
  总投影面积=24+4=28in²

图6.13 产品在模具上的投影面积

需要2.5 ～ 4.0t的锁模力。这只是一个经验计算法则，还有一些其他因素需要充分考虑。

6.10 锁模力计算的经验公式

上一节里提到的注射机锁模力计算公式是个不错的估算方法。下面将对一些影响注塑机锁模力的因素进行介绍（见图6.14）。

① 壁厚；薄的产品需要较大的注射压力来填充型腔，而厚的产品则需要较大的补缩压力补偿收缩。两个产品虽然投影面积相同，但较厚的产品需要更大的锁模力，因为它比薄的产品需要更多补缩。然而，当薄壁产品的料流距离较长时也需要大的锁模力，如笔记本电脑上盖，这样才能满足填充所需的高注射压力。薄壁是指厚度为0.5mm以下的产品，而厚壁是指厚度在7 ～ 8mm以上的产品。正常壁厚通常在2 ～ 5mm之间。

② 浇口数量：浇口数量越多，模具填充越容易，填满型腔需要的压力也越小。两个投影面积相同的产品，浇口数量越多，需要的锁模力越小。

③ 浇口位置：如果产品采用侧浇口，需要的注塑机锁模力较大。采用中心浇口时，填充长度减半，故对锁模力的要求有所降低。

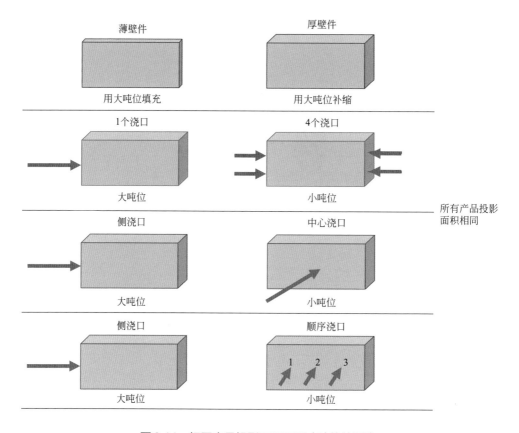

图6.14　相同产品投影面积下影响吨位的因素

④ 顺序针阀浇口：使用顺序浇口的模具需要锁模力较小，因为此时锁模力只受未封闭浇口的影响。

⑤ 产品在模具中的朝向：如图6.15中，比较同一产品上两个方向不同的注射

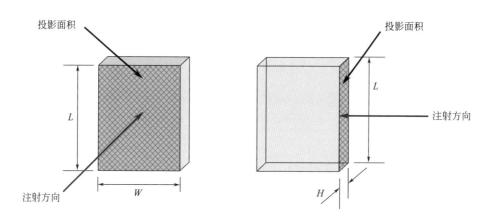

图6.15　产品在注射方向上的投影面积

点。参照上述锁模力计算公式可知，从侧面注射比从正面注射时所需的锁模力低。但这并不代表该产品就一定可以用较低锁模力的注塑机生产，还要考虑到塑料流动长度对锁模力产生的影响。

注塑机锁模力计算非常复杂，不易准确预测。因此，使用计算机仿真软件计算出的锁模力结果也应当十分谨慎。

6.10.1　注射量使用比例和料筒可容注射次数

注塑机的注射量使用比例对成型过程的稳定性有着至关重要的影响，但却往往被人们忽略。注射量使用比例是指注射到模具中的料量相对于料筒可以容纳的最大料量的比例。计算公式如下：

使用的注射量=｛［（产品重量×型腔数＋流道重量）×1.06/塑料密度］/注塑机的注射量｝×100%

注射量占可用注射量的比例应在20%～80%之间。

注射量使用比例低于20%会导致以下问题：

① 注塑机达到设定的压力和速度需要一定的时间。这类似于汽车广告中所说的"5s内从0提速到96km/h"。这就是告诉我们，汽车需要5s才能达到96km/h的速度，所以在2s时，速度尚未达到设定的目标。因此，如果注射量很小，压力和速度没有足够的时间达到所需的水平，注射阶段就无法实现一致性。此外，已经建立压力的塑料突然停止流动，其动量变化产生的影响难以预测，因而会导致填充过程的较大波动。

② 对于晶体材料，螺杆转动产生的剪切热大小是熔化结晶和实现熔体均匀的重要因素。如果注射量过小，螺杆旋转量很小就达到了注射量极限，这样会引起剪切热缺失，同样也会影响熔体的均匀性。

③ 实际使用的注射量太小，塑料在料筒中滞留时间会增加，导致材料降解。

④ 塑料熔体是可压缩的。当压力施加到较少量的熔体上时，部分压力会在压缩过程中损耗，导致充填体不稳定。注射量较大时，虽然熔体压缩仍然存在，但压缩的比例远远小于注射量较小的情形。

使用的注射量高于80%可能会导致以下问题：

如第6.1节所述，材料完成熔化和均匀化过程需要花费一定的时间。使用的注射量比例越高，螺杆运送材料的速度就越快，材料可能来不及形成均匀熔体。例如，在机器启动时，我们会用高螺旋转速和高背压进行螺杆清洗，有时会看到未熔化的颗粒从喷嘴尖端流出。这是因为清洗料筒时一般会使用较高比例的注射量，料粒没有足够的时间进行熔化和均化（图6.16）。在热流道模具中，还有一个额外的挑战是压力必须通过热流道才能传递到螺杆上。如果使用的注射量比例较高，施加的压力就必须先压缩料筒内的塑料，再压缩热流道中的塑料，最后将塑料射入模具。注射量越大，不一致性越高。

图6.16　料筒清洗中，料粒移动过快造成熔化不足

20% ～ 80%注射量使用比例选用规则：对于给定的模具而言，很难找到一台注塑机，能完全满足注射量使用比例在20% ～ 80%之间的选用规则。即便如此，几乎每家注射企业都可以找到几套能生产出合格产品的模具。

注射量比例下限优选20%，只有下列情形可以低于20%：

① 注射产品的尺寸公差较宽。在这种情况下，填充不均引起的尺寸波动可能会被宽松公差抵消。

② 产品材料热稳定很好，如聚乙烯或聚丙烯，它们发生降解的机会很小。

③ 近年来，注塑设备在注射阶段的控制精度得到了很大的提高，在这种情况下，不用生搬硬套以上规则。

注射量比例上限优选80%。除非使用的是特殊优化螺杆，允许使用大比例注射量，否则均应严格遵守本规则。长径比（L/D）较大的螺杆对高效塑化很有帮助。

顾名思义，料筒注射次数是料筒中存料量可进行注射的次数。举个例子，如果注塑机的注射量是60g，而每射料重15g，那么料筒里就储存了4次注射的料量，料筒的注射量使用比例即为25%。

注意事项：热流道厂商可能会提供有关热流道内部容积的信息。此容积不可用于计算的注射量比例的大小。上述公式仅为近似估算，要得到准确的百分比大小的数字，还需要加上螺杆上的熔体量，同时减去无用的熔体量。只有需要注射的塑料才会在螺杆前端熔化并聚集。注塑机通常不会汇集全部注射量后才进行注射。

6.10.2　塑料在料筒中的滞留时间

塑料滞留时间是指塑料在注射单元中停留的全部时间，也是从进料口进入直到从射嘴射出的全部时间。滞留时间与注射量使用百分比有关。滞留时间的计算如下式所示。

$$停留时间 = \frac{机台注射总量}{(产品重量 \times 型腔数 + 流道重量) \times (1.06/塑料密度)} \times 成型周期$$

滞留时间的计算也可以简化为：料筒中原料的注射次数×成型周期。

每种材料在料筒中的滞留时间都有推荐的最大值。由于塑料是热敏性的，长时间置于成型温度下会发生降解。PVC就是一个很好的例子。它的降解速度很快，并会释放出具有刺激性的盐酸，从而造成危害。原料滞留时间（通常以分钟为单位）可由材料制造商提供。不同等级的PVC滞留时间也有所不同，最长可达4～7min。相同材料的最长滞留时间会因注射温度不同有所变化。成型温度越高，推荐的滞留时间就越短。例如Sabic公司生产的聚醚酰亚胺（ULTEM），成型温度为365℃时的最长滞留时间是14min，而在410℃时则缩短到6min。

滞留时间还受成型周期、螺杆长径比以及螺杆计量和压缩段长度的影响。对于热流道模具，分流板中的滞留时间必须和料筒内的滞留时间相加。热流道制造商可以提供分流板内熔体的体积用于计算。

6.10.3　确定注射量使用比例、料筒所含注射次数以及滞留时间的实用方法

在注塑机上进行任何试验时都要高度谨慎。只有经验丰富的操作者才可以进行这些测试。有个确定料筒内材料注射次数简单易行的方法是：在注塑机工作时，移开烘料斗，看到螺杆时，通过进料口底部投入一颗色母粒；接着，将烘料斗复位，从下一次注射开始，计算注射次数，直到色块出现在产品上为止。这样采集到的注射次数就是料筒所含材料的注射次数。

用料筒所含材料的注射次数乘以成型周期可以算出原料在料筒中的滞留时间。用料筒中材料注射次数取倒数，再乘以100%，就得到注射量使用的百分比。

例如：成型周期=15s

一射产品重量=5g

颜色出现时的注射次数=3

计算滞留时间=3×15=45s

计算注射量使用百分比=（1/3）×100%=33%

6.10.4　滞留时间分布

　　螺杆的功能之一是混合塑料粒子和添加剂，如色母粒。因此，螺杆并非一个真正的先入先出系统。即使在料筒或螺杆的任何位置都没有塑料残留，由于进行了混合，塑料分子在料筒中的滞留时间可长可短。螺杆的混合效果越好，材料的分布度就越高。毋庸置疑，料筒里材料的注射次数越多，分布度越高，但这也可能产生误导。例如，如果料筒中有3次注射量，添加的色母只混入其中1射熔体中，而当料筒中储有12次注射量时，添加的色母就会分布在其中的4射熔体中。如果生产中涉及时间和温度的加工参数有任何调整，那么在采集产品样本进行快速质量检查之前，用料筒中剩余原料注射的注射产品均应予以丢弃。

推荐读物

　　Chabot, J., *The development of plastic processing machinery and methods*, John Wiley and Sons, Inc.（1992）New York.

　　Osswald, T. A., Turng, L., and Gramann, P. J., *Injection Molding Handbook*（2007）Hanser Publishers, Munich.

　　Beaumont, J. P., Nagel, R., and Sherman, R., *Successful Injection Molding*（2002）Hanser Publishers, Munich.

　　Rosato, D. V. and Rosato, D. V, *Injection Molding Handbook*（2000）CBS, New Delhi, India.

　　Dray, R., How to compare barrier screws, *Plastics Technology*（Dec. 2002）, p. 46.

　　Dealy, J. and Wissbun, K., *Melt Rheology and its Role in Plastic Processing Theory and Applications*（1990）Van Nostrand Reinhold.

7.1 引言

注射成型的成功与否取决于速度、压力、时间和温度等工艺参数的选择。实行科学加工必须首先理解每个参数内含的科学原理，再应用这些原理实现加工过程的稳健性和产品质量的一致性。科学加工涵盖了注射成型的整个过程，从塑料粒子进入工厂到加工成为成品离开工厂。所谓稳健性加工过程是指系统在受到外界环境的波动或者轻微的人为有目的性的干扰时，能够保证输出结果的一致性。产品一致性是指成型产品的质量波动最小。产品质量包括尺寸、外观、重量以及其他与产品形状、配合或功能紧密相关的方面。波动应来自于特定原因，而非任何自然因素。特定原因波动是由外部因素引起的。例如，如果冷却单元出了故障，那么模具温度将发生变化，从而导致产品质量发生变化。自然因素的波动是成型过程中固有的，它们的影响可以降至最小，但无法彻底消除。例如，用于成型产品的塑料中含有30%的玻璃纤维，但在每次注射成型的产品中，玻璃纤维的含量并不一定都是精确的30%。这一比例会偏高或偏低，例如在29.7% ~ 30.3%之间。如果在注塑过程中连续取100个产品进行称重，即使工艺没有改变，但每个产品的重量也会有所不同。这种差异通常是难以消除的，但可以通过改善储料工艺等加以改善。

稳健性和一致性不应与产品是否在要求的规格范围内混为一谈。即使产品不符合规格，但工艺却有可能是稳健的，同时产品质量可能也是一致的。科学加工的目标是让塑料粒子经历的每个注射成型阶段都是稳健的。

科学注塑一词是由注射成型领域的两位前辈约翰·博泽利（John Bozzelli）和罗德·格罗里奥（Rod Groleau）创造的，他们的理论和操作流程如今得到了广泛的应用，并已成为行业标准。科学注塑研究的是注射成型加工中实际进入模腔的塑料，而科学加工则涵盖了从仓储的塑料粒子直到塑料产品交货的所有活动。科学加工将科学原理应用于塑料转化为最终产品的每一个步骤，见图7.1。第8章和第9章将注重在以上各个步骤中对科学注塑理论的理解和应用，以及各步骤的优化方法。成功的工艺开发终将带来一套稳健的、可重复和可再现的注射成型工艺。

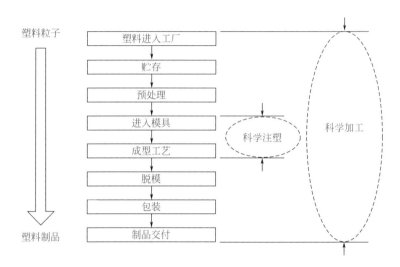

图7.1　塑料粒子的历程和需要控制的关键因素

7.1.1　工艺的稳健性

当输入的波动对产品质量的影响微乎其微时，我们认为工艺是稳健的。这里的波动可能是人为的，也可能是随机波动的。当然，人为的改变必须在合理的范围内。总的来说，即使输入波动增加，也不会对最终的产品质量产生更严重的影响，这样的工艺就是稳健的。例如，在注射速度达到一定水平后，塑料的黏度会保持稳定，这时黏度曲线处于一个稳定的区域，注射速度的变化对黏度几乎没有影响，因此对模具的填充量也几乎没有影响。而在低速注射时，任何注射速度的微小变化都会引起黏度的显著变化，进而引起模次之间的填充量不一致。因此，工艺不在稳定的范围内，应该尽量避免。此外，我们也必须明白自然波动永远无法消除。这种思路将有助于建立具有稳健性和一致性的工艺。

7.1.2　工艺的一致性

当成型工艺满足以下两个要求时，可认为其具有一致性：
① 所有工艺输出的波动都是由随机波动引起的；

② 波动的标准差最小。

例如，料垫量是注射、补缩和保压阶段的输出结果。如果料垫量的波动较小，且料垫量随时间变化的分布曲线是正态分布，则该成型工艺具有一致性。此时，所考虑的工艺只需包括注射、补缩和保压阶段。

因为稳健工艺的输出几乎不发生变化，所以产品的质量非常稳定。反过来说，为了达到质量的一致性，工艺必须稳健。对于注射成型来说，当产品质量不稳定时，工艺的稳健性便值得检讨，因为稳定性一定会在产品质量上反映出来。一般来说，根据工艺的稳健程度和要求的公差范围，有四种可能的生产工艺组合，图7.2显示了特定尺寸的各种工艺组合示意图。

图7.2（a）是产品尺寸有变化的不稳健工艺。前四个数据点在规格上限上下浮动，但下一个数据点则下降到规格下限。有部分产品不合格。图7.2（b）采用了相同的工艺，但是公差变大了，因此，相同的工艺生产的产品便合格了。在这两种情况下，特殊原因波动似乎是造成产品质量不一致的原因。必须尝试消除这种波动，即使产品在要求的规格范围内，如在第二种情况下。图7.2（c）和（d）代表的都是稳健工艺，因为质量分布是正态的。在图7.2（c）中，公差限制比较严格，以至于虽然工艺稳健，但生产出的产品部分不合格。在图7.2（d）中，公差比图7.2（c）要大，因此，相同的工艺现在可生产出合格的产品。显然，图7.2（d）中的工艺是最理想的工艺。

产品的公差界限是由产品工程师设定的。在某些情况下，产品工程师可以根据产品的形状、配合和功能等灵活调节产品的公差。但如果产品工程师不同意放宽产品的公差，并且当前的工艺设置也无法减小波动，那么必须考虑其他的替代解决方案，如更换塑料、改变填充物的含量或者使用模腔压力传感器监控整个注射成型过程。如前所述，即使产品已经在要求的规格范围内，也不应放弃消除特殊原因造成波动的努力。消除了特殊原因波动，产品的质量就更稳定，注塑工艺中也能避免产生有缺陷的产品。实施稳健工艺开发原则的另一个好处是能减少产品的检查频率和样本量。工艺开发的目标是：采用科学的原理和技术，建立产品质量一致且尺寸完全在规格范围内的工艺，就像图7.2（d）的工艺那样。仅仅能注塑出合乎规格的产品的工艺未必就是稳健的工艺。

提高工艺的稳健性、减小波动和提高产品质量一致性有多种方法，而工艺开发的目标是通过稳健的工艺达到上述目的。

为了实现以上目标，就必须采取系统化的步骤。可是，实行这些步骤往往会增加试模次数，比较耗时，所以工艺人员经常跳过这些步骤。由此产生不合格的产品而浪费的时间、能源和报废的材料却常常没人关注：为生产合格的产品，技术人员不得不通过频繁调机来应付不稳定的模具；不合格的产品必须报废，然后重新生

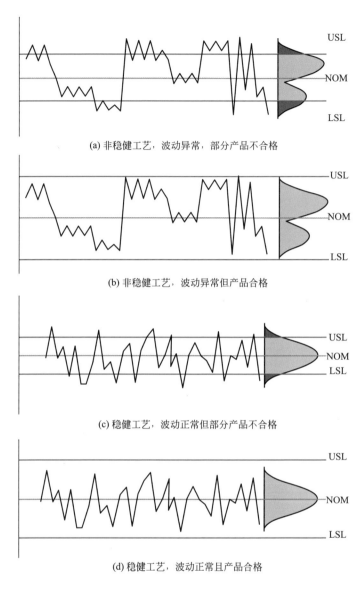

(a) 非稳健工艺，波动异常，部分产品不合格

(b) 非稳健工艺，波动异常但产品合格

(c) 稳健工艺，波动正常但部分产品不合格

(d) 稳健工艺，波动正常且产品合格

图7.2   根据波动和公差进行的工艺分类

USL为规格上限；NOM为规格中值；LSL为规格下限

产。这些都是对材料、机器时间和人力资源的浪费，另外失去的时间也无法挽回。通常不合格产品交付后才会被发现，这终将导致公司名誉受损、产品退货、整改活动旷日持久、报废返工成本陡增。在真正全球化的市场竞争环境中，提高各方面的效率早已成为了一项基本诉求。而只有建立了稳健的工艺，才能实现不同模腔、不同模次以及不同批次产品质量的一致性。

7.2 注塑机的11+2个工艺参数

在塑料注射成型过程中，有11个主要成型参数会对产品质量有直接影响，这些参数不包括开、合模速度等。在大多数成型工艺中，补偿阶段也称为第二阶段，仅包含一个子阶段，即保压阶段。有些情况下，注塑人员会将补偿阶段划分为两个阶段，分别为补缩阶段和保压阶段。这时，11个主要参数中又增加了2个，所以主要成型参数总数量为13个。这13个参数如图7.3所示。

下面将对这13个注射成型参数分别进行介绍。

① 料筒温度：塑料只有在熔融状态下才能注入模具。加热圈对料筒进行加热，料筒再将热量传导给内部的塑料进行熔化。根据料筒的长度，上面可以安装多组加热圈，每组加热圈的温度必须根据需要加工的塑料单独进行设置。这些加热圈的设置温度终将反映在塑料熔体温度上，螺杆旋转产生的剪切作用对熔体温度也有很大影响。熔体的推荐温度可从材料制造商那里获得。

② 模具温度：注射成型是一个热传递过程，熔体会在模具中逐渐冷却。模具温度是在模温机上设置的，模温机内有油或水等传热流体循环流动。通常水用于100℃以下的模具温度，而油则用于更高的模具温度，有时也可使用电热管加热。有些注塑机可以直接在屏幕上控制这些模温设备。模具的推荐温度可从材料制造商处获得。

③ 注射速度：是指螺杆将塑料熔体注入模具的线性运动速度。注射速度应尽可能快，确保熔体在达到填充要求时仍处于熔融状态。一旦熔体充满模具，注射就

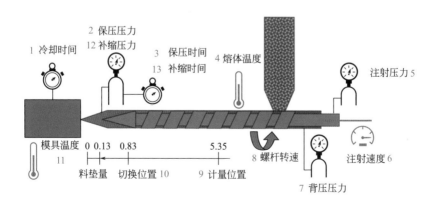

图7.3　11+2个注射成型参数

不再由速度控制了，只是在补偿阶段以低速继续填充。模内流变技术，也称为模内黏度曲线技术，可用来优化注塑机的注射速度。

④ 注射压力：这是为保持设定注射速度作用到螺杆头部熔体上的压力。如果塑料的黏度增加，保持设定速度所需的力或压力也会增加，因此在注射过程中保持恒定速度非常重要。要实现稳健的工艺，机台应始终保持有充沛的压力，而通过压降测试可以优化注射压力。

⑤ 补缩压力：补缩是补偿阶段的首个子阶段。模具在注射阶段完全填满后，为了补偿接下来的收缩，就需要填充更多的塑料。这时作用在熔体上的压力称为补缩压力。补缩压力是决定产品收缩率和尺寸最重要的参数之一。可采用实验设计（DOE）方法来优化补缩压力。

⑥ 补缩时间：补缩压力的作用时间。可用浇口封闭测试获得的数据来优化补缩时间。

⑦ 保压压力：保压阶段是补偿阶段的第二个子阶段。保压压力是保压阶段作用在熔体上的压力，以确保熔体既不会过量注入型腔，也不会从型腔向外回流。在这一阶段理论上不存在任何塑料流动，直到浇口冻结为止。可用外观工艺窗口测试和实验设计（DOE）优化保压压力。

⑧ 保压时间：保压压力的作用时间。可用浇口封闭测试来优化保压时间。

⑨ 螺杆转速：是指螺杆储料时螺杆的旋转速度。通常结晶型材料比无定形材料需要更高的螺杆转速。目前，还没有成熟的技术可用来优化螺杆转速。主要采用间接的方法，如测量熔体温度，以及检查熔体中是否有烧焦或未熔化的颗粒。螺杆转速将在第8章第8.16节中详细解释。

⑩ 背压：是指在螺杆储料时，为使熔体熔化均匀并消除挥发物施加在螺杆后面的压力。在第8.17节中将详细解释背压。目前也还没有成熟的技术来优化背压。

⑪ 冷却时间：是模具保持闭合状态直到塑料冷却到达顶出温度前的时间。冷却阶段结束后，模具打开，产品顶出。设定的冷却时间并不是实际的冷却时间。当塑料熔体接触模具的瞬间便已开始冷却。因此，实际冷却时间等于注射时间（充填时间）、设定的补缩时间、设定的保压时间和设定的冷却时间之和（图7.4）。冷却时间也可以通过实验设计进行优化。

⑫ 注射量：也称为计量。螺杆的零位是指螺杆处于料筒最前端的位置。螺杆向后移动时储存熔融塑料。螺杆向后移动的设定距离就称为注射量。注射量以直线距离或体积来计算。注射量可以根据塑料的总注射重量和熔体密度来进行计算。然而，由于熔体密度与温度有关，而温度难以精确测量，因此注射量计算结果通常只是个估算值。在补缩和保压阶段，还必须根据实际料垫量进行注射量修正。

⑬ 切换位置：从注射阶段切换到补偿阶段的点称为切换点。当该点由位置决

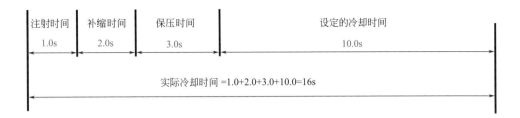

图7.4 设定冷却时间和实际冷却时间

定时，称为切换位置或转换位置。这种切换也可以通过时间、液压压力或外部信号来完成。理论上，在切换位置时熔体应100%填满模具。而实际上，在补偿阶段开始之前，模具的填充量是小于100%的。这点将在8.7节中详细描述。

还有几个次要参数不用像刚提到的13个参数那样需要经常调整。它们对产品质量也没有实质性的影响：

① 减压或松退位置：因为螺杆储料是在一定的背压下进行的，所以螺杆前端的熔体会受到压缩并有一定的内部压力。螺杆储料时，已成型的产品和流道还停留在模具内。一旦模具打开，主流道就会随着模具与喷嘴分离，那么螺杆前端熔体受到的压力得以释放，熔体就会从注塑机喷嘴中溢出。因此，当螺杆旋转结束时，应继续向后行进一小段距离，以释放熔体内部的压力。螺杆向后移动的这段距离称为减压距离或松退距离。通常这段距离很短（小于10mm），松退过长会造成产品外观缺陷。

② 补缩速度：是螺杆在补偿阶段线性运动的速度。在某些注塑机上这只是个选项。

如果观察一下现代注塑机的屏幕，可能会被各种不同参数和选项的设置弄得不知所措。机台上有多个监控画面用来跟踪产品质量和生产效率。机器制造商有时也乐于提供一些不必要的控制功能。例如，有些设备在补缩和保压阶段，有十段压力选择。而在大多数系统化的注塑工艺开发中，两段压力应该就足够了。但在某些情况下，为了补偿产品设计或模具设计的缺陷，工艺人员才需要采用多段工艺。

7.3 工艺输出

上一节讨论的是输入机台的成型参数。下面讨论机台的输出参数，这些参数是注塑机参数设置后在控制屏幕上看到的结果。

① 充填时间：也称为注射时间，是螺杆从计量位置移动到切换位置的时间。

也是充填阶段的持续时间。

②　切换压力：是到达补偿阶段的切换点时所需的实际注射压力。

③　峰值压力：是注射阶段达到的最大实际压力，其大小与模具设计及产品设计有关，与切换压力可能相同，也可能不同。

④　料垫量：保压阶段结束时螺杆停留的位置称为料垫量。料垫量是补偿收缩所需要的缓冲区。如果料垫量为零，则无法对熔体施加压力，熔体也无法实现充分补缩。换言之，收缩无法得到有效补偿。因此料垫量不应为零。

⑤　储料时间：螺杆旋转储存下一模所需原料的时间。

⑥　成型周期：是完成一个完整注塑周期的时间。也可以理解为注射一模产品所需的全部时间。

第8章和第9章详细介绍了这些参数的优化。

7.4　正确理解科学注塑及其工艺

制定正确的稳健工艺开发策略是注塑生产成功的开端。工艺人员可从研讨会、专业书籍和在线资源中收集科学注塑和科学加工概念的资料。要理解运用科学注塑技术，不能盲目恪守流程，因为无论什么流程都会有例外。在理解了蕴含在技术中的原理之后，工艺人员还需要知道何时以及如何使用这些技术，这就是"科学"一词的重要性。例如，模内流变学测试（黏度测试）是注塑讲习班上讲授的第一项测试技术，它背后有很多科学原理。工艺人员容易沉迷于如何生成这些图线。对他们中一些人来说，这一刻充满了兴奋感！然而，运用黏度测试技术也会出现例外，工艺优化中使用的其他技术也是如此。我们应尽其所能理解工艺过程，而不能仅仅为了执行规定而照搬流程。

7.5　注射成型周期

注射成型周期的主要阶段如图7.5所示。成型开始时，机台合模并施加锁模力。锁模力上升到能够抵抗注塑压力保持模具始终闭合时，注射开始。接下来是补缩和保压阶段。当型腔填充结束，产品冷却到顶出温度或低于顶出温度，模具打开，产品从模具中顶出。在型腔冷却阶段，往复式螺杆旋转并聚集注射下一模需要的新原

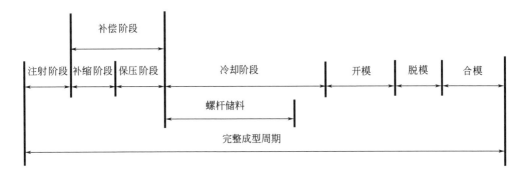

图7.5 注射成型周期

料。这个阶段称为螺杆储料阶段。

7.5.1 注射、补缩和保压

型腔充填过程可分为三个阶段：注射、补缩和保压。在注射阶段，熔体将完全充满型腔。熔体从接触到模腔的瞬间就开始冷却，并形成表面冻结层。随着注射的继续，熔体在已形成冻结层内流动。随着熔体的冷却，分子互相靠近，因而产生收缩。此时，如果停止继续填充塑料，产品会因保压不足产生称为缩水的缺陷。缩水表现为产品外观上的凹陷。为了补偿产品的体积收缩，避免出现缩水，注射阶段结束后应立即进入补缩阶段，将短缺的熔体量补充到模具中去。补充量等于产品体积的收缩量。补缩结束后型腔中的塑料重量必须等于产品的理论重量。补充的塑料过少，会造成保压不足；反之，则造成过保压。

熔体是通过浇口进入型腔的。一旦浇口冻结，熔体则无法进一步填充型腔。为防止熔体在注射和保压阶段冻结，浇口尺寸必须足够大。在补缩阶段结束之后，熔体的压力非常高，如果此时撤除螺杆压力，型腔内的高压会把熔体推出型腔。因此，应维持足够的压力将熔体封堵在型腔内。但必须注意此压力不宜过大，否则会出现型腔内熔体填充超量，造成产品过保压。这种维持平衡的压力称为保压压力，注射的这个阶段称为保压阶段。保压压力必须持续到浇口冻结为止，这个时间称为保压时间。图7.6显示了注射、补缩、保压和冷却阶段示意图。

用来补充熔体冷却过程中体积收缩的补缩和保压阶段，统称为补偿阶段。如果没有型腔压力监测设备之类的先进手段，我们很难确定补缩和保压之间的准确切换点。在大多数注塑件的注塑工艺中，补缩和保压都被视为同一个阶段，称为保压阶段。在很多情况下，能生产合格产品的保压压力是工艺人员通过试错的方法找到的。在这个试错过程中，工艺人员实际上已经设置了包含一段补缩和一段保压的工

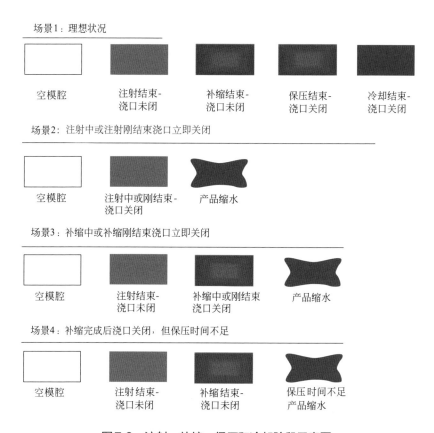

图7.6　注射、补缩、保压和冷却阶段示意图

艺，只是他们没有意识到或者无法区分这两个阶段而已。保压不足会造成产品缺陷，如缩水和缩孔。这些产品通常也表现出一定程度的注塑后收缩。而过保压的产品中会存在注塑内应力，如果在产品顶出后应力得到释放，则会导致产品翘曲或早期失效等缺陷。

下一章我们将介绍一套系统流程，用以开发补缩和保压之间有明确界线的工艺。

7.5.2　速度和压力

为了解释速度与压力的关系，举一个推纸板箱的例子。假如纸板箱里面装满了包装材料（如聚苯乙烯泡沫塑料），要以1000mm/min的速度推过大厅，完成这个任务需要一个人，即推动纸板箱只需要一个人的力量。但如果箱子里面装满金属块，并且速度仍然要保持1000mm/min，则完成这个动作需要四个人的力量，见图7.7。要保持速度不变，推力必须增加。换句话说，随着运动阻力的变化，所需的力也需要变化。黏度就是流动的阻力。在成型过程中，纸板箱的整体重量相当于

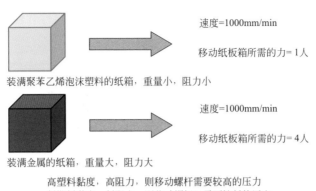

速度＝1000mm/min

移动纸板箱所需的力＝1人

装满聚苯乙烯泡沫塑料的纸箱，重量小，阻力小

速度＝1000mm/min

移动纸板箱所需的力＝4人

装满金属的纸箱，重量大，阻力大

高塑料黏度，高阻力，则移动螺杆需要较高的压力
低塑料黏度，低阻力，则移动螺杆只需要较低的压力

图7.7   速度和压力的解释

塑料熔体黏度，纸板箱的移动速度相当于注射速度。推动箱子所需的力相当于以设定的速度移动螺杆所需的注射压力。这里的力相当于作用到螺杆上的压力❶。压力是力除以螺杆的横截面积，在第6.7节"增强比"中有进一步的解释。

7.5.3   注射压力受限工艺

在刚才讨论的例子中，如果只有三人而不是四人移动装满金属块的纸板箱，则无法达到要求的速度1000mm/min。在注射成型中，即如果想以5in/s（0.127m/s）的速度移动螺杆，需要2500psi（17.25MPa）的注射压力，而机器只能提供2200psi（15.18MPa）的注射压力，那么螺杆将无法达到要求的速度。注射速度将被限制在2200psi（15.18MPa）能提供的速度上。这种情况称为注射压力受限。

7.5.4   分段成型工艺

分段成型（decoupled molding）一词是由RJG公司的罗德·格罗里奥先生首先提出的（参见图7.8）。在注射阶段，模具型腔充满了熔融塑料。注射阶段充填的熔体体积应等于型腔和流道体积之和（注意熔体密度低于固体密度）。一旦那么多体积的熔体充填到模具中后，注射阶段就切换到补缩阶段，然后进入保压阶段。在注塑行业充分了解这个过程之前，工艺人员往往是根据经验进行补缩和保压阶段，这样容易导致过保压或保压不足。由于注射、补缩和保压阶段都各具特性，所以它们

❶   此处的压力实际应为"压强"，只是注塑行业里习惯称为"压力"。——译者注

应彼此分离并分别加以控制。为了突出注塑分段理论的重要性和便于对工艺人员进行培训，特引入了分段成型的概念。

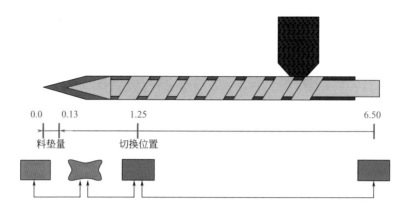

图7.8　分段成型的概念（分段成型是RJG公司的服务商标）

分段成型能对成型工艺进行最佳的控制，使工艺具有最好的一致性。通常的做法是：在进入补缩和保压阶段之前，将型腔填充至95%～98%。原因在于分段成型的目标是确保注射阶段型腔的填充率不超过100%，具体有以下两个：首先，以95%～98%为填充目标的做法留出一个有限的安全空间，确保产品不会过度填充；其次，可降低注射过程中螺杆积累的动量，使熔体在下一阶段开始之前能够减速。熔体是可压缩的，因此型腔会因过度填充超过100%。补缩是一个亚动态过程，我们只要按照型腔中体积收缩的速率进行补缩即可。因此，为确保模具不会发生过保压，减速必不可少，否则会出现胀模和产生飞边。

7.5.5　增强比

增强比的概念已在第6章解释过，见图7.9。对于液压注塑机来讲，增强比是液压油缸横截面积与螺杆横截面积之比，注射压力作用于螺杆的横截面积。液

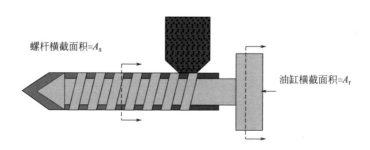

图7.9　增强比$IR=A_r/A_s$

压压力乘以增强比等于螺杆前端的注射压力。例如，增强比为10 ∶ 1表示800psi
（5.52MPa）的液压压力将在射嘴尖端处提供8000psi（55.2MPa）的注射压力。换
句话说，增强比是一个放大系数。

7.5.6　螺杆转速

螺杆转速是另一个关键参数，尤其是对于结晶型材料。螺杆旋转产生的剪切为
熔化塑料提供了大量能量。成型过程中仅靠料筒上加热圈提供的热量是无法彻底熔
化晶体的，于是需要靠螺杆旋转产生的剪切热进行补充。螺杆高速旋转产生的高剪
切，有利于晶体熔化。

螺杆的转速设定应保证螺杆的储料时间始终大于冷却时间。只有当螺杆完成
储料，并且冷却时间也已足够，模具才能打开。如果螺杆储料时间大于冷却时间，
则因模具仍处于关闭状态，有效的冷却时间就会延长。这时螺杆储料时间成了控
制参数。经验法则是在冷却结束前大约2s完成螺杆储料。经验公式适用于多数情
况，但并非每次都有效。注塑结晶型塑料时需要较高的螺杆转速，储料时间会因此
变短；而有些产品则需要较长的冷却时间。如螺杆储料4s完成，但冷却时间却需
要10s，两者存在明显的时间差。如果降低螺杆转速，将会导致剪切力损失，影响
熔体均匀性，因此，经验法则失效。无论塑料的形态如何，一旦冷却时间延长，慢
速螺杆都会引起熔体均匀性下降或螺杆储料量的变化。熔化塑料和改善熔体均匀性
离不开一定量的剪切能。如果观察一下注塑机料筒的剖面，可以看到加热圈在最外
面，接着是料筒壁、熔体和螺杆。塑料是热的不良导体，因此靠近螺杆的内层塑料
是无法从加热圈获得足够热量的。于是，尽管塑料处于熔融态，但熔化却并不均
匀。而螺杆旋转产生的剪切可为内层塑料熔化提供所需的能量，同时提高熔体的均
匀性。

材料供应商会推荐合适的螺杆转速。然而，推荐值一般是以每分钟的转数
（r/min）形式给出，这就存在一定的误导性。在给定的螺杆转速下，直径大的螺杆
会产生较大的剪切量，而直径小的螺杆剪切量则较小。因此，螺杆转速应该以线速
度如m/s或mm/min定义。图7.10给出了一个示例。

为了避免剪切引起的纤维断裂，一般加工高填充比例塑料或长玻璃纤维填充塑
料时，螺杆转速设置较低。这时螺杆的设计非常重要。根据材料不同的剪切敏感
性，螺杆的结构会直接影响熔体的均匀性。如果注塑机上现有的螺杆无法产生足够
的剪切热熔化塑料，成型周期就会延长，这时应考虑更换专用螺杆。

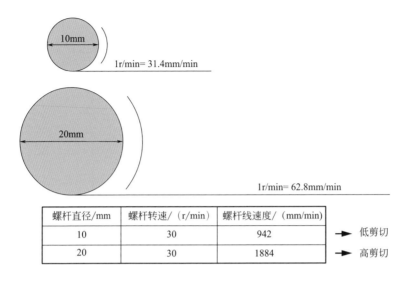

螺杆直径/mm	螺杆转速/（r/min）	螺杆线速度/（mm/min）	
10	30	942	➡ 低剪切
20	30	1884	➡ 高剪切

图7.10　螺杆直径、螺杆转数与螺纹表面线速度的关系

7.5.7　背压

用一辆满载手推车下坡的例子说明，作用在物体上与运动方向相反的力或阻力自然产生的结果（见图7.11）。有了反向力的作用，物体在运动中的可控性和稳定性反而增加，不易发生意外。同样，随着螺杆前端塑料持续堆积，螺杆后退，这时如果没有背压存在，螺杆的回退就可能会失去控制。这种失控会造成螺杆实现注塑量计量的位置和时间不稳，从而引起模次之间的差异。此外，背压有利于压实塑料熔体，挤出螺杆在储料期间积聚的气体和空气。如果空气和其他气体无法排出，不

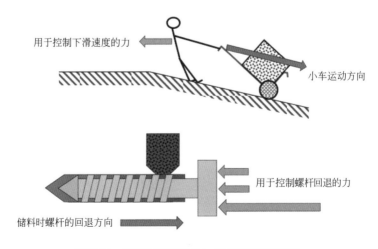

图7.11　背压对可控性和一致性的作用说明

仅会造成计量位置不准，还会在产品上留下空洞、料花或其他外观或内部缺陷。背压还有助于添加剂如着色剂的混合。最后，背压对于提高熔体均匀性和帮助塑料粒子熔化也是必不可少的。

材料供应商提供的背压值大多只能作为参考。为达到理想效果，应尽可能降低实际使用的背压。螺杆储料时间的一致性是衡量背压是否合适的良好标志。在中小型机器上，螺杆储料的时间波动不应超过 $\pm(0.2 \sim 0.5)s$；而在大型机器上，螺杆储料的时间波动则不应超过 $\pm 1s$。背压过大，材料会过度剪切并产生降解。有些填充材料，如玻璃纤维，会因背压过大而产生断裂，导致最终产品性能下降。在剪切非敏感材料（也包括一些剪切敏感材料）中，一些低分子量添加剂的降解过程会产生气体。这些气体会导致最终产品上缺陷的增加。经过一段时间的使用，这些气体也会造成模具排气槽积垢，甚至堵塞排气槽。模具分模面上的排气槽较易清洗，而模具内部的排气部件（如排气针）就很难清洗，必须将模具从机台上卸下拆解。另外，过高的背压也会加剧料筒和螺杆组件的磨损。

7.5.8 成型周期

成型周期是成型一模产品所需要的总时间，它与生产效率紧密相关。如图7.12所示，如果30s的成型周期减少1s，即使机器稼动率只有70%，也可为公司每年节省高达145.6h的费率成本。如果一台机器的运行成本是每小时10美元，那么节省总额为1456美元，再乘以机器的数量，对于注塑企业来说将是一笔巨大的节省。假如一个注塑车间有25台机器，按每小时10美元的机时费率计算，每年可节省约3.6万美元；按每小时25美元的机时费率计算，可节省近10万美元。

采用以上公式时还需要考虑其他因素。例如成型周期越短，每小时周期次数就越多，运行机器和辅助设备所需的能耗就越大，这些都需要进行详细的计算。

每天节省的时间/min	48
每5天节省的时间/h	4
每年节省的时间/h	208
机器稼动率/%	70

机器的小时费率/美元	每台机器每年节省/美元
25	3640
50	7280
100	14560

图7.12　周期为30s时减少1s的成本节省

7.6　参考文献

[1] Kulkarni, S. M. and Hart, David, *SPE ANTEC Tech Papers*（2003）p. 736.

[2] Mertes, S., Carlson, C., Bozzelli, J., and Groleau, M., *SPE ANTEC Tech Papers*（1997）.

推荐读物

Osswald, T. A., Turng, L., and Gramann, P. J., *Injection Molding Handbook*（2007）Hanser, Munich.

Beaumont, J. P., *Runner and Gating Design Handbook*（2007）Hanser, Munich.

Beaumont, J. P., Nagel, R., and Sherman, R., *Successful Injection Molding*（2002）Hanser, Munich.

Rosato, D. V. and Rosato, D. V., *Injection Molding Handbook*（2000）CBS, New Delhi, India.

Kulkarni, S. M., *SPE ANTEC Tech Papers*（2003）p. 736.

Cogswell, F., *Polymer Melt Rheology*（1981）John Wiley, USA.

Dealy, J. and Wissbun, K., *Melt Rheology and its Role in Plastic Processing Theory and Applications*（1990）Van Nostrand Reinhold.

8 工艺开发：
6步法——探求外观工艺

8.1 引言

开发稳健注塑工艺的尝试经常会因执行系统化流程不力而以失败告终。面临各种资源的缩减，"从设计到产品"的时间被不断压缩，这些都给严格执行流程带来了困难。然而，走捷径的做法最终会降低产品质量，增加废品率和人员工作量，同时降低注塑工艺的整体效率。一套天天需要调整的工艺不能算是稳健、可重复和可再现的工艺。接下来的两章内容我们将深入洞悉针对特定模具最有效的工艺开发技术，并在模具设计、产品设计和材料选择等方面，为进一步的工艺改善提供建议。

8.2 工艺开发方法简介

假设有人要从科罗拉多州的丹佛市到内华达州的拉斯维加斯市做一次公路旅行。通过导航软件测算出两座城市之间的距离约为1200km。下一步他应确认所驾车辆能否开1200km那么远。他让技师对发动机、轮胎、雨刷器和其他部件进行检查，确认它们在1200km的行程中都能正常工作。汽车性能得到确定后，驾驶员可在GPS导航系统中输入地址，向着既定的方向出发。整个行动分成两个阶段：首先，需要对设备（车辆）的性能进行确认；其次，驾驶汽车朝着预定的拉斯维加斯方向行驶。参见图8.1。

一旦车辆准备就绪，即使驾驶员因故不再去拉斯维加斯，他仍然可以很有把握地朝自己选定的方向行驶1200km。从地图上看，他可以向东南方向开到

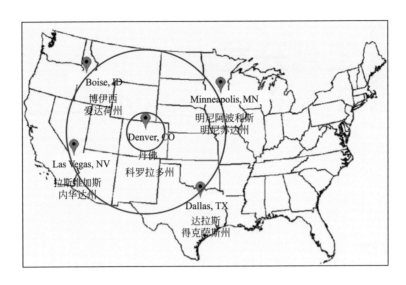

图8.1 与科罗拉多州丹佛市等距离的城市

得克萨斯州的达拉斯，或者向东北方向开到明尼苏达州的明尼阿波利斯，也可以向西北方向行驶到爱达荷州的博伊西。这些城市离丹佛的距离大约都是1200km。

注塑成型工艺的开发也应采取类似的两段式步骤。首先应确定模具拥有能够稳定生产外观合格产品的能力，且工艺窗口宽泛。一旦模具的外观工艺范围确定后，就应该进行产品尺寸的测量。如果尺寸不合格，就应该考虑在外观工艺窗口内调整工艺参数。但应尽量避免选取靠近外观工艺窗口边缘的工艺参数。而当产品尺寸不在外观工艺窗口范围内时，应选取最为稳健的外观工艺为基础，对模具型腔尺寸和产品规格以及公差进行更改。回到上面的车辆驾驶案例，长途驾驶中使用自动巡航无疑是个明智的选择。然而自动巡航也只有在车道有足够宽度并能包容各种变化的路况及驾驶条件下才能使用。要在悬崖边依靠自动巡航行驶几乎是不可能的。图8.2显示了我们推荐的稳健注塑工艺两阶段开发流程图。

第一阶段中，首先应选取外观工艺参数，并根据工艺窗口中最稳健的部分设置首选工艺。尽管尺寸测量能够让我们对产品尺寸与设计规格的吻合程度有个清楚的了解，但此时并非必须之举。第二阶段中，运用实验设计（DOE）的技术，确定首选工艺下的产品尺寸，并确定工艺参数与产品尺寸之间的关系。也可用仿真软件来研究工艺参数的变动对产品尺寸产生的影响。

本章将详细讨论工艺开发的第一阶段。首先将讨论预成型设置，然后是每个成型参数的优化步骤。

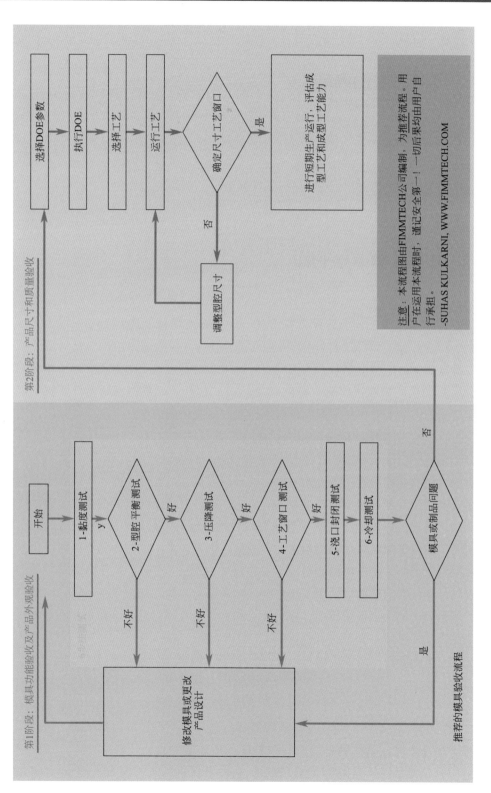

图8.2 模具验收和实验设计（DOE）流程图

8.3　塑料粒子的准备

用于成型的树脂应具备稳定的质量，因此在它们进入料斗进料口前须严加管控。也就是说，树脂从进入塑料注射设备直到离开的每一阶段都离不开管控。而塑料注射机的选型则应根据第6章中提到的标准进行。

8.4　树脂的储存与干燥

树脂运送到注塑工厂的途径多种多样。大多数商用树脂通常用量都很大，如PE、PP或ABS。同一种原料可用于制造不同的产品。树脂通常用纸板箱运到注塑工厂。批量更大的原料通常装入大型筒仓，由卡车甚至货运火车运送。对于用量不太大的原料如工程塑料，厂商常提供每袋25kg的包装。如果储存不当，原料的性能可能遭受损害。如有保质期限的聚氨酯树脂，这类树脂应在厂商规定的期限内用完。超过保质期往往降解的并非聚合物本身，而是其中对储存时间较为敏感的添加剂。

有些种类的树脂不宜在受到阳光照射的环境下储存，如丙烯酸，否则会引起树脂褪色或透明度降低。树脂应在干燥的环境中储存，以免吸收过多的水分。有些厂商按照加工所需的干燥状态对吸湿性树脂进行预包装，然后装入密封袋交送客户。这种树脂不需要干燥，可以直接用来注塑成型。但是，未用完回库储存的树脂再次使用前应重新干燥。将在用树脂明确标识并记入台账是一个良好的生产规范。我们常常碰到制作样件的树脂只使用了一部分，剩余部分需储存起来以备后用。这时应在树脂包装袋上记录下使用日期、项目编号和材料编号等信息，这样才能确保材料的使用履历清晰可辨。

在第4章里我们详细讨论过塑料干燥的问题。吸湿型树脂注塑前应加以干燥，以免出现产品性能下降、表面瑕疵或内部缺陷。有些树脂的性能下降起因于树脂的水解。另一些树脂中所含的水分会引起产品的表面缺陷（如料花）或内部缺陷（如空洞）。遇到聚酰胺这样的材料还会出现熔体气化和起泡等状况。基于此，树脂在注塑前应进行干燥。具体的干燥时间和温度由所加工的聚合物基体而定，即根据聚合物与水形成的化学键强度而定。例如，PBT需在80℃下干燥4h，而PC则需在

121℃下干燥约3h。

为了增强塑料在特定应用中的性能并降低成本,塑料中常常会加入添加剂。玻璃纤维和矿物质等填充剂是常见的用量较大的添加剂。其他种类的添加剂还有增塑剂、润滑剂、阻燃剂、热稳定剂、着色剂、发泡剂和杀菌剂等,但它们在聚合物中的添加比例都较小。这些添加剂通常是低分子量化合物或低聚物,一旦它们的干燥时间超过材料厂商的推荐范围,就可能发生降解或从树脂中析出。例如PBT和聚酰胺的干燥时间如果超过推荐值,产品就有出现缺陷甚至不合格的风险。PBT的干燥时间一旦超过8 ~ 10h,产品就会变脆并且失去表面光泽,黑色高光的产品表面会色泽灰暗。如图8.3所示,干燥时间超过12h后,PBT的冲击强度将急剧下降[1]。

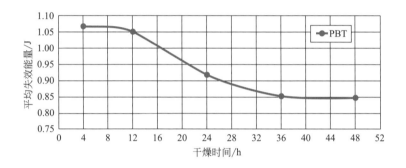

图8.3 干燥时间对PBT冲击强度的影响[1]

聚酰胺的干燥时间一旦超过12h,黏度将会逐渐上升,这样成型工艺就需要进行不断调整。聚酰胺在不同干燥时间下的黏度曲线如图8.4[1]所示。其中聚酰胺4代表干燥了4h的聚酰胺,聚酰胺48代表干燥了48h的聚酰胺。图8.5显示经过不同干

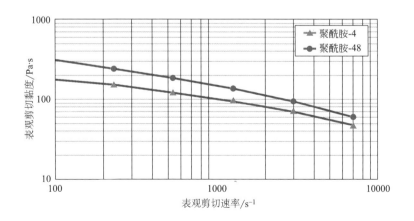

图8.4 聚酰胺干燥4h和48h的黏度曲线[1]

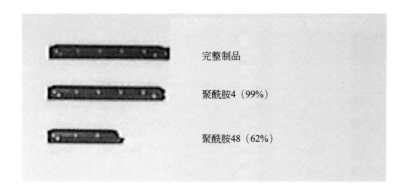

完整制品

聚酰胺4（99%）

聚酰胺48（62%）

图8.5　干燥4h和48h的聚酰胺用"仅注射"成型的产品

燥时间后"仅注射"成型的产品。"仅注射"成型的产品是指：补缩和保压时间以及补缩和保压压力都设置为0所成型的产品，即不存在补缩和保压阶段。在注塑机工艺设置相同的条件下，塑料的干燥时间越长，产品的填充量就越少。这是黏度增加造成的结果。黏度增加，塑料的流动长度缩短。因此应防止塑料"过度曝晒"或"过度干燥"。

防止塑料粒子过度干燥最有效的方法有如下几种。

① 如果塑料粒子已干燥而注塑准备工作尚未完成，则应将干燥机温度调低至27℃左右，并保持干燥机持续运行。用室温干风吹入料斗，这样可以防止湿气进入，对塑料粒子产生不利影响。

② 要选择尺寸合适的料斗式干燥机，让塑料粒子在干燥机中的滞留时间介于材料厂商推荐的最大和最小干燥时间范围。如果现有的料斗尺寸过大，建议用料位传感器对干燥机进行改造，通过调整传感器设定就可以加入定量的材料。

③ 如果塑料粒子干燥后，注塑机将长时间停机（几个班次或几天），应及时关掉料斗干燥机。

注意事项：某些树脂如PBT的干燥具有累积效应。PBT在干燥过程中低分子量添加剂会随水分析出，即使干燥结束放回仓库备用，该过程也不可逆。而对于聚酰胺来说，析出的水分会被塑料重新吸收。这里提到的过度干燥对PBT和聚酰胺的影响，对其他材料并不具有典型意义。由于每种树脂及其添加剂都具有其独特性，过度干燥对其他材料的影响还有待研究。定制化的实验和测试可提供最佳的干燥控制方案。当然，只要材料没有长时间过度干燥，就没必要做这种既费钱又费时的实验。

8.5　注塑机选型

注塑机的选型已在第6章里详细讨论过了。对于给定模具，注塑机的主要选型要求如下：

① 模具外形尺寸应与机台匹配，且成型区域始终位于机器模板范围内；

② 所需的锁模力应小于机器吨位；

③ 注射量百分比应优先选择在注射容量的20%～80%；

④ 塑料在机器中的滞留时间应短于允许的最长滞留时间。

8.6　增加储料延时的重要性

模具填充有三个阶段：注射、补缩和保压。补缩和保压阶段由压力和时间控制，一旦补缩和保压结束，螺杆就开始在背压作用下旋转储料，为下一次注射做准备。注射阶段结束时，浇口尚未冻结，型腔只填充至95%～98%。换句话说，型腔还有2%～5%空间。如果将补缩和保压时间设置为零，一旦注射结束，螺杆就开始旋转，背压将直接作用在熔体上，由于型腔尚有空间且浇口还未冻结，填充将持续直到100%。只有在型腔完全充满后，螺杆才开始恢复到计量位置。想通过螺杆的切换位置找到填充95%～98%的分段点的想法几乎无法实现。但是，如果增加一个螺杆旋转计时器（通常称为储料延迟或螺杆恢复计时器），需螺杆停顿一定的时间后才开始旋转，等待的时间用于浇口冻结。一旦浇口冻结，塑料就不能进入型腔，这样就能真正确定注射阶段的填充百分比。请参考图8.6。

为了进一步理解这个过程，我们可以在注塑机上做个快速实验。挑选一套单腔或两腔的简单模具，该模具必须已投入持续量产且没有重要缺陷。在实验过程中，应注意保压不宜设置过高，并且所有改变都是循序渐进式的小幅调整。当注射如聚酰胺或LDPE之类的低黏度材料时，将补缩和保压时间设为0，背压压力设置为3～4MPa的低压力值。请注意，这里的压力是塑料压力而不是液压压力！冷却时间的增加量与初始补缩和保压时间之和相等。储料延迟时间设置为大约5～7s。注射一模产品，检查产品是否100%充满。如果已填充满，则调整切换位置，注射出95%满的短射产品。接下来，取消储料延迟时间，将背压提高到约14MPa塑料

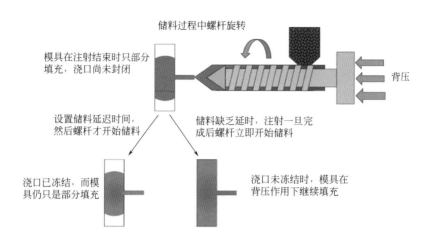

图8.6　储料延迟时间在注塑阶段对最终填充比例的重要性

压力，并注射一模产品。分别称重设置和未设置储料延迟时间两种情况下注射的产品。没有储料延迟时间的产品比较重，这是由于产品填充是由背压通过尚未冻结的浇口完成的。该实验应由注塑现场经验丰富的人员完成。因为如果不小心，产品可能会因过度保压卡在模具中。

8.7　填充比例应按重量还是体积计算？

在注射阶段，如何把产品填充到95%～98%是前面章节介绍的技术。但操作者总有一种疑虑，即这种填充比例应该按照体积还是重量来计算。

根据体积计算重量的公式是：

$$重量=体积×密度$$

因为熔体密度是固定的，所以95%的重量就等于95%的体积，使用重量还是体积并不重要，关键是始终使用相同的系数，并且使用该重量作为后面"仅注射产品重量"的称重标准值。该重量应记录在所有的工艺表上。每次模具启动，产品重量都应与"仅注射"产品重量进行对比。这样做能极大地提高注塑工艺的一致性，尤其是不同批次间存在差异的情况。

对于厚壁产品，塑料填充型腔首先形成冻结层，然后补缩内层。因为没有明显迹象能反映出产品的填充程度，操作者因此深感头痛。

关于填充比例：95％～ 98％只是建议值，并非应严格遵守的数值或区间。以下是一些通用准则：

① 产品越薄，其填充百分比就应越接近100%。由于收缩不大或填充末端也为薄壁，模具需要在注射阶段完全填满，用小幅的补缩和保压以及一定的保压时间来保证浇口封闭；

② 产品越厚，补缩和保压量就越大，因此模具可能需要在注射阶段填充约90％，其余部分在补缩和保压阶段完成。

③ 为了获得更好的一致性，螺杆在到达切换位置之前应适当减速。例如对于某个特定的产品，注射填充到85%，然后切换到补缩和保压阶段。

④ 结晶型塑料冻结较快，因此注射阶段填充比例应尽可能接近100%。而无定形塑料的填充比例则相对灵活。

8.8 熔体温度设定

一旦待加工的原料进入干燥阶段或准备就绪，工艺开发的下一步骤应该就是选择熔体温度了。材料厂商提供的材料物性表包含了熔体的温度信息。如第2章所述，对于无定形塑料，推荐的熔体温度范围较宽，而对于结晶型塑料，温度范围则较窄。作为起始点，目标熔体温度应选用材料推荐温度的平均值。请注意，目标熔体温度应是塑料的实际熔体温度，而不是注塑机料筒温度控制器的设置温度。在开发注塑工艺的过程中，熔体温度不是一成不变的，作为工艺优化实验的结果，最终工艺中的熔体温度可能与开始设定的温度有所不同。

熔体温度的测量：探针式测温仪、红外测温枪和红外热成像仪是三种常见的熔体温度测量工具。其中埋入式探针效果最好，测量结果也最为可靠；红外测温枪或红外热成像仪都不太可靠，它们更多的是测量熔体的表面温度，而熔体一旦暴露在外面的空气中，其表面温度就会降低。

熔体温度测量的推荐流程如下：

① 首先注射清洗材料，将测温探针插入熔体，获取初期温度估值；

② 启动机器注射，所射模次数应是料筒内材料能注射次数的2倍；

③ 预热测温探针至接近初期温度估值。注意切勿损坏探头。有种简单可行的预热探针方法是将初期清洗料泄在一大张纸上，然后将探针放置在这张纸下面进行预热。纸张可避免熔体粘在探针上；

④ 将机器设置为半自动模式，后退料筒，空射清洗料；

⑤ 立刻快速找到熔体"最厚实"的区域，将探针插入，适当搅动，记下最高温度作为熔体温度。

熔体温度的测量是注塑成型实践中很不容易的一件事。这主要是由测温中熔体温度的分布特点造成的，这个特点就是熔体冷却速度快且不均匀。即使是料筒内螺杆前端待射的熔体，也有温度梯度和分布差异。造成这种状况的原因有离料筒加热圈间距离的影响，靠近螺杆处熔体剪切热积聚的影响以及较大注射量下加热圈的效率及设置的影响。即使操作流程相同，技术员的测量手法也会因人而异。如何保证测量值在后面的流程中具有可重复性是成功的关键所在。

熔体的实际温度应在材料物性表推荐的熔体温度范围内。结晶型塑料的熔体温度范围较窄，而无定形塑料的熔体温度范围则较宽。开始注塑前，操作者应查阅材料的物性表，这点非常重要。化学上属于同类的两种材料熔体加工温度可能截然不同。如沙伯基础创新塑料公司生产的OQ系列聚碳酸酯，推荐的熔体温度范围为305～332℃；而同一公司生产的SP系列聚碳酸酯，推荐的熔体温度范围则为248～271℃。将低熔体温度的树脂温度设置过高，会导致树脂降解，造成产品不合格；而将高熔体温度的树脂温度设置过低，可能会造成设备损坏，如螺杆或螺杆头断裂。类似故障在生产车间并不罕见。

为了达到正确的熔体加工温度，无定形塑料和结晶型塑料对应的料筒温度设定是不同的。注塑机料筒的加热区至少可分为三段，每段加热区的温度都可以分别设定，于是就生成了特定的料筒温度曲线。如第6章所述，注塑机料筒内的螺杆通常也分为三段，每段功能各异。塑料粒子首先接触螺杆的区段，称为进料段，它的功能是输送和软化塑料粒子。塑料粒子不应在这里熔化，否则就会粘在料筒和螺杆上，妨碍材料的进一步运送。因此，靠近进料口的料筒温度应设置为推荐温度的下限。料筒中段温度设置应稍高，粒子熔化过程由此开始，该段温度的增量应取决于塑料的形态。对于结晶型塑料而言，晶体从软化到熔化需要很多能量，因此温度的增加通常高于无定形塑料。但是，结晶型塑料具有热敏性，无法长时间经受高温，因此紧接的加热区段温度会有所降低。这就产生了一个中间有驼峰的加热曲线（也称为驼峰形曲线）。对于无定形塑料，没必要设置这种温度曲线，因为无定形塑料软化需要的能量较少，在高温料筒中也能滞留得更久。紧接的区域温度较高，其曲线称为常规曲线或正常曲线。不同的曲线如图8.7所示。

驼峰形曲线也可用于难熔化或高黏度材料的熔融过程。如第6章所述，对螺杆各个区域功能的深入了解将有助于对熔体温度进行设定。通常喷嘴温度应设定在熔体目标温度上下约5℃的范围内。

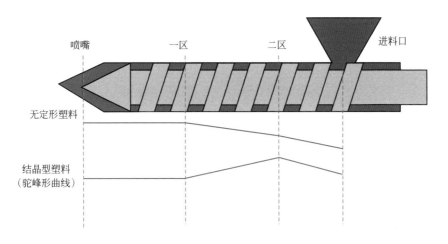

图8.7　无定形和结晶型塑料的料筒温度分布

8.9　模具温度设定

材料物性表会给出推荐使用的模具温度范围，实际模具温度应维持在此范围内。模温机（水温机和油温机）的温度设定通常比目标模具温度高出几摄氏度，这是因为在冷却液输送过程中免不了有热量损失。因此，应对实际模具温度进行测量。正如第2章的热交换部分所述，模具温度至关重要，因为模温向熔融分子提供能量，使其能逐渐趋向最终的静止平衡状态，避免产生内应力。

由于结晶需要一定的时间和温度，因此模温在为结晶材料提供结晶所需能量方面也同样重要。如果模具温度远低于塑料结晶温度，会造成产品性能不良，或由于结晶度较低而出现严重的成型后收缩和翘曲。无定形塑料分子随机分布，没有"首选"的平衡位置，因此适用的模具温度范围较宽，即使离模温推荐值有一些偏差也能接受。例如，尽管ABS推荐的模温应高于38℃，但用15℃的模温注塑厚壁ABS产品的情况并不罕见。当然，并不是说注塑无定形塑料的厚壁产品模温存在偏差都无关紧要，个别案例需要单独评估。

8.10　工艺优化——6步法测试

8.10.1　步骤1：注射阶段的优化——黏度曲线测试

所有塑料熔体都是非牛顿流体。也就是说，在给定的剪切速率范围内，熔体黏度并非固定不变。从严格意义上说，塑料的流变学表现是非牛顿流体和牛顿流体的共同作用所致。剪切速率极低时（注塑成型中很少见），熔体表现为牛顿流体。而随着剪切速率的增加，塑料的表现逐渐趋近于非牛顿流体。有趣的是，随着剪切速率进一步增加，塑料黏度在最初的急剧下降后，其牛顿流体特性又表现得越来越明显。图8.8是用对数坐标轴绘制的PBT黏度曲线，图8.9是以线性坐标轴绘制塑料黏度曲线。这两幅图说明的都是PBT材料，并且由同组数据绘制而成，唯一的区别在于选用的坐标轴类型不同。

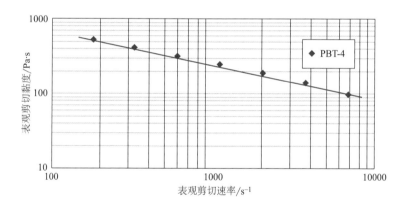

图8.8　用对数坐标轴表示的PBT黏度

从线性坐标图中可以看出，与高剪切速率的情形比较，低剪切速率下的塑料黏度变化或下降幅度更为剧烈。这是因为随着剪切速率的增加，聚合物分子链开始彼此脱离缠结，并且逐渐沿流动方向排列，这就降低了塑料的流动阻力（黏度）。因此剪切速率较高时，塑料倾向于表现出更多的牛顿特性。虽然黏度仍持续下降，但变化已不像在低剪切速率时那么明显了。图8.10诠释了这一现象。为了便于讨论，我们将相关区域分为非牛顿区域和牛顿区域。当然这里所谓的牛顿区域并非严格意义上的牛顿区域，其中曲线的斜率取决于塑料的特性。一般来说，结晶型塑料比无定形塑料的曲线更为平缓，因为结晶型塑料的黏度较低，更

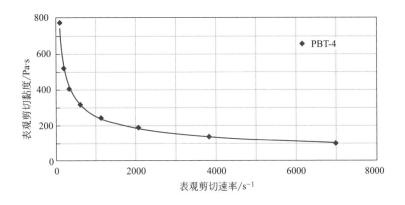

图8.9　用线性坐标轴表示的PBT黏度

易于取向。

　　在注塑成型的注射阶段，材料会经受强剪切力的作用。由此产生的剪切速率与注射速度成正比。如果剪切速率较低，且注射速度设置在黏度曲线开始的非牛顿区内，那么剪切速率的任何微小变化都会引起熔体黏度的显著变化。由于外界因素波动总是在所难免的，因此模具填充的稳定性就难以保证，最终会造成模次之间产品质量不稳定。如果将注射速度设在较快区域，那么熔体黏度便趋于稳定。此时，注射速度快，剪切速率也大，剪切速率对黏度影响明显小于低速区域，注射速度的微

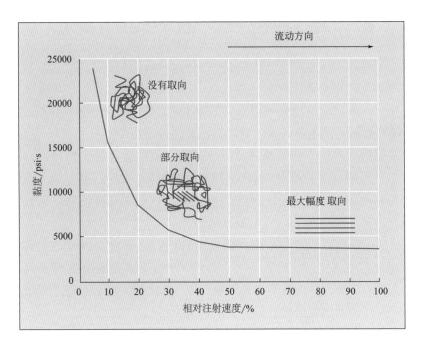

图8.10　不同相对注射速度下分子在流动方向上的取向

小变化引起的熔体黏度变化极小甚至为零。用注塑机上生成的数据绘制的黏度曲线说明了这一现象，如图8.11。在黏度曲线的牛顿区域内，注射速度的任何随机波动对型腔填充的影响都微乎其微。因此，找到黏度曲线中的牛顿区域，设置相应的注射速度以及剪切速率就显得格外重要。

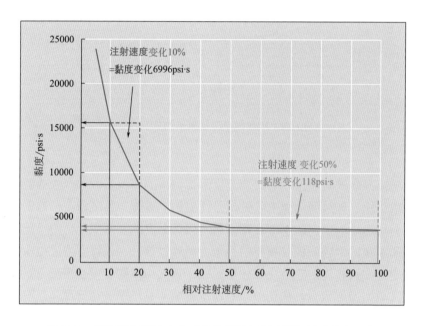

图8.11　相对注射速度变化对非牛顿及牛顿区域塑料黏度的影响

对于特定模具，黏度曲线可以利用注塑机上生成的数据生成，该过程称为"模内流变学测试"或简称为"黏度曲线开发"。Mertes等[2]进行的一项研究表明，与低速注射相比，高速注射填充末端压力的波动范围更小。研究中刻意引入了扰动，并采用了黏度高低不同的两种聚丙烯材料，结果如图8.12所示。

高速注射的另一优点是能够降低材料批次之间的差异带来的影响。图8.13是某一项目中，不同批次的同等级聚碳酸酯黏度曲线测试的结果汇总。不同批次的同种材料在相同注射速度下会表现出不同的黏度，而在低速注射时这种黏度差异尤为显著。

黏度曲线的测定流程最早是由John Bozzelli开发出来的，其基本原理类同于测试塑料黏度的熔体流变仪（见第3章）。注塑机也可以看作是一台流变仪，喷嘴孔就像是流变仪的口模，而螺杆则像是活塞。液压压力通过螺杆加载于熔融塑料。最后把以设定速度推动螺杆所需的压力记录下来。

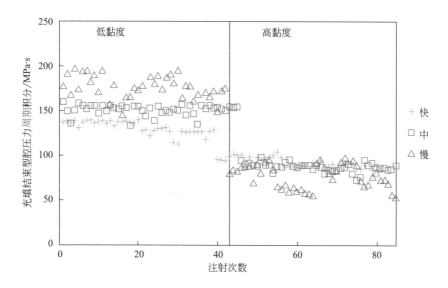

图8.12 黏度不同的两种聚丙烯，在不同注射速度下的填充末端型腔压力周期积分数值[2]

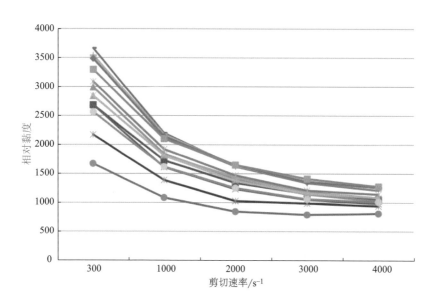

图8.13 不同批次的同等级聚碳酸酯黏度曲线

8.10.2 用注塑机确定黏度曲线的流程

做任何实验都应把安全放在首位。

① 按厂商的推荐设定熔体温度。如果所推荐的是一个温度范围，则设置在范围中间。然而，我们要找的是一条曲线的轮廓，而非实际数值，所以熔体温度的设置并不重要。请参见第8.10.7节的解释。

② 将所有保压阶段的参数设置为0。也就是说，实验只有注射段，没有保压段。

③ 设置螺杆储料延迟时间与浇口冻结时间大致相等。有关此步骤的详细信息，请参阅第8.6节。储料延迟时间可根据以往的经验确定。例如，如果现有材料相同的类似产品浇口冻结时间为5s，则可将储料延迟时间设置为8s左右。

④ 将注射压力设置为最大可用值。这里我们假设模具和机器的注射量和塑料压力利用率匹配。如果用到的注射量过小，或者所需的注射压力远远小于机器最大可用压力，则将压力设为低值，以免造成型腔保压过度或模具损坏。

⑤ 把冷却时间设为足够大，保证开模前产品已冷却至顶出温度。

⑥ 机器切换方式应设置为螺杆位置切换模式。采用"慢速"成型一模产品。该产品应为短射件，否则就调整切换位置，使产品填充50%左右即可。

⑦ 逐步提高注射速度至注塑机最大注射速度，并确保产品仍为短射。如果产品已充满，则需调整切换位置，保证体积填充至约95%～98%。也就是说，在接近最大注射速度、无保压时间、无保压压力的前提下，产品可填充至95%～98%。如果所用的是一副多腔模具，那么最先充满的型腔应达到95%～98%。如果射速提高后，发现产品出现外观或烧焦缺陷，就不应再进一步提高速度。

⑧ 再成型一模，记录填充时间和切换时的液压峰值压力。如果推动螺杆以最大速度5in/s前进的压力只要1850psi（12.765MPa），机器压力应设置为2200psi（15.18MPa）。如果系统压力设置小于最大压力，并且在实验中峰值压力可能达到最大值，则应提高设定压力，以避免出现压力受限。

⑨ 接下来，小幅降低注射速度，可从5in/s降到4.5in/s，或从90%降到80%。记录填充时间和注射压力峰值。

⑩ 重复上述步骤，直至注射速度降到最低限。可将有效注射速度范围划分为10～12档，这样可以获得尽可能多节点的数据。

⑪ 查出注塑机厂商提供的螺杆增强比。如果查不到，暂且设定为10。我们只需明白，增强比是计算注射压力的一个必要参数。当然，它不应成为实验或优化工艺的障碍。它在公式中是一个常数，因此即使曲线会上下平移，曲线的形状将保持不变，这也是我们关注的重点。

⑫ 黏度的计算公式：

$$黏度 = 峰值注射压力 \times 填充时间 \times 螺杆增强比$$

绘制黏度-注射速度曲线。图8.11为典型的黏度曲线图。表8.1为测试的表格样板。

表8.1 黏度曲线表（螺杆增强比＝10）

序号	注射速度/（in/s）	填充时间/s	液压压力峰值/psi	黏度/psi·s
1	0.20	5.75	735	42263
2	0.50	2.37	805	19079
3	1.00	1.28	963	12326
4	1.50	0.87	1112	9674
5	2.00	0.68	1240	8432
6	2.50	0.57	1339	7632
7	3.00	0.50	1427	7135
8	3.50	0.44	1504	6618
9	4.00	0.41	1588	6511
10	4.50	0.38	1663	6319
11	5.00	0.36	1669	6008

注：1psi=0.0069MPa；1in=0.0254m。

8.10.3 如何使用黏度曲线

从完成绘制的黏度曲线可以看出，在注射速度大于50%之后，黏度基本保持恒定。因此，将注射速度设置为60%时，填充阶段工艺将保持稳定。高速注射条件下任何微小的外界因素随机变化都不会引起黏度的显著变化，从而保证了模次之间的一致性，这与低速注射时的情况不同。选择注射速度应尽量接近曲线的"转折"区，这里是黏度变化的转折点，之后的黏度具有更好的一致性。注射速度也并非越高越好，原因有两条：首先，对剪切敏感的塑料在高剪切速率或注射速度下会发生降解；其次，出于塑料可能会溢入排气槽而产生飞边的担忧，模具排气槽一般很难做到无懈可击的程度。正由于这样，模具厂商在加工排气槽深度和长度时都很保守，通常会做"留铁"处理，把排气间隙加工得尽可能小。位置不靠近模具分型线的深腔或角落等区域有时也会排气不畅。在这种情况下降低注射速度对排气有所帮助。利用模内流变学原理优化注射速度是实现稳健工艺的第一步。

还可以绘制一张黏度与剪切速率的曲线图。由于剪切速率与注射速度成正比，因此曲线的形状保持不变。黏度与注射速度曲线图更加便于解读，我们不用去剪切速率表中查找合适的注射速度，而是直接在图形上进行选择。

在黏度测试中观察短射产品时很容易发现，注射速度越低，产品的短射就越严重。这时就不禁产生一个问题：为什么在注射量和切换位置没有改变的情况下，产品尺寸却越来越小了呢？

有两个理由可以解释这种现象。首先，随着注射速度的降低，熔体的黏度增大。而当熔体的黏度增大时，熔体的流动速率会降低。其次，螺杆和熔体的动量会随着注射速度的降低而减小。当注射阶段结束时，液压压力骤降，虽然螺杆和熔体由于惯性仍会继续前行，填充型腔，但此时注射速度已降低，熔体黏度上升，填充变得更加困难。

在黏度实验中螺杆注射阶段的位置，可以通过记录它前行时能到达的最远位置来追踪。注塑机上显示的料垫值不一定准确，因为它只能代表螺杆在保压阶段结束时的位置，而未必是螺杆行进的最远位置。某些情况下，螺杆的回弹会导致料垫值增大。在电动注塑机中，螺杆位置是由伺服电机而不是液压系统控制的。伺服系统不产生动量，可在瞬间将螺杆停下，但此时熔体仍然具有一些动量。黏度测试中的渐进式填充图片如图8.14所示。

慢速　　　　　　　　　　　　　　　　　　　　　　　　　　　　快速

图8.14　模内黏度测试中，注射速度由慢到快的渐进填充过程

8.10.4　提醒及例外

生成黏度曲线这个方法是研究注射速度对熔体黏度影响的重要工具，但它并非适用所有模具，下面就有一些例外的情况：

① 嵌件注塑成型的产品中，嵌件的一部分或全部由塑料包裹，并且在大多数情况下，这些嵌件都被固定在型腔内。高速注射熔体很容易使嵌件移位或变形，导致成型的产品不合格。

② 高速还会使材料产生剪切，有时会引起浇口晕斑或料花等缺陷。如果光学产品上出现了这些缺陷，就应采用低速注射。注射速度过高会引起烧焦，聚氯乙烯（PVC）就是个典型的例子。

③ 注射速度较高时，型腔中的空气应高效地从模具中排出。而在模具的某些

部位进行充分排气会变得非常棘手和困难。此时，注射速度只能在不产生烧焦的前提下尽可能加快。这类模具的排气槽应经常清洁，任何异物堆积都会导致塑料烧焦。

④ 如果填充模具所需的压力等于最大可用压力，则该工艺称为压力受限。在这种情况下，由于压力不足，螺杆无法达到设定的注射速度。因此，填充时间也不准确，得到的黏度曲线没什么价值。黏度测试不能用压力受限工艺完成。

⑤ 机器应有足够的响应时间，才能获得准确的填充时间和峰值压力读数。如果注射量低于料筒容量的20%，螺杆就没有足够的时间建立稳定的塑料压力并输出准确且一致的填充时间。熔体是可压缩的，这也增加了压力读数的不稳定性。

⑥ 产品尺寸小于$5 \sim 8mm$时，黏度曲线会不太精确，原因和上点相同。

综上所述，速度选定原则应该是"以工艺要求的最快速度注射，而不是尽可能快的或黏度曲线给出的速度注射。"

8.10.5 注射速度分段

如图8.15，注塑机螺杆在已划分的区段以分别预设的注射速度前进，被称为注射速度分段。这种分段在注塑成型中很常见。例如，如果熔体在通过浇口时注射速度过快，可能会产生浇口晕痕等外观缺陷。为此，操作者会在相应区段先降低注射速度，然后再提高速度。由于塑料流动是层流，一旦浇口周围的冷冻层形成，注射速度的变化就不再影响浇口区域的外观。

在注射的最后阶段，螺杆的前进速度应该减慢，参见图8.15中的速度V_4。为了实现产品的一致性，从注射切换到补缩和保压的工艺切换点也应一致。例如，在图8.15中，如果切换位置是20mm，螺杆应在30mm附近开始减速，这样才能平稳地到达20mm的预定位置。射入型腔的材料或多或少都会引起产品质量的变化。

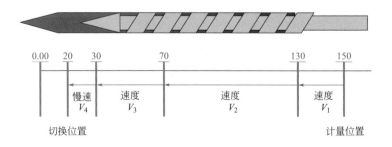

图8.15　注射速度分段（单位：mm）

V/P 切换前的减速就像驾驶员遇到红色信号灯为了避免越过交通标志线，总要提前几米减速。

注射速度的分级应在合理范围内进行。操作者应考虑到螺杆行进的距离以及所分段数。熔体是黏性物质，只要有惯性，即使螺杆已停止移动，也会继续往前流动。阀和液压系统需要时间对切换做出响应。例如，如果螺杆从计量位置到切换位置的总距离为25mm，那么把它分成5个长度各为5mm的速度段是无效的。注射速度越快，无效程度越严重。在设置分级和确定速度时，应考虑到阀和液压系统的熔体动量和响应时间。

8.10.6　发生短射粘模时的应对方法

有些产品由于开模后会粘在型腔定模侧，模具无法连续打出短射产品。这时，应尽量用最高的注射速度找到型腔充满95%～98%的切换位置。有几种方法可以满足这个要求。首先，根据前面的描述，在每次打短射时都应设法取出产品，这就要求机器以半自动模式运行。如果产品能够在10s内迅速取出，这样做便是可行的。但如果取出产品需要较长时间，就应按以下步骤操作：

① 用尽可能低的补缩压力和保压压力，并在尽可能短的时间内成型，让产品开模时粘在动模侧。

② 不断调整切换位置，让产品略显保压不足或轻微短射。

③ 尽量提高注射速度，但也要避免过保压或烧焦塑料。在每档速度下调整切换位置，使产品略显保压不足或轻微短射。

④ 开始进行黏度测试，记录填充时间和峰值压力。

以上做法能够奏效的原因在于：试验中，只要开模时产品能从定模侧脱离而留在动模侧，无论保压压力多大都是可行的。黏度计算需要两个参数：注射压力峰值和填充时间。因此，注射阶段之后的保压阶段并不会对这两个参数产生影响。这时产品是否填充并补缩完整并不要紧。在不加保压压力或没有保压时间的条件下打出短射有它的参考价值。当然，如果这时无法打出短射产品，也可将产品打满。

随着注射速度的增加，填充时间减少，剪切速率增加。然而，维持注射速度所需的压力是熔体从填充开始到填充末端为止各阶段压力状态（phenomena）的叠加。因此，随着注射速度的增加，所需的压力可能根据出现的主要状况（dominant phenomenon）有所增减。这些状态和所需的压力如下：

① 一旦熔体接触到型腔壁便开始冷却，造成其黏度增加，所需的压力随之增加。

② 型腔中的料流通道横截面在流向填充末端时通常应逐渐减小。横截面积越

小，所需压力就越大。如果横截面积足够，则压力不会改变。

③ 首先进入模具的熔体会紧贴型腔壁形成一层冻结层，接下来进入的高温熔体会在冻结层中间流动，这也称为喷泉流动。填充阶段，冻结层逐渐变厚，这样又增加了螺杆以设定注射速度前进所需的压力。对于厚壁产品或宽敞的料流通道，填充可能在冻结层充分形成之前就已完成，故这种压力变化并不显著。

④ 由于塑料具有非牛顿特性，故随着注射速度的增加，黏度下降，移动螺杆所需的压力也会降低。

8.10.7　绘制黏度曲线时的熔体温度选择

由图3.9可知，黏度是剪切速率的函数，不同熔体温度下的黏度曲线是互相平行的。进行黏度测试的一个原因是为了找到黏度能基本保持一致的注射速度区域。从这个意义上说，黏度的实际值没有太大意义。温度升高时黏度下降，温度降低时黏度上升，而黏度曲线的轮廓却保持一致。图8.16所示为HDPE材料在175℃和220℃下的黏度测试结果。很明显，这两条曲线的轮廓是一致的，唯一的区别是175℃时黏度较高，220℃时黏度较低，而曲线则互相平行。

绘制黏度曲线的目的是找到黏度一致的区域，因此曲线的轮廓最为重要。正因为曲线的轮廓相似，所以测试中温度的选择并非关键所在。

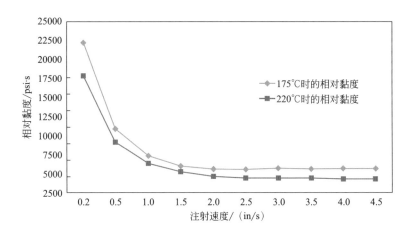

图8.16　HDPE在不同温度下的黏度曲线

8.10.8　步骤2：型腔平衡确认——型腔填充平衡测试

在第2.6节中讨论了比容与温度的关系图。图8.17显示了注塑成型周期内对应不同阶段的区域。注射阶段对应的是塑料处于熔融状态，当熔体开始冷却时，就进入了补缩和保压阶段。而当补缩和保压完成后，塑料温度已降低到顶出温度以下，产品可以从模具中安全顶出。

收缩率与比容直接相关。随着压力的增加，比容减小。因此，补缩压力会影响产品的收缩率。补缩压力越大，型腔内塑料所受压力就越大，收缩率就越低。因此，要想控制好产品尺寸，就应控制补缩压力或型腔压力。这也是型腔压力传感器技术背后的原理，具体内容将在第12章中介绍。

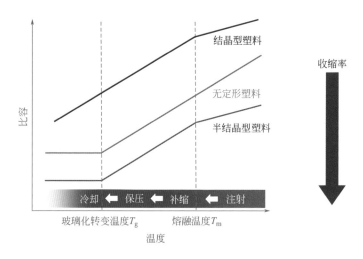

图8.17　温度对比容的影响及其在注塑成型中的应用

图8.18显示了型腔压力对拉伸样条长度的影响。图上附有公差范围。随着型腔压力的增加，拉伸样条长度也在增加。

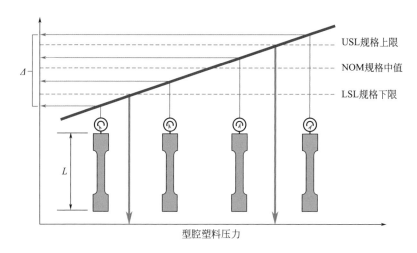

图8.18　型腔压力对拉伸样条长度的影响

现在假设有一套一模两腔的拉伸样条模具。为了注塑出长度相等的拉伸样条，两个型腔内的塑料压力应相等。如果型腔填充量相同，随后的补缩和保压阶段产生的效果便会趋同，产生的型腔压力也将一致。而如果两个型腔填充有快有慢，那么在从补缩切换到保压的过程中，率先填充的型腔将会先行起压，从而产生更大的型腔压力，产品尺寸也会更大，因而引起型腔间的尺寸差异。于是一个型腔复制了图中第一根拉伸样条的尺寸，而另一个型腔复制了最后一根。当其中一根样条尺寸符合规格时，另一根可能已超出了规格范围。此外，当工艺窗口较小时，即使有一段型腔尚未填充满（短射），但最先填充的型腔可能已经产生了飞边。

确定型腔平衡的流程。为了达到型腔平衡，应先分析产生型腔不平衡的原因。首先，应通过可靠方法检测各型腔表面的实际温度。接触式探头测温效果最好。热成像仪也很好用，它能快速提供生产中模具的温度影像。应尽可能减少型腔表面温度分布差异（温差应小于2℃）。

接下来，模具的进货验收应包括流道和浇口尺寸的记录，它们应该与实际尺寸吻合。如果缺少记录，就应重新进行测量并予以记录。流道和浇口会随着使用时间增加而磨损，尤其是浇口。长期跟踪检测流道和浇口的尺寸很有好处，这两个要素决定了冷却和料流通道的变化是否会给注塑带来问题。通过下面的流程可以判定，是否因流变或排气因素而造成流动不平衡。

① 将保压压力设置为零。

② 将保压时间设置为零。

③ 将储料延迟时间设置为预估的保压时间，与上一节生成黏度曲线的步骤类似。

④ 设定冷却时间，确保产品温度降低到可以顶出的水平。

⑤ 注射速度的设置值应取自黏度曲线测试得出的值。

⑥ 其余参数保持与黏度测试相同设置，开始注射。因为该测试是紧接在黏度测试之后进行的，使用设置参数注射出的一定是短射产品。如果存在明显的型腔不平衡，则填充最快的型腔仍然要未填满。例如，有套一模四腔的模具，如果4号腔最先开始填充，那么在本测试中，它应大约填充至98%。在此设置下，其他型腔的填充率均低于98%，所有型腔都填充不足。保留每腔至少两模短射产品，取其平均重量。

⑦ 接着，注射一系列短射产品，并分别记录每一种状态下的各腔产品重量，如上述步骤所示。从可能注射出的最小短射产品开始，逐步增加填充量，根据产品的尺寸大小，记录至少3～4种短射重量，然后将数据填在图8.19所示的图表中。

表8.2为型腔平衡测试结果记录表。

表8.2   型腔填充平衡测试结果

型腔编号	产品重量/g				
	填充10%	填充25%	填充50%	填充75%	填充满
1	1.94	3.15	6.12	8.34	12.94
2	1.92	3.14	6.20	8.21	12.85
3	1.95	3.25	6.92	8.86	12.12
4	1.95	3.36	6.55	8.52	12.82

图8.19显示填充率较低时，型腔填充较为平衡。

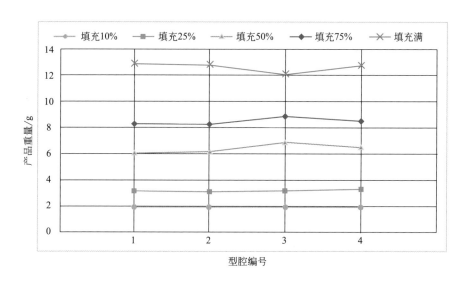

图8.19   型腔填充平衡示意图

8.11   型腔不平衡的原因

如图8.20（a）～（e）所示，模具两个型腔填充不平衡，其中1号型腔的填充量小于2号型腔。可能引起两型腔之间不平衡的原因如下：

① 料流通道尺寸不均匀：流道和浇口是型腔填充的料流通道。如果两型腔的流道和浇口尺寸不同，那么熔体进入型腔的流动速率就不同，从而导致不平衡。图8.20（a）中，2号型腔的流道或浇口尺寸大于1号型腔。

② 排气不均匀：塑料进入型腔时，型腔中的空气应排出。排气永远不会过剩，多多益善。图8.20（b）中，如果1号型腔的排气小于2号型腔，那么它的排气就不顺畅，进入型腔的塑料流动速率也会较慢。

③ 型腔内产品壁厚不均匀：参见图8.20（c）。这种现象主要出现在薄壁产品上，而鲜见于厚壁产品。壁厚下降后会出现两种现象。首先，壁厚下降会引起横截面积的减小，与其他型腔相比，填充量就会降低。其次，壁厚的下降可能会引起塑料剪切的增加，反过来又会降低塑料黏度。假如壁厚存在差异，如果较薄的产品比其他产品填充得更多，则是黏度差异造成的；如果较薄的产品比其他产品填充得更少，则是流动速率差异造成的。

④ 冷却不均匀：见图8.20（d）。如果在2号型腔的冷却液温度比1号型腔高，塑料就会更容易流入2号型腔，引起型腔不平衡。在生产现场，开机时水路存在阻塞或由于疏忽水路没打开的现象很常见。由冷却不均导致的型腔不平衡通常在注射若干模之后才会被发现，此时型腔已经开始发烫。冷却液通常沿阻力最小的路径流动。如果一型腔内的压降高于另一个型腔，就存在不平衡，尤其是当流动形态接近

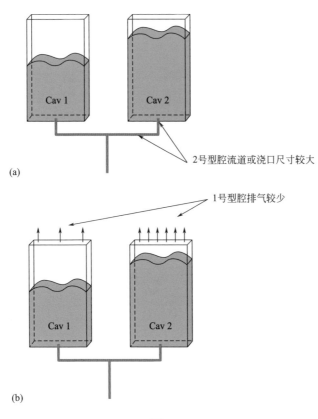

图8.20

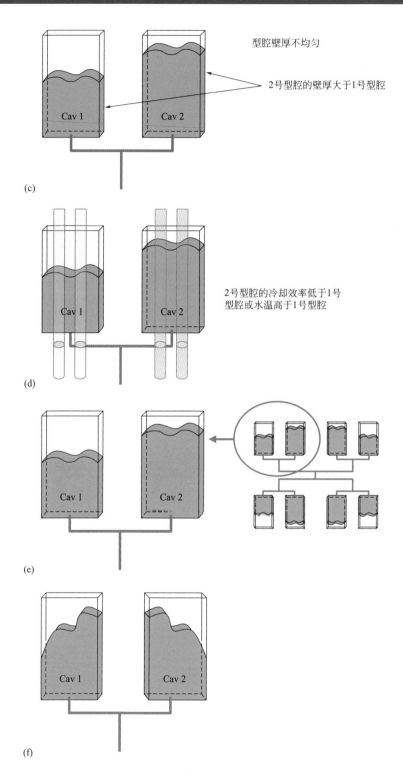

图8.20 造成型腔不平衡的原因

层流时。因此，应该使用雷诺数公式检查流动型态。

　　⑤ 流变性不平衡：参见图8.20（e）和图8.20（f）。第3章中的聚合物流变学原理曾经描述，在模具填充过程中可能存在流变学不平衡。在两腔模具中观察到的不平衡与八腔模具中的不同。两腔模具填充阶段不会出现产品重量差异。在一模两腔的模具中，短射产品互为镜像。根据博蒙特公司（Beaumont Inc.）开发的原则和流程，流变学不平衡可以通过改变熔体流动方式加以解决。在该项技术诞生之前，流动平衡通常是通过调整料流通道或浇口尺寸来实现的。在讨论型腔平衡时，我们关注的不仅是填充模式的一致性，而是最终流入各个型腔的熔体品质应完全相同。而熔体品质不仅决定于流动速率，还决定于熔体经历的不同压力和温度阶段。虽然修改流道和浇口尺寸可以平衡流动速率，但却无法平衡压力或温度。

　　两腔模具的同一模产品，一腔短射，另一腔有飞边情况见图8.21。

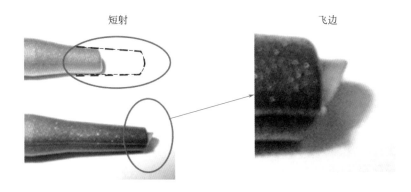

短射　　　　　　　　　　飞边

图8.21　两腔模具的同一模产品，一腔短射，另一腔有飞边

8.11.1　型腔不平衡的原因

　　上节所述的任何一个原因都可能造成模具型腔之间的不平衡。要想找到确切的原因，我们需要做一系列渐进填充的短射测试同时收集产品。渐进填充的短射样品分别是：10%的短射产品、50%的半填充以及填充约95%的产品。当填充10%的产品上出现不平衡时，很可能是料流通道存在差异。而如排气不均匀、壁厚不均匀和流变性不平衡等异常，只有在型腔进一步填充后才能观察到。更多造成不平衡的原因也只有在型腔填充50%或填满时才能发现。如果最初10%填充是平衡的，而从50%到95%出现了不平衡，应该是排气方面存在问题。对于薄壁产品，应检查一下产品的厚度是否有所变化。如果是一副两腔模具，且产品填充互为镜像，则是

流变性存在不平衡。经过数次注射，如果一个型腔比其他型腔填充更快，应检查一下冷却系统。通过以上的短射系列测试便可以找到型腔不平衡的根本原因。

8.11.2　型腔不平衡度的计算

常用的型腔不平衡百分比计算公式为：

型腔不平衡度 =[（最大型腔重量－最小型腔重量）/ 最小型腔重量]×100%

但这个公式不准确。

大家应该意识到，在模具填充过程中，塑料本应以相同速率进入两个相同型腔，而事实上却有快有慢。结果是一个型腔填充重量为12g，另一型腔仅为8g。理想状况下两腔均应填充10g，即总填充量20g，平均一腔10g。这里一腔多了2g，而另一腔却少了2g。换句话说，与平均值相差分别是+2g和－2g。如果改变一个型腔的浇口大小，20g重量就会重新分配，均值仍保持为10g。例如，把重量为8g的型腔浇口尺寸加大，该腔重量变为9g，另一腔却变成了11g。原重12g的产品在浇口尺寸没有任何变动的情况下却发生了变化。因此每次改动后都应计算产品重量与平均值之间的差异。

计算步骤如下：
① 记录每腔短射产品的重量；
② 将所有产品重量相加，得到产品总填充重量；
③ 用产品总重量除以型腔数量得到产品平均填充量。

用下列公式计算与平均值的差异：

与平均值的差异百分比 =［（平均重量－每腔重量）/ 平均重量］×100%

参见表8.3中的型腔平衡测试示例。

表8.3　型腔平衡测试示例

型腔编号	95%填充产品/g	与平均值的差异百分比/%
1	5.154	5.00
2	5.634	−3.84
3	5.468	−0.78
4	5.446	−0.38
总重量/g		21.702
产品平均重量/g		5.4255

小型产品的型腔不平衡值可能具有很大的误导性，因为重量的微小变化可能导致百分比的很大变化。在这种情况下尤其应该谨慎，必要时应考虑引入差异系数。

8.11.3 可接受的型腔不平衡水平

填充要达到完美平衡是不可能的。那么，型腔平衡水平究竟达到多少才能接受呢？大多数公司都定了一个固定的数值，大多数培训课程上都传授应该有一个固定平衡值。然而答案是并不存在这样一个可接受值。举个例子，有位注塑操作人员注射叉子和勺子，最小填充量和最大填充量之间的不平衡百分比高达15%。操作人员利用补缩和保压压力压出的产品，不仅外观可以接受，工艺窗口也可以接受。叉子和勺子的尺寸并不重要，所以在这种情况下，只要产品外观和尺寸工艺窗口可以接受，别说15%，就是更高程度的型腔不平衡都无关紧要。在一些多腔模具中，如果一个型腔无法生产合格产品，通常会将该型腔封堵，然后用剩下的型腔继续注射产品。如果封堵了一个型腔后，其他产品还能通过质量检验，这相当于是100%的不平衡（一个型腔填充为0%，而剩余型腔为100%填满）。就是说，此时外观和尺寸公差都足够宽松，即使封堵一腔，仍能注射出合格的产品。

从塑料的PVT曲线图我们很容易得出一个结论：塑料承受的压力越大，收缩就越小。换句话说，随着压力的增加，产品尺寸会变大。图8.18便体现了这种现象。

对于某件特定产品，可接受的型腔平衡数值取决于产品的尺寸和外观公差范围，因此该数值应根据具体情况来定，不存在通用条例。参考图8.22所示的两种

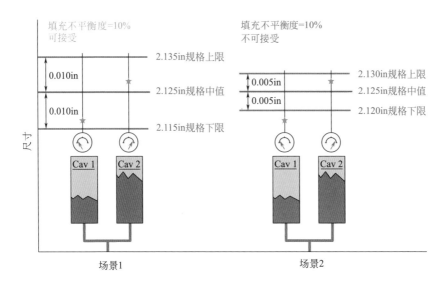

图8.22 可接受的不平衡度与公差的关系

场景。两腔之间的不平衡度是10%。在场景1中，名义尺寸两侧的尺寸公差分别为±0.010in，两腔均在公差范围内。但在场景2中，公差缩小到±0.005in，于是10%的不平衡度就难以接受了。

某些注塑产品，如图8.23所示的墙钩，不平衡度高其实并无大碍。大多数普通用户不会意识到，和产品一起售卖的支架其实起了流道作用。墙钩从流道上折断便可使用，流道则可丢弃。很多玩具套件也是如此，孩子们拼装一个图形或一辆小汽车前，从一块排列好的网格板上折下零件，其中的网格大部分就是流道系统。

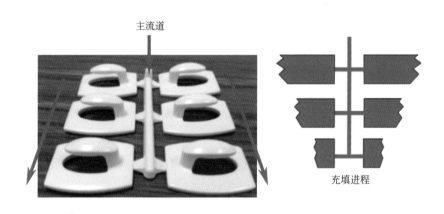

图8.23　墙钩模具的充填进程

聚合物形态在型腔平衡中也起着重要作用。无定形材料比结晶型材料能包容更大的不平衡性。无定形材料的收缩比结晶型材料更小，因此型腔与型腔之间的尺寸差异较小。同时，由于结晶型塑料更容易流动，它也更容易产生飞边并压缩工艺窗口。无论材料的形态如何，公差是否宽泛，型腔之间的流动平衡终将有助于工艺窗口的优化。

家族模具是不同型腔可生产出不同产品的模具，常用于小批量装配件的生产。填充平衡对家族模具也很重要。型腔压力是影响尺寸的决定因素，这个观念对于家族模具同样适用。通常使用家族模具时，会通过调整浇口和流道的大小来调节填充的平衡。根据型腔布置形式（即型腔位置和数量）来决定采用哪种型腔充填平衡技术。

8.11.4　步骤3：确定压力降——压降测试

假设一位轿车驾驶员要在平坦的道路上以70km/h行驶。为达到这个速度，驾驶员只需要踩下最大油门的50%。

当车辆要爬坡时，为了保持70km/h的目标速度，驾驶员需要加大油门，用更多燃油提供爬坡需要的额外能量。为了保持目标速度，油门踏板的位置需进行调整。如果踏板位置不调整，仍在50%的位置，那么当汽车开始爬坡后，速度会从70km/h逐渐下降。同样在成型过程中，为保持注射速度不变，也应有足够的压力来补偿所有过程中的压力损失和材料黏度的变化。参见图8.24。

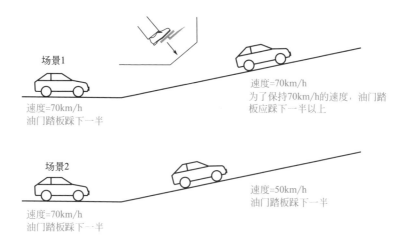

图8.24　保持汽车速度

当塑料流经喷嘴和模具的不同部位时，由于存在阻力和摩擦效应，料流前沿的压力会有所损失。此外，当塑料接触到型腔壁开始冷却，塑料黏度增加，反过来需要更大的压力推动塑料。由于喷泉流动效应的作用，料流外部冻结层会变得越来越厚，减小流动的有效横截面积，因而也增加了塑料通过流动通道所需的推力。由于注塑机液压泵的功率有限，在设定的注射速度下，推动螺杆的最大压力也是有限的，该压力不应超过注塑机能提供的最大压力。如果所需的注射压力太高，螺杆就无法在整个注射阶段保持设定的注射速度，该工艺则存在压力受限。注射开始时也许能达到设定的速度，然而一旦出现压力受限，螺杆转速就会出现下降，如图8.25所示。

"压降测试"一词可能很费解。注塑机以恒定速度推进熔体所需的压力会随着料流的前行不断增加，而熔体流动前沿的实际压力则不断降低。只要观察一下流动末端压力为零的短射产品就一目了然了。

在工艺开发过程中，了解流动路径区各段压力损失有助于确定总体压力损失和产生较大压降的区段。如果工艺压力受限，则应对模具进行修改以减少压降。例如优化模具的流道系统，减少压降或压力剧变，以获得更好的流动一致性。

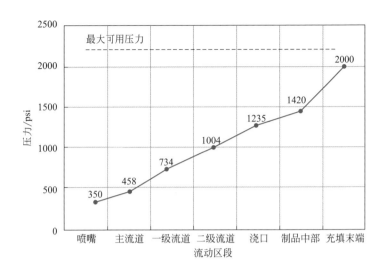

图8.25　模具各区段的压降曲线（1psi=0.0069MPa）

（1）确定压降的流程

压降测试是第三步，此时注射速度应根据黏度测试的结果选定完毕。注射量和切换位置也根据95%～98%填充量得到确定。黏度测试可能因为工艺压力受限而无法完成。在这种情况下，进行压降测试并确定流动的压力限制区段就更是当务之急了。流程如下：

假设塑料流经以下几个区域：机器喷嘴、主流道、一级流道、二级流道、浇口和充填末端。

熔体温度、计量位置、切换位置和注射速度的设置方法如下：

对于非压力受限工艺，按照前章描述的黏度测试方法和95%～98%准则设置这些参数。

对于压力受限工艺，将注射速度设置为机器范围的中心值，找出计量位置，并在产品大约95%～98%填满的位置切换。

在黏度测试过程中，注射压力的设置应比最大记录值高20%左右。

开始成型并等待工艺趋于稳定。产品应该有短射但几乎填满。记录机器屏幕上显示的注射压力峰值。这个数值代表模具填充直到结束所需的压力值。

然后调整切换位置，填充约50%的产品，并再次记录峰值压力。

继续该流程，成型5%～10%的产品、二级流道、一级流道，最后仅有主流道。

收集完数据后，停止注塑，将射座后退。储料后再进行一次注射，就像清洗料筒一样，这叫空射。记录注射过程中的最大压力，这便是塑料射出机器喷嘴所需要的压力。

从机器喷嘴开始，绘制熔体流经的各部分所需压力的图线。该图称为压降测试图，它显示了塑料从开始填充模具直至填充结束所需压力逐渐增加的特征。如图8.26所示。

注意：数据应在已稳定的周期中进行采集。无论何时，如果产品或流道的某一部分在顶出时粘在模具上，需要超过20～30s的时间予以清除，则应停止测试，因为此时采集到的数据不再可靠。当成型部分仅仅是分流道或主流道时，粘模很普遍。此时，不应继续采集数据。如果在填充末端的最后一个点上采集的压力值很高，如达到了大约50%的最大可用机器压力，则应检查一下流道尺寸是否合适。这也是热流道模具的常见问题，在这些模具中，我们可以注意到，大部分可用压力都消耗在了将塑料从热流道推入模具。对于热流道，也可以按照上述的相同步骤，确定熔体通过热流道分流板时的压降。

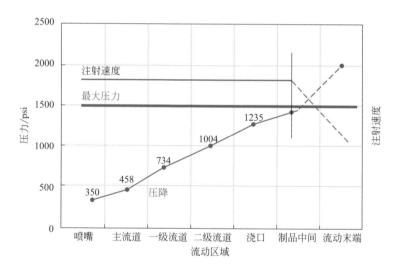

图8.26　压力受限工艺对注射速度的影响（1psi=0.0069MPa）

在任何情况下，熔体通过喷嘴后产生的压降都应加以测量并予以记录，此压降与喷嘴孔径的大小成反比。喷嘴孔径尺寸越小，压降越大。每次模具启用前，都应将喷嘴处的实际压降与已记录的压降进行比较，这样就能推测出机器上安装的喷嘴尺寸和型号是否正确。例如，对于相同直径的喷嘴孔，用于加工聚酰胺的喷嘴压降比常规喷嘴略高。

如果在生产过程中产品充填出现问题，采取的一项措施就是将射座回退，测试喷嘴处的压力降。卡在喷嘴里的杂物如金属屑会导致压降增加。喷嘴处的压降损失会与流道、分流道、浇口和产品上的压降叠加。如果工艺状况已接近压力限制，这种压降就很容易导致短射和产品缺陷。此外，流道系统里的压力损失会引起型腔压力的损失以及产品尺寸的变化，如图8.27所示。因此，喷嘴的类型和孔径大小非常重要，应作为工艺设置参数表的一个部分记录下来。

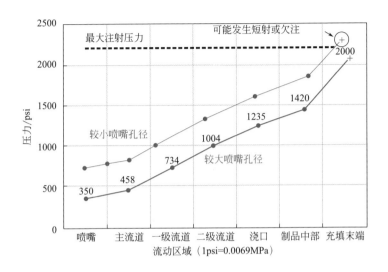

图8.27　喷嘴的类型和孔径对接近压力受限工艺的影响

对于热流道模具，上述流程的起始点是注塑机喷嘴，然后是熔体刚进入模具的区域。模具的热流道应视为同一流动区域，随后的每个流动区域都应进行分析。如有可能，应以设定速度手动进行注射。将塑料注射到打开的模具中，并记录压降。出于安全原因，有些机器不允许操作者以最大压力进行注射。在这种情况下，数据仍应进行记录，并在工艺设置表中将这台机器清晰标识。安全必须永远放在首位，设备上的任何安全保障功能也不能失灵。对于热流道模具，打开模具进行注射可以深入了解热流道系统的压降状况。此时模具的动模侧最好以硬纸板遮挡，防止塑料喷射到模具表面。空射时，模具下方可以放置一块硬纸板，模具顶部也放一块，防止高压将塑料意外喷射到模具上方，再落到机器附近的人身上。

产品不同流动区域的压降也应进行评估，特别是对于薄壁产品。模具中对应薄壁的部位需要较大的压力填充，这可能会导致该工艺压力受限。即使流道和浇口尺寸设计得余量充足，产

表8.4　压降测试表

区域	峰值压力/psi
喷嘴	236
主流道	454
一级流道	734
二级流道	1004
三级流道	1248
产品10%满	1630
产品50%满	1837
充填末端	2030

注：1psi=0.0069MPa。

品仍可能由于存在某些局限，导致压降产生。表8.4是用来记录压降测试数据的表格。

（2）如何使用压降测试信息

注射成型过程中采用的最大压力应低于机器能提供的最大压力。例如，如果最大液压压力为2200psi（15.18MPa），则充填末端的压力应低于2200psi（15.18MPa）。通常，实际使用的压力不应超过最大压力的90%。从完成的压降图中可以看出，如果工艺压力受限或压力超过最大值的90%，就应找出流动区域之间产生压力激增的位置。例如，如果填充喷嘴、主流道、一级和二级流道所需的压力仅为900psi（6.21MPa），而通过三级流道压力陡增到1600psi（11.04MPa），那么与之前区域的增量相比，这里的压力增加十分显著。于是三级流道应进行修改，如增加流道直径、降低压力。

进行压降测试的另一个原因是避免模具出现过保压，见图8.28。假设计量位置

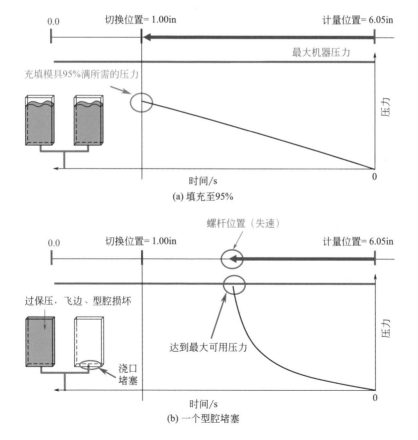

图8.28　用于填充两个型腔的压力

和切换位置根据95%的填充量来设定，并且模具没有压力限制，螺杆将从计量位置开始，借助压力以恒定的设定注射速度填充模具。如果在生产过程中由于某种原因，其中一个浇口发生堵塞，那么另外一个型腔将首先充满100%。由于螺杆尚未到达切换位置，它将借助机台能提供的最大压力，到达这个位置，并最终通过尚未封闭的浇口，引起型腔过度保压。型腔可能产生飞边，模具零件损坏。为了避免发生这些问题，应将注射压力设置为比注射峰值压力大10%～15%，另一个安全设置是最大注射时间限制。

8.12　压力降对补缩和保压阶段的影响

补缩和保压阶段统称为补偿阶段。机器应具有足够的压力对型腔内的塑料施压，并补偿塑料的收缩。如果成型过程中压力受限，产品上就常常出现缩痕或尺寸问题（通常是尺寸过小）或尺寸波动较大。如果进行制程能力评价，该值通常较低。这是因为此时的塑料压力已无法将产品补缩到最优水平。参见图8.29。

8.12.1　步骤4：确定外观工艺窗口——工艺窗口测试

工艺窗口测试是工艺开发第一阶段六个步骤中最重要的一步。工艺人员的目标是设定好成型工艺，开始注射生产之后，可以放心离开，无需频繁地调整工艺就能生产合格的产品。这类似于利用自动巡航模式驾驶汽车。只有道路宽敞，容许车辆在长时间行驶中有微小变化，才能自动巡航驾驶。行驶在悬崖边的车辆是不可能使用自动巡航的。道路越宽，平稳行驶的可能性就越高。同样，工艺窗口越宽，工艺趋于稳健的概率也就越大。

如前所述，塑料注入型腔的过程可分为两个主要阶段。第一是注射阶段，模具型腔完全被熔融塑料填满，熔体的体积等于型腔的体积。第二是补偿阶段，由补缩和保压组成。补缩压力应能够补偿额外的塑料量，其体积相当于塑料与低温型腔壁接触后因受冷产生收缩的体积，而保压压力应将塑料限制在型腔内，直到浇口冻结。该阶段中需受控的参数包括补缩压力、保压压力、补缩时间和保压时间。在大多数注塑工艺中，补缩阶段和保压阶段并未加以区分，它们被统称为保压阶段。因此，在本节的讨论中，我们也将补缩和保压阶段统称为保压阶段。第8.14节我们将讨论浇口冻结时间的优化，关于如何区分补缩和保压的话题，我们届时也会加以讨论。

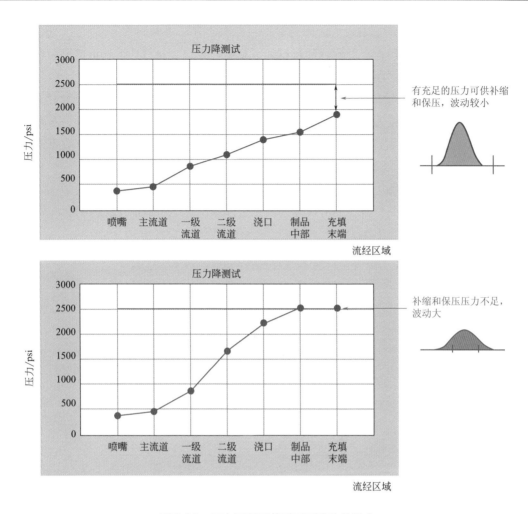

图8.29 压力受限工艺对质量波动的影响

在补缩阶段应该将产品重量填补至理论重量。塑料量偏少，产品保压不足，塑料量偏多，产品又会过保压。保压不足的产品会出现如缩痕和缩孔等缺陷，这些产品通常表现出较大的成型后收缩。而过保压的产品中可能存在内应力，它们一般在成型后才释放出来，导致产品翘曲或过早的力学性能失效等缺陷。理想的补缩和保压压力可借助模具工艺窗口评估以及浇口封闭测试来确定。通过改变两个工艺变量便可建立工艺窗口。对于无定形材料，保压压力和熔体温度是常常选用的两个变量。模具温度要么设为推荐值的中心，要么设为推荐范围内的期望值，温度的选择可以来自于类似产品的生成经验或基于其他原因，例如为了获得更好的外观质量。

对于结晶型材料，选择的两个变量是保压压力和模具温度，其中模具温度对晶粒的形成更为关键，而结晶度最终决定了产品的性能。同时，结晶型材料的熔体温度范围也很窄，因此改变温度得到的信息并不比在温度范围中心取值更多。保压压力通常对产品的质量影响最大，因为它直接影响比容，进而影响产品尺寸。因此，保压压力对结晶型和无定形这两种材料都很重要。无定形材料的熔体温度通常比模具温度的影响更大，而结晶型材料则相反，模具温度的影响更大。

工艺窗口也称为成型区域图。在此范围中注射的产品外观合格，但尺寸并未加以考虑。窗口范围越大，工艺就越稳健。应注意的是，工艺窗口只能提供外观合格产品的工艺参数范围，故亦称作外观工艺窗口（CPW）。第9章将专门介绍不同类型的工艺窗口。

根据采集的产品尺寸数据，我们应将模具型腔尺寸调整至工艺窗口的中心，以使工艺更加稳健。图8.30和图8.31分别是无定形和结晶型材料的工艺窗口。

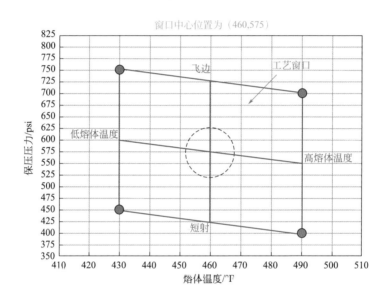

图8.30   无定形材料的工艺窗口测试——保压压力与熔体温度

用图示工艺窗口以外的参数生产的产品会产生如缩痕、飞边或内应力等缺陷，都不合格。低于推荐熔体温度下限时，因熔体缺乏均匀性会引起短射或产品性能不足等问题。而当熔体温度高于推荐值上限时，材料的降解会使产品性能如力学性能丧失，产品也不合格。模具温度过低时，塑料缺乏足够的能量形成晶核。而当模具温度高于结晶所需温度时，周期时间延长。故此应将工艺设置在窗口中心，这样即使工艺在窗口内出现波动，仍可生产出外观合格的产品。窗口越大，工艺就越稳健。

在第9章里我们将定义并进一步讨论尺寸工艺窗口（DPW）和管控工艺窗口（CoPW）的概念。

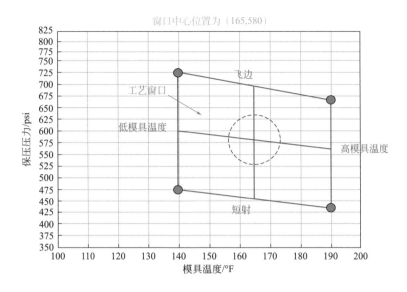

图8.31 结晶型材料的工艺窗口测试——保压压力与模具温度

8.12.2 无定形材料工艺窗口的确定流程

下面详细介绍了以保压压力和熔体温度为变量开发无定形材料工艺窗口的流程。

① 模具温度设置为模温推荐范围的中值或某个期望值。

② 料筒温度设置为熔体推荐温度的下限。

③ 注射速度设置为黏度曲线实验获得的数值。

④ 所有保压时间和保压压力均设置为0。

⑤ 螺杆储料延迟时间设置为估算的产品保压时间。

⑥ 冷却时间的设置应长于一般估计值（即如果估计的冷却时间为10s，则将冷却时间设置为20s）。

⑦ 开始成型并调节切换位置，让产品充满95%～98%。产品重量记为"仅注射阶段产品重量"。

⑧ 成型大约10模产品，让工艺和熔体逐渐稳定。

⑨ 保压时间的设置应确保浇口已完全冻结（下一节将讨论这个时间的优化）。保压时间的确定通常基于以往的经验。对于含30%玻纤的PBT或聚酰胺材料，当浇口尺寸为0.070in（1.778mm）时的保压时间通常在6～10s之间。在本实验中，将保压时间设置在10～12s之间。

⑩ 逐步小幅增加保压压力，记录开始产出外观合格产品时的压力。产品上不能有短射、缩痕或缩孔等缺陷出现。

⑪ 将此压力值标记为"低温-低压"角。

⑫ 用类似前步骤里的增量逐渐提高保压压力，并记录产品出现不合格迹象时的压力，如粘模、飞边或翘曲。将此压力标记为"低温-高压"角。

⑬ 将熔体温度提高到推荐范围的上限，重复上述后两个步骤。这一次两个极端参数组合将是"高温-低压"和"高温-高压"角。

⑭ 连接这四个角就形成了注塑工艺窗口或注塑区域图。

⑮ 将工艺窗口中心的点作为设置的工艺参数。

表8.5用于记录工艺窗口测试的结果。

表8.5　工艺参数窗口测试表

熔体温度/°F	低保压压力/psi	高保压压力/psi
430	550	1050
510	600	1100

（1）如何使用这些信息

工艺窗口的大小显示了所选工艺在能生产出外观合格产品的前提下所允许的波动范围。工艺开发的目的是拥有一个大的工艺窗口。如果工艺窗口太小，就会存在产品出现缺陷的风险。例如，通过工艺窗口测试生成的图表显示，在狭小的工艺窗口内，即使工艺上的随机波动也会不时造成短射或飞边缺陷。稳健工艺应该是窗口宽泛的、能容纳系统内固有随机波动。

如果一套模具产生出的产品同时存在短射和飞边，这样的模具没有任何工艺窗口可言。因为生产不出合格产品，就应该进行修模。工艺窗口极小的模具通常会引起产品尺寸问题。产品即使外观合格，也无法符合所有尺寸规格。如果满足尺寸规格后，产品的外观又不合格了。要用这样的模具实现稳定生产无疑难上加难，操作者必须不停地调整工艺。如果生产车间里有一批这样工艺窗口狭小的模具，很容易消耗掉大量的资源，使工厂无法高效运行。确定工艺窗口是所有工艺工程测试中最重要的一项测试，即使跳过其他测试，这项也不可或缺。

第9章给出了尺寸工艺窗口（DPW）的概念。DPW是CPW的子集。外观工艺窗口越大，满足尺寸要求的机会就越大。应尽一切努力建立一个宽泛的尺寸工艺窗口。

（2）例外及防范

本章描述的工艺窗口是外观工艺窗口。在此工艺窗口内成型的产品外观合格。该流程要求将某一工艺参数（如保压压力）提高到极限，让产品出现外观缺陷，如过保压造成的飞边或粘模。然而，可能存在这样一种情形：即使保压压力很高，产品也不产生飞边或者没有任何过保压的迹象。在这种情况下，虽然没有明显的缺陷出现，产品可能早已保压过度了。这时，就不能用注塑外观合格产品的高保压作为工艺的上限，而需要对产品和高压极限进行评估，然后再设定相应的工艺。在上述情形中，外观工艺窗口可能会产生误导，因为产品的缺陷可能在组装后的使用中才会被发现。由浇口粗大的模具、热流道模具和针阀浇口模具生产出来的产品就属此类，这类问题可应用第8.15节所述的补缩和保压的概念来解决。

8.13　型腔平衡与工艺窗口的关系

如图8.32所示为一模四腔模具的型腔平衡测试图。4号腔是最先填充的，而2号腔是最后填充的。由于4号腔最先补缩，会最先产生飞边和外观缺陷，因此，它将定义工艺窗口的高压值。而2号腔最后补缩，因此它将决定工艺窗口的低压值。型腔之间的平衡度越低，工艺窗口就越小。理想的状况是所有型腔都以相同的速率填充，这样也会以相同的速率补缩，于是就有了宽泛的工艺窗口和稳健的工艺。型腔平衡不仅对产品外观，也对工艺的稳健性和工艺能力起着重要的作用。

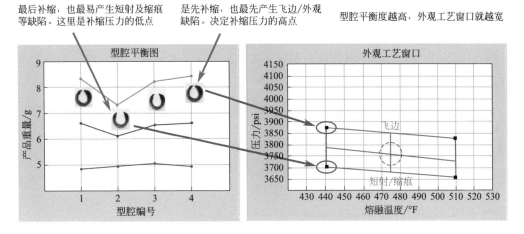

图8.32　型腔平衡对外观工艺窗口的影响

8.14　不应盲从补缩和保压的经验法则

有些操作者提出将补缩和保压压力设置为50%的注射压力。如果回顾一下前面章节的内容，我们便可以确认这种法则不可效仿。这不仅是出于产品外观的考虑，还有下面要进一步讨论的尺寸原因。接下来，我们考察一下像笔记本电脑外壳这样的薄壁产品成型工艺，以及像大尺寸光学镜头这样的厚壁产品成型工艺。就笔记本电脑外壳而言，因为塑料要流过薄壁区域，所需的注射压力就非常高，然而薄壁产品所需的补缩和保压压力却很低，这是由于它们的收缩量非常小。而对于厚壁产品如大尺寸光学透镜来说，则因为它们的截面厚，塑料非常容易流进型腔，所以只需要很低的注射压力。然而，由于厚壁部位的收缩量很大，于是需要高保压补缩并将塑料固定在型腔内。因此，千万不要跟风采用所谓的"50%法则"。

8.14.1　步骤5：确定浇口封闭时间——浇口封闭测试

熔融塑料通过浇口进入型腔。而型腔充填是一个动态过程，熔体温度、压力和流速都是随时间而变化的。型腔充填阶段是螺杆向前移动的起始点。当型腔接近充满时，补缩和保压阶段启动。此时熔体流动速度开始降低，温度也同步下降，导致熔体黏度增加。浇口是型腔中截面积最小的部位。当这里的塑料因黏度下降无法再流动时，浇口就认为已冻结了。此时浇口区域的塑料分子处于静止状态，再也无法流入型腔。完成该阶段所需要的时间称为浇口冻结时间。

在注射成型过程中，压力作用于熔体，直到浇口冻结为止。如果压力作用的时间不够长，结果要么保压不足，产品上会出现缩孔或缩痕，要么型腔内压力过高，将塑料回推出型腔，同样导致保压不足。第二种现象通常发生在型腔内充满受压塑料而保压时间短于浇口冻结时间的情况下。浇口冻结时间是由塑料类型、浇口尺寸、浇口形式及注塑机工艺参数等因素决定的。每套模具都应进行浇口封闭测试。浇口封闭测试得到的是产品重量与保压时间的关系图。一旦浇口冻结，塑料就再也无法进入或溢出型腔，产品的重量得以保持不变。产品重量保持不变是浇口冻结的一个标志。图8.33是典型的浇口封闭曲线图。

8.14.2　确定保压时间的流程

① 将注射速度设定为黏度曲线测试中得到值。

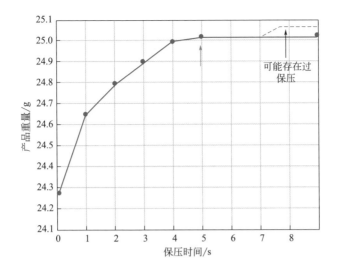

图8.33 浇口封闭曲线图

② 将工艺设置在工艺窗口的中心，或者靠近已生成的工艺窗口右上象限的上角。保压压力、熔体温度和模具温度值都会影响浇口封闭的时间。压力和温度越高，塑料进出型腔就越容易。较高的温度也会延长浇口冻结的时间。我们的目标是确保该工艺窗口中的任何位置，浇口都保证封闭。因此，应考虑采用压力和温度靠近较高极限的值。

③ 设定冷却时间足够长，确保产品在顶出前已冷却。

④ 将保压时间降至0，并仍按8.6节中描述的那样设定螺杆储料延迟时间。

⑤ 成型大约10模产品。

⑥ 收集一模产品。

⑦ 将保压时间增加1s，同时将冷却时间减少1s，收集一模产品。冷却时间减少1s是为了保持周期时间不变。

⑧ 保压时间每递增1s，收集一模产品，直到浇口冻结。而保压时间每递增1s，冷却时间就减少1s。

⑨ 称量每个型腔的产品重量，绘制产品重量与时间关系图。

⑩ 确定浇口封闭时间。浇口封闭时间是产品重量达到稳定之前的时间。

表8.6为记录浇口封闭测试的表单。

表8.6 浇口封闭测试表单

保压时间/s	产品重量/g
1	12.98
2	13.26
3	13.84
4	14.06
5	14.12
6	14.23
7	14.23
8	14.23

（1）如何使用这些信息

如果型腔已达平衡，所有型腔填充速率相同，那么它们的浇口封闭图形应是相似的。这时，可以只称重其中一腔的产品重量即可绘制图形。保压时间应比浇口封闭时间长约1s。这将确保在保压阶段结束之前浇口已行封闭。设定的冷却时间从保压时间结束开始。由于塑料一接触到型腔壁就开始冷却，因此，实际冷却时间是注射填充时间、补缩和保压时间以及冷却时间的总和。总冷却时间是决定产品质量的因素之一。如果保压时间减少0.5s，冷却时间就应加上0.5s，反之亦然。由此，为确保浇口冻结，保压时间应延长1s或1.5s，然后减少时长相等的冷却时间，保持冷却总时间不变。为了缩短周期时间，一些操作者仅仅增加了0.5s浇口封闭时间，这种设置可能不是最优的。

（2）警告和异常

通过浇口封闭测试，我们可以确定浇口封闭或冻结的时间。然而，如果注塑产品的浇口粗大，浇口的封闭时间就会延长。在这种情况下，如果设定的保压时间超过合理时间，就会存在产品保压过度的风险。直浇口注射的产品就是一个很好的例子。

如果产品重量在保压初期保持不变，而随着保压时间的进一步增加，产品重量的突然增加说明已出现了过保压，尤其是在浇口附近区域。由于此时浇口内外的塑料尚未完全固化，保压时间的延长会引起已冻结的浇口部分移位，把更多塑料压入型腔。而此时型腔内的塑料正逐渐冷却，黏度增大，新进入型腔的塑料产生的额外压力无法得到扩散或抵消，于是浇口附近的区域内产生应力积聚。图8.33中的虚线显示了产品重量的增加。

8.15　区分补缩和保压阶段

在大多数情况下，操作者并不区分补缩阶段和保压阶段，通常设置相同的压力值和保压时间后，将两段合并统称为保压阶段。这一阶段的优化可通过上一节的浇口封闭测试来完成。然而，在某些情况下，产品重量与时间的曲线并不会出现类似图8.34所示的平坦区域。这时产品很容易因过保压而导致失效。因此对于这类产品有必要区分补缩阶段和保压阶段。

以下是应区分补缩和保压阶段的一些典型场景。

① 聚烯烃、各种TPE和TPU等软塑料，在浇口封闭测试中，产品重量会不断

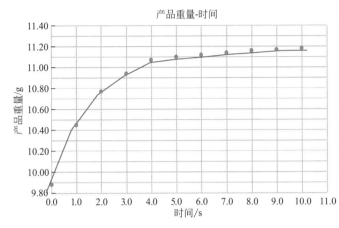

图8.34　低密度聚乙烯注塑件浇口封闭测试图

增加，较难趋于稳定。

② 在直浇口模具中，浇口尺寸较大，等待浇口完全冻结不切实际。因此产品重量也会随着保压时间的延长而增加，并导致浇口附近区域应力积聚。

③ 某些产品的浇口附近容易由于有应力产生失效，例如垃圾桶大多采用中心浇口，而最有可能的失效形式则是浇口处开裂或断裂。

④ 开放式热流道模具浇口始终处于熔融状态，只要有塑料流动，浇口就永远不会封闭。

⑤ 针阀式热流道模具浇口是机械关闭的，所以只有补缩阶段，没有保压阶段。

⑥ 有些产品外观缺陷可以通过添加两段保压加以解决，如浇口残留（浇口残留属于模具缺陷，应修理好才能长期生产）。

在上述案例中，补缩和保压阶段应加以区分。补缩阶段注射的塑料量应足够，而在保压阶段，压力应该保持直至浇口冻结为止。如果在浇口冻结前就结束保压，型腔中的受压塑料就会回流，导致产品缩水或尺寸变化及其他缺陷，这就是为什么采用高压补缩和保压后仍会产生缩水的原因。而当操作者降低压力后，缩水反而消失了。与预期相反的结果常常让操作者困惑不已。

我们可以用下面的方法来区分补缩阶段和保压阶段。首先举一个例子加以说明。由图8.34可以看到，产品重量在5s后增加了大约0.03g（0.02+0.01），随之重量增加越来越少。0.03g约为最终产品重量（11.23g）的0.25%，而0.02g约为最终产品重量的0.17%。我们可以认为产品已经非常接近正常重量了，换句话说，补缩已经在5s内完成。想象一下有人在打包一只行李箱。刚开始，可以不停地放入衣物，直到看上去已经放满。但是只要按压一下已放入的衣物，剩下的衣物还是可以继续放入的。随着箱子里装的东西越来越多，能放入的衣物就越来越少。同样在最初的快速填充之后，塑料的继续添加就会缓慢下来。在初始阶段施加的压力是补缩压力，而施加该压力的时间就是补缩时间。例子中的补缩压力为8000psi（55.2MPa），补缩时间为5s。

回到旅行箱的例子，一旦我们装入了足够数量的衣物，就应拉上拉链，将衣物保存在箱内。否则，箱盖就起不到保存衣物在箱内的作用。同样，一旦型腔内补缩了足够数量的塑料，就必须把塑料保持在型腔内。为达到这个目的需要施加一个压力，其压力值可略低于补缩压力，并且持续到产品重量趋于稳定，换句话说，直到浇口完全冻结为止。这时产品的目标重量等于补缩时间结束时的产品重量。在上述实验中，保压压力为5250psi（36.225MPa），保压时间定为3s。补缩和保压总时间为5+3=8s，最终产品重量为11.10g。

具体操作步骤如下：

将补缩压力和保压压力统称为补偿压力。因此：

① 补偿压力取补缩压力和保压压力的最大值。假设这个压力是8000psi（55.2MPa）。

② 设置补偿时间，其值为补缩时间和保压时间之和。因此，补偿时间＝补缩时间＋保压时间。假设这个时间是15s。

③ 画出补偿时间从0～15s的"产品重量与补偿时间"关系图。

④ 观察图形和产品重量表，判断产品重量变化开始放缓的时间，这个时间可从图中曲线斜率的变化中找到。图8.35中，对应的时间可认定为5s。因此，补缩压力＝8000psi（55.2MPa），补缩时间＝5s。

⑤ 记录产品重量，即"仅有补缩的产品重量"＝11.10g。

⑥ 起初，压力和时间都只有一个值，称为补偿压力和补偿时间。现在将补偿压力和补偿时间分成两个阶段，分别命名为补缩压力、补缩时间和保压压力、保压时间。在注塑机上增加了一段压力和时间设置。第一段设置用于补缩，第二段设置用于保压。设第一段压力为8000psi（55.2MPa），时间为5s。

⑦ 第二段设置是保压压力和保压时间。因为补偿时间设为15s，补缩时间设为5s，所以保压时间就设为10s（15–5=10）。

⑧ 设置保压压力等于补缩压力8000psi（55.2MPa），然后成型产品。

⑨ 记录产品重量，该重量应与上述15s时的重量相同，因此应该等于11.23g，高于"仅有补缩"产品11.10g的重量。

⑩ 用每次降低约250psi（1.725MPa）压力的操作分步降低保压压力，每次都将产品称重。当产品重量等于11.10g时的压力就是希望得到的保压压力。在本例中，该保压压力值为5250psi（36.225MPa）。这表明保压压力为5250psi（36.225MPa）时，塑料既不流入型腔，也不流出型腔。换句话说，塑料被锁定在了型腔中。

⑪ 接下来，以1s为单位逐次缩短保压时间，观察产品重量何时降到11.10g以下。在本例中，由于当保压时间为2s时产品重量为11.08g，故该时间为2s。这表明保压2s后，仍有塑料会从型腔里回流。在2s的基础上再加1s，设置保压时间为3s，将使产品重量恢复到11.10g。此时间即为设定的保压时间。结果如图8.35所示。因此，最终设置可总结为：补缩压力=8000psi（55.2MPa）；补缩时间=5s；保压压力=5250psi（36.225MPa）；保压时间=3s。

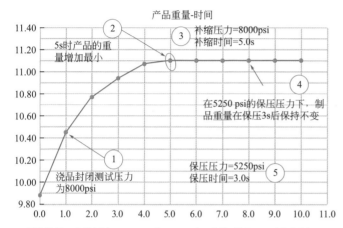

最终设置：补缩压力=8000psi（55.2MPa），补缩时间=5s，保压压力=5250psi（36.225MPa），保压时间=3s。

图8.35 补缩和保压阶段的最终设置

8.16 开放式热流道和针阀式热流道模具

对于开放式热流道模具，产品重量随时间增加的趋势通常比冷流道模具更剧烈，过往的成型经验有助于确定曲线斜率的变化。前一节里描述的方法也可以在此得到有效应用。

对于针阀式热流道模具，由于浇口是由针阀以机械形式关闭的，一旦在上述流程中确定了补缩时间，针阀就应关闭。因此针阀式热流道模具不存在保压阶段。

上述方法仅适用于外观工艺窗口，尺寸仍然不在考量范围内。补缩和保压阶段的尺寸优化将在第9章中结合实验设计的概念加以介绍。

浇口封闭时间取决于：

① 熔体温度：熔体温度越高，浇口冻结时间越长。
② 模具温度：模具温度越高，浇口冻结时间越长。
③ 补缩压力：补缩压力越高，浇口冻结时间越长。

8.16.1　步骤6：确定冷却时间——冷却时间测试

熔融塑料一经接触型腔壁便开始冷却。补缩和保压结束后，冷却计时开始。模具在冷却结束前是保持闭合的，然后开模，顶出产品。开模时，产品应达到塑料的顶出温度，否则，由于产品仍未硬化，在顶出过程中会产生变形或者发生翘曲。而过长的冷却时间则会浪费机器时间，降低利润。因此，冷却时间应该进行优化，使产品尺寸保持稳定，并且能够长期生产合格的产品。如第7章所述，实际冷却时间是注射时间、补缩时间、保压时间和设定冷却时间的总和。

确定最佳冷却时间的流程相对简单，要求用不同冷却时间成型的产品，并检查是否存在外观缺陷。工艺开发的第一阶段是为了找到能够稳健注塑的工艺区域，而不是测量尺寸。仅仅为了解尺寸及其变动范围而做的测量可以接受。而要优化尺寸工艺并找到稳健的工艺，则应进行实验设计。流程概述如下：

（1）根据黏度测试、工艺窗口测试、浇口封闭测试的条件和结果设置工艺。
（2）开始成型，待工艺稳定后，收集三模产品。
（3）将冷却时间缩短1s或2s，待工艺稳定后，再收集三模产品。
（4）持续缩短冷却时间1s或2s，然后收集产品。

持续缩短冷却时间直到极限。出于模具安全考虑，机器应在半自动模式下运行。随着冷却时间的不断缩短，产品会开始粘在模具的定模侧，可能发生压模现象。而用半自动模式运行，可以避免压模的发生。检查产品外观是否存在缺陷如顶针印和翘曲。最短冷却时间应定义为产品外观合格前提下的最短时间。有了收集好的产品，我们应根据是否需要进行实验设计（DOE），采取两种不同的实验路径。

如果需要进行实验设计，冷却时间应选作影响因子之一，并将最短冷却时间用作冷却时间的低值。注射成型的DOE简单易行，应加以运用。具体细节会在第9章里详加讨论。

如果不进行实验设计，则可以直接测量尺寸并选择工艺。流程如下：
（1）测量所采集产品的关键尺寸。如果有多个冷却时间，则可取低值、中值和高值，并测量这三种时间设置下的尺寸。
（2）绘制尺寸与冷却时间的关系图。分析数据关键尺寸随着冷却时间变化的规律。

（3）选定尺寸数据最佳时的冷却时间。

（4）用选定的冷却时间注塑30模，通过统计分析确定此工艺的能力。

冷却时间的确定过程很复杂。对于厚壁产品，往往很难测量到最厚部位中心的温度。有些模具部位根本无法彻底冷却，因此，为了让多余的热量得以消散，不得不延长冷却时间。对于一些大型模具或厚壁产品，模具温度可能需要几个小时才能稳定下来。

图8.36显示，某些尺寸可能比其他尺寸对冷却时间更敏感。尺寸B不受冷却时间变化的影响，但尺寸A却会随冷却时间的变化而变化。尺寸A的目标值为2.8656″。因此，为了缩短模具成型周期并达到希望的尺寸，应将冷却时间设置为16.5s，或者去修改模具。在图8.36中，确定尺寸的上下限后就能在图形上找到冷却时间的设置范围。

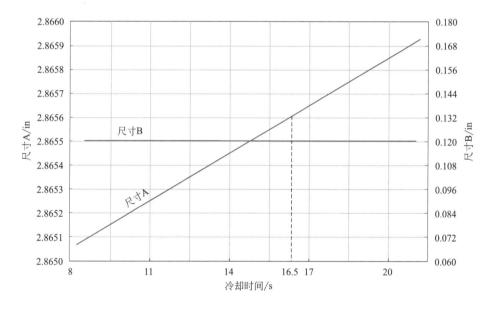

图8.36 冷却时间测试图（1in=0.0254m）

成型周期直接影响注塑生产的利润底线，因此极为重要。大多数情况下，如果工艺有能力在更短的冷却时间内完成注射，改善模具则能在更短的成型周期内满足相同的尺寸要求。冷却时间通常是成型周期的主要部分。因此，优化冷却时间是盈利的关键。图8.37为典型的注塑成型周期各阶段的分解。产品设计和模具设计对图8.37所示的饼图中每个阶段的实际周期时间有显著影响。薄而长的产品需要的冷却时间很短，但模具需要更长的闭合时间来配合螺杆完成储料。理想情况下，储料时间不应超过产品达到顶出温度所需的冷却时间。产品设计、模具设计和注塑机选择

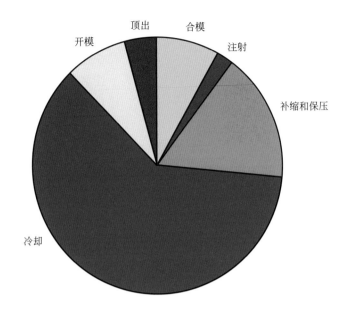

图8.37   典型成型周期的分解

都对注塑过程中每个阶段的实际周期时间有着重要影响。

表8.7是用于记录冷却时间测试过程的表单。

表8.7   冷却测试表

冷却时间/s	尺寸1/in	尺寸2/in
8	1.552	0.253
10	1.553	0.253
12	1.554	0.254
14	1.554	0.254
16	1.555	0.254

注：1in=0.0254m。

8.16.2   螺杆转速优化

本书编纂之际，业界尚未找到一种简单可靠可以在机测试的螺杆转速优化方法。如果螺杆转速过高，塑料及其添加剂会燃烧和降解。如果螺杆转速过低，即使塑料达到了加工温度，也会出现熔体塑化不均的现象。空射出来的熔体不应出现烧焦或降解的现象，否则，应降低螺杆转速。熔体的实际温度应接近料筒的设定温度。例如料筒温度设置在250℃附近，而熔体的实际温度为290℃，那么多余的热量应该来自于螺杆旋转产生的剪切热，因此应降低螺杆转速达到降低温度的目的。相反，如果熔体温度仅为220℃，则旋转螺杆提供的剪切热不够，应提高螺杆转速。对于结晶型塑料，我们推荐较高的螺杆转速，因为结晶的熔化需要较高的能量，而螺杆旋转产生的剪切热正好可以提供这部分能量。加热圈产生的热量往往不够用来生成均匀一致的熔体。

加工高纤维含量塑料或长纤维填充塑料通常使用较低的螺杆转速，以免纤维断裂。一些剪切敏感材料加工也要使用较低的螺杆转速，如PVC。

如7.5.6节所述，不应该以每分钟转数（r/min）来评估螺杆转速，因为相比直径较大的螺杆，直径较小的螺杆以30r/min旋转所产生的剪切效应完全不同。因此应评估螺杆的表面线速度。

8.16.3 为什么不能用经验法则

大家在设定螺杆转速时常常会使用一条经验法则：设定的螺杆转速应保证螺杆在冷却结束前2～3s完成储料，然而这个经验法则并不准确。螺杆转速因材料而异，与产品设计无关。参见图8.38。为了明白为什么不能使用以上经验法则，我们模拟了几个数据。有两个产品重量相同，都是10g。一个壁厚是1mm，另一个壁厚是5mm。假设两个产品都是由同一等级的聚酰胺注塑而成。1mm厚的产品需要的冷却时间较短，为10s；而5mm厚的产品需要较长的冷却时间，为30s。根据经验法则，生产1mm厚的产品，螺杆应该旋转8s，而生产5mm厚的产品，螺杆应该旋转28s。这将导致这两种产品在每模储料时产生的剪切热不同。与5mm厚的产品相比，1mm厚的产品会接收更多的剪切热。

产品		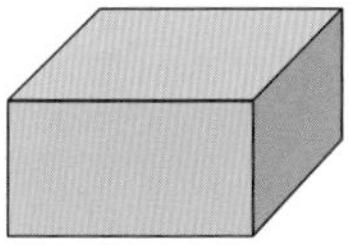
产品重量/g	10	10
产品壁厚/mm	1	6
冷却时间/s	10	30

图8.38 螺杆转速、产品壁厚和冷却时间

通过螺杆转速的设定，材料应能获得适当的剪切量，使熔体温度达到期望的温度。我们应设法检查熔体的均匀程度。对于5mm厚的产品，如果螺杆转速过慢，就无法产生足够的剪切热，造成产品最终性能下降，甚至无法正常工作。螺杆转速的设定应与冷却时间脱钩。当然，螺杆储料时间应小于模具设定的冷却时间，否则，模具闭合的时间将受制于螺杆的储料时间，造成实际冷却时间超过设定值。

8.17　背压的优化

背压应控制得尽可能低。最合适的背压是保持螺杆储料时间一致的最低压力，同时又能避免产品出现表面或内部的明显缺陷。

开始注塑时的背压大约为600 ～ 750psi（4.14 ～ 5.175MPa）。如果螺杆的直径为50 ～ 60mm，而每模之间螺杆的储料时间误差不超过1s，则表明背压足够。如果螺杆储料时间有差异，背压加大约100psi（0.69MPa）塑料压力，再检查模次之间螺杆储料时间的差异。继续增加背压，直到螺杆储料时间稳定下来为止。

背压过高会造成玻璃纤维的剪切断裂和添加剂的分解加剧，还会导致收缩率变化，并影响产品的最终尺寸。因此应避免背压过高。

背压较低时，空气和挥发物无法被螺杆旋转从原料中挤出来，而是留在熔体中。这就会造成各种缺陷。它们有外观缺陷如料花，内部缺陷如气泡和缩孔。此时，应增加背压，消除缺陷。当然，背压并非造成这些缺陷的唯一原因，因此也应对其他各种因素进行评估。

8.18　外观科学工艺

用前面描述的各种方法所开发的工艺称为外观科学工艺。产品尺寸当然可以进行测量，但尺寸优化的最佳途径离不开实验设计方法的应用。表8.8总结了11+2种注塑参数的优化技术。

表8.8   11+2种注塑参数汇总表

序号	因素	优化方法
1	注射速度	黏度曲线测试
2	注射压力	压降测试
3	补缩压力	外观工艺窗口测试
4	保压压力	外观工艺窗口测试
5	补缩时间	浇口封闭测试
6	保压时间	浇口封闭测试
7	冷却时间	冷却时间测试
8	熔体温度	外观工艺测试
9	模具温度	外观工艺测试
10	螺杆转速	最低要求——熔体均匀性
11	背压	最低要求——外观
12	计量位置	产品充填95%～98%
13	切换点	产品充填95%～98%

8.18.1   脱模后收缩测试

产品从模具中顶出时的温度均低于顶出温度，但产品上尚有余温。如果此时产品的温度高于玻璃化转变温度，分子就有足够的能量运动并稳定在平衡位置。这种分子运动会造成产品收缩，进而产生尺寸变化。如果环境温度高于塑料的玻璃化转变温度，这种现象会一直持续，直到环境温度和玻璃化转变温度达到平衡，此间会产生更剧烈的收缩。由于这种收缩发生在注塑结束后和模具之外，故称为脱模后收缩。热塑性弹性体是一种常见的材料，具有较低的玻璃化转变温度，常表现出较高的脱模后收缩倾向。脱模后的收缩速率与塑料温度成正比，并随时间呈指数递减。因此，当产品从模具中顶出时，由于此时温度最高，出现的收缩也最为剧烈。随着产品的逐渐冷却，收缩速率也跟着下降。有时产品尺寸在几天后才能稳定下来。

几乎所有的注塑件脱模后都会用于组合装配，所以产品之间是否相配十分重要。因此，应等待产品尺寸稳定后才能用于装配。如果它们在装配后继续收缩，装配件之间很容易产生应力并导致过早失效。图8.39里是一件装配后还继续收缩的产品，在装配件之间就产生了应力。

有很多因素会影响脱模后收缩：

① 玻璃化转变温度：玻璃化转变温度越低，脱模后收缩量就越大。玻璃化转变温度高于室温的塑料，由于分子没有足够的能量进行运动，脱模后收缩量较小。具有较高玻璃化转变温度的塑料，如PEEK，脱模后几乎没有收缩。

② 填充剂和添加剂：填充塑料中的填充剂可以防止收缩。填充剂含量越高，塑料的脱模后收缩量就越小。

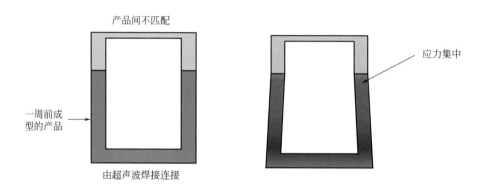

图8.39　已装配件的脱模后收缩

③ 产品厚度：产品设计对脱模后收缩量也有着重要影响。产品较厚的区域积聚的热量较多，因此会产生更大的脱模后收缩。产品的冷却不均还会造成翘曲变形。如果产品的某一区域已经冷却，而产品的较厚区域仍在冷却并发生一定量的收缩，则较厚区域会将较薄区域沿收缩方向拉拽，从而对较薄的区域产生影响，使产品变形。

④ 模具温度：模具温度提供了分子达到平衡状态所需的能量。对于结晶型材料，模具温度应足够高，塑料才得以结晶。如果模具温度无法保持较高的水平，分子就会在不平衡的位置上就地冻结。产品在顶出后的使用寿命内一旦遇到更高的温度，分子重获能量，就开始回归其平衡位置，从而导致收缩。注塑产品在使用前的存放过程中也会出现这种现象。假如模具温度在生产时的温度低于室温，如只有5℃，之后储存在环境温度为30～40℃的仓库里，就会发生脱模后收缩。当这些产品最终从仓库中取出时，可能已经出现了一定程度的翘曲，而这种翘曲在打包入库时并未出现。

⑤ 加工条件：未优化的工艺条件也会导致产品产生应力，导致脱模后收缩和翘曲。保压不足的产品通常会出现脱模后收缩，而过保压的产品则会产生内应力。这些应力在产品顶出后得以释放。

⑥ 退火：未达到最终平衡状态的产品会产生内应力。退火处理可以看作是一种强制性的脱模后收缩操作。在退火过程中，有意用高温将产品加热，迫使分子从

非平衡位置运动到最终的平衡位置。退火几乎可以消除所有的应力，但会引起一定程度的收缩，其程度取决于前面描述过的各种因素。

典型的脱模后收缩如图8.40所示。收缩呈现指数级的下降：当产品刚从模具中顶出时，收缩很大，但随着时间的推移，收缩逐渐稳定下来。

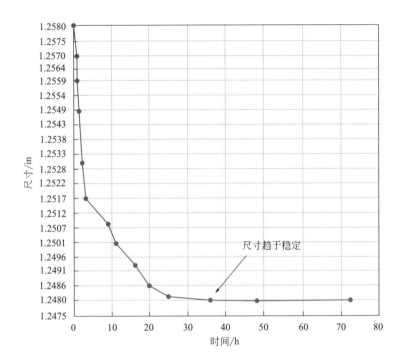

图8.40　脱模后收缩图

8.18.2　收缩量的测量

① 按已确定的工艺参数成型，并使工艺稳定。模具实际温度趋于稳定就表明工艺也已经稳定。

② 收集至少三模产品，并记录每模从模具中顶出的时间。

③ 15min后，测量每一模产品的尺寸并予以记录。

④ 重复上一步，测量并记录30min、45min、1h、2h、4h、8h、24h后的产品尺寸。以此类推，直到收缩量读数趋于稳定。离注塑结束时间越久，测量的时间间隔就越大。这样做的目标是在产品注塑结束后不久收缩率最高的时间窗口里能收集到更多的测量值。随着时间的推移，产品收缩速率减小，测量的时间间隔就可以放大。

⑤ 绘制产品尺寸与时间的关系图。

⑥ 如果有多个型腔，在实验的初始阶段，可能很难在短时间内测量所有产品。在这种情况下，只需测量其中任意一腔。如果型腔填充是平衡的，而且每个型腔的模具冷却状态相同，就可以假定每个产品的收缩表现是类似的。出自其他型腔的产品仍然需要收集，并等待较长的时间间隔进行测量。经过2h或更长时间的松弛后，产品的尺寸稳定性对于满足测量的要求便绰绰有余。

一旦生成脱模后收缩图形，产品达到尺寸稳定所需的时间便显而易见了。所有二次加工或直接采用都应在尺寸稳定期后进行。图8.40中显示的稳定时间约为36h。

8.19　模具功能验收推荐流程

前面的章节描述了确定注塑工艺参数的科学方法和流程。在每个步骤中，均应记录每个工艺参数最稳健的区域。这些参数的设定将构成最终的工艺环节。工艺方案一旦确定，产品就应严格按照工艺设置来生产。注塑机应根据已确定的工艺设置生产数量足够的产品，以便检验工艺的稳健性和产品的质量。产品质量免不了会有一些正常波动，因此测量的产品数量应满足统计学认可的标准（通常为30个）。了解其中的波动规律对于建立一个有能力的工艺和稳定的生产极其重要。

以上流程每一个步骤的实施过程中都可能暴露出模具存在的问题。例如，同时出现短射和飞边缺陷就说明模具存在缺陷。在这种情况下，注塑过程缺乏生产合格产品的工艺窗口。因此应卸下模具进行修改。以上的试模过程也应成为实现成功注塑生产不可缺少的步骤。

同样，其他步骤的执行过程中也可能会暴露出别的问题，例如排气不足或浇口尺寸不当等。我们应当努力用最少的试验次数找出所有问题。

前面描述的流程是用于优化工艺并确保模具功能达标的，因此也称为"模具功能验收程序"。产品尺寸并非是这个验收流程的重点，但并不是说不应该在此期间测量尺寸。测量的数据应与产品图进行比较。如尺寸都合格，并且完全符合质量要求，那么该注塑工艺就可定为最终工艺。这当然是最理想的状况。然而，如果有尺寸不合格，或者由于工艺波动太大，呈不稳定状态，那么就应该把模具型腔尺寸修整到中值。反过来，轻易更改工艺可能会使参数漂移到非稳健区域，破坏一致性。当然如果工艺窗口够宽，是可以在窗口内进行工艺调整的。流程图8.41便是推荐的模具功能验收程序。

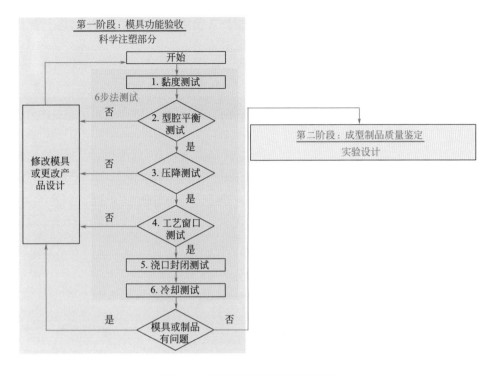

图8.41 模具功能验收的推荐程序

8.20 保持工艺一致性和稳健性所需的调整

　　一旦工艺建立完毕，就该考虑产品的尺寸了。在建立工艺期间便收集质量数据的做法十分关键。所测量的应该是质量符合要求且统计上有效的样品。一般认为可用作可靠统计用途的最小合格样品数量是30件。得到的数据应加以分析，然后就如何达到要求的质量标准做出判断。表8.9列举了不同的场景和推荐的措施。有时，随机波动可能比规格上下限的差值还大。例如有一个产品要求的公称尺寸为2.50mm，上下公差分别为正负0.05mm，总有效公差即为0.10mm。测量30个产品后，发现尺寸波动范围（最大值与最小值之差）为0.12mm。这样即使30个产品的平均尺寸为2.50mm，也无法注射出符合规格的产品，出现超差废品在所难免。在这种情况下，无论模具尺寸如何调整都将无济于事，此时应考虑放宽公差。如果尺寸波动范围小于公差但产品暂时不合格，调整模具尺寸就能使产品尺寸回到公差带中心，于是所有产品合格。如果产品功能已符合要求，另一个选择是调整图纸上制品的公称尺寸，而模具尺寸保持不动。在模具未预留铁料的情况下，这是一个上佳的选择。当然这个决定必须由产品设计师做出。

表8.9　产品尺寸及其波动范围对中措施

尺寸所处位置－状态	调整模具	调整公称尺寸	放宽公差
等于公称尺寸-合格	不适用	不适用	不适用
等于公称尺寸-不合格	否	否	是
接近规格极限-合格	有帮助	有帮助	否
接近规格极限-不合格	有帮助	有帮助	是
超出规格极限-合格	是	是	否
超出规格极限-不合格	是	是	是

8.21　工艺文档

塑料注射成型主要是一个热传递过程，涉及速度、压力、时间和温度等变量。准确记录这些工艺参数并在随后的试模和最终生产中复制该工艺至关重要。每次试模中，都应及时记录或更新下列文件：模具验收单、机器设定单、水路图、模具温度分布图、上模说明书和操作说明书。第10章的几个章节将会讲述这个文档管理过程。

与上述记录紧密相关的是模具验收点检表。应根据每个产品的要求，制定试模主点检表。在每次试模中，都应使用该点检表对模具和工艺做出评估。这将确保模具或工艺的每个部分都得到恰当的评估，所有出现的问题和建议的改进方案都记录在案。然后，将此文档交给模具厂或参与项目改进的有关人员。附录F中给出了模具验收点检表的样板。

8.22　参考文献

[1]　Kulkarni, S. M. and Hart, David, SPE ANTEC Tech Papers（2003）p. 736.

[2]　Mertes, S., Carlson, C., Bozzelli, J., and Groleau, M., SPE ANTEC Tech Papers

（1997）.

推荐读物

Osswald, T. A., Turng, L., and Gramann, P.J., Injection Molding Handbook（2007）Hanser, Munich.

Beaumont, J. P., Runner and Gating Design Handbook（2007）Hanser, Munich.

Beaumont, J. P., Nagel, R., and Sherman, R., Successful Injection Molding（2002）Hanser, Munich.

Rosato, D. V. and Rosato, D. V., Injection Molding Handbook（2000）CBS, New Delhi, India.

Kulkarni, S. M., SPE ANTEC Tech Papers（2003）p. 736.

Cogswell, F., Polymer Melt Rheology（1981）John Wiley, NY.

Dealy, J. and Wissbun, K., Melt Rheology and its Role in Plastic Processing Theory and Applications（1990）Van Nostrand Reinhold.

9 工艺开发二：尺寸工艺的实验设计方法

第8章介绍了工艺开发流程的第一阶段。在该阶段中，从产品的外观角度出发探讨了工艺边界，产品的尺寸并未考虑。外观工艺窗口越大，能满足尺寸要求的最终工艺就越稳健。外观工艺窗口是基础，如果产品外观不合格，尺寸便无从谈起。所有注塑厂家都应先检查产品外观是否合格，然后才进行尺寸测量。本章将介绍工艺开发的第二阶段。

实验计划（planned experiments）方法的运用由来已久。17世纪时，有位医生为找到一种疾病的治疗方法，设计了一系列实验。他用不同病人和不同药物组合进行试验，最终找到了疾病的有效疗法。在农业上，实验计划方法可对不同因素如土壤类型和化肥品种进行组合，培育高产农作物。由于等待实验结果往往需要整整一个季节，某些情况下甚至需要一整年，因此使用实验计划方法往往事半功倍。随着省时高效的实验计划方法渐受青睐，数理统计界的专业人士也投身其中。人们将这种按计划输入变量，然后测量输出变化的系统实验法称作"实验设计"（design of experiment, DOE）。统计学家提出了分析不同场景下不同类型数据的多种技术。这些技术的进步离不开田口玄一先生（G. Taguchi）和罗纳德·费舍尔先生（Ronald Fisher）所作的贡献。实验设计方法优点明显、应用广泛。本书中我们将着重探讨其中的"因素实验"。对注射成型而言，因素实验非常有效。我们在采用任何流程时（不限于DOE流程），都应该完全理解其中的基本原理，这样不仅有助于理解分析结果，更有助于解读分析结果。当然，因素实验的结果分析和解读不难掌握，并不需要拥有很强的数学背景。

9.1　注塑工艺参数

由于注塑工艺参数及其响应大多呈线性关系，因此与其他加工或生产过程相比，在注射成型中运用DOE相对简单。为了更有效地进行分析，我们需要建立工艺参数与响应之间的关系函数。以产品尺寸和保压压力为例。如图9.1所示，如果已知某产品在两种不同保压压力条件下的样品尺寸，我们可以预测，用这两个保压压力平均值生产的注塑件尺寸也将落在尺寸均值附近。

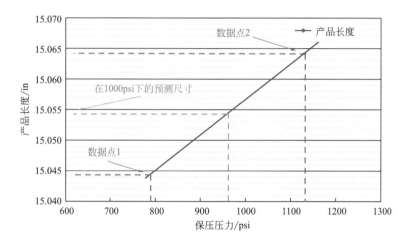

图9.1　保压压力和产品尺寸之间的关系

在注射成型中，所有变量都与速度、压力、时间和温度相关。其响应关系可以借助前面讨论过的比容和温度关系曲线来解释。图9.2显示了注塑周期中的注射、补缩和保压阶段对应的注塑区域。在该区域，无论是无定形塑料还是结晶型塑料，图线的线性度都很好。

图9.3所示，PBT-PC混合料在不同压力下会生成类似的图线，这种曲线也称为PVT曲线。

塑料收缩是指塑料冷却时体积发生的变化。基于体积和温度之间的关系，几乎可以肯定，产品尺寸随温度、压力等工艺参数的变化也有类似的响应。熔体填充模的速度越快，熔体在到达填充末端前的热量损失就越少。此时，塑料特性处于PVT图中右上象限，线性度仍然很好。如果提高或降低填充速度，产品尺寸将成比例变化。在冷却时间内，熔体处于图9.2中阴影注塑区域外，熔体一旦开始

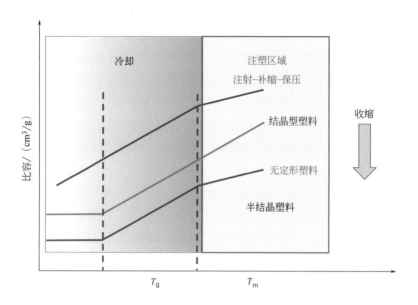

图9.2 注射、补缩和保压阶段相应区域的比容和温度关系图

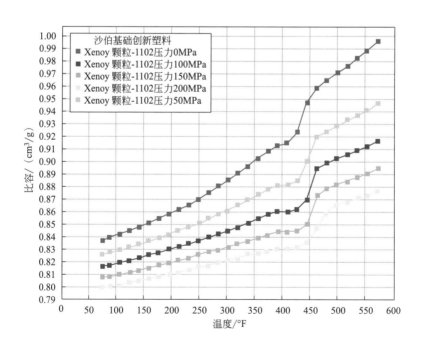

图9.3 PBT-PC混合料的PVT关系图

凝固，体积将沿着图中的图线缩小。熔体达到T_g后便出现拐点，而之前均呈线性。如果产品顶出时的温度高于T_g，其比容和温度关系呈线性。反之，只存在部分线性关系。为提高注塑效率，产品顶出温度应始终高于原料特定的T_g。否则，注塑效率降低，成型周期也会无谓地增加。产品顶出温度应高于或者接近T_g的另一原因是，此时比容线尚在PVT图的线性范围内。众所周知，产品顶出后仍将继续收缩，因此有必要进行产品脱模后的收缩分析。如果注塑工艺稳健且一致性好，产品的后收缩以及尺寸都会很稳定。

现在对之前提到的尺寸按比例变化的概念做些解释。这种相关性可以是正比例，也可以是反比例。例如，补缩压力可能会增加产品长度，但是对某些尺寸如产品内径，随着保压压力增加，内径反而会减小。因预测困难，故需要进行实验才能确定。

对实验设计最简单的描述就是有计划的研究。例如，研究保压压力对产品长度的影响就是一个实验设计。测量高、低保压压力下得到的不同产品长度，再将其作为保压压力的函数进行图表绘制，这就是最基本的实验设计，如图9.4所示。

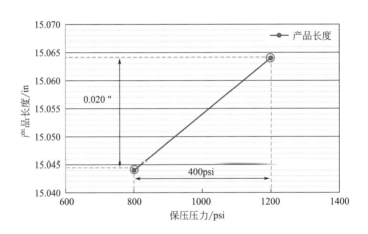

图9.4　保压压力对产品长度的影响

当研究保压压力和料温对产品长度的影响时，需要对以下四个保压压力和料温的组合进行实验，并采集对应的产品长度：低—低、低—高、高—低和高—高，见图9.5。

如果在以上组合实验上增加一个参数，如模具温度，就需要在高模温和低模温的条件下重复上面四个实验，最终需要做八组实验，如图9.6所示。随着研究参数个数的增加，实验次数也会有所增加。

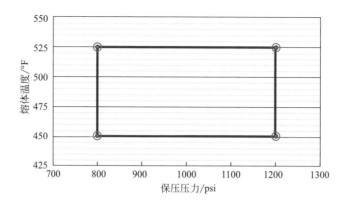

图9.5 保压压力和熔体温度对产品长度的影响

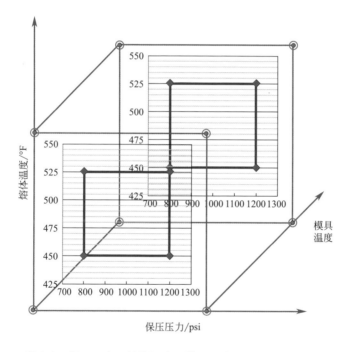

图9.6 保压压力、熔体温度和模具温度对产品长度的影响

9.2 专业术语

9.2.1 因素

实验过程中任何输入都是因素。因此所有输入注塑机的工艺参数都是因素，如

保压压力和熔体温度。因素可以是注塑机控制屏上的设定值，也可以是可选项中的任何一项，如原料的某个批次。因素可分为以下几类：

可控因素：可以根据需要改变，如模具温度；

噪声因素：不可控，如原料批次之间的差异；

常量因素：实验中的不变量，如背压；

定量因素：能以某一增量连续增加的因素，如保压压力；

定性因素：能以非连续水平改变的因素，如原料批次。

9.2.2　响应

过程中任何输出都是响应。响应是因素在不同水平下所得到的实验结果。响应的值或属性取决于因素的设定。通常无法直接控制响应值，而只能通过改变因素的值得到期望的响应值。产品尺寸、填充时间、型腔压力或者料花数量都是响应的例子。响应可分为：

定量响应：可用数字表示，如产品的长度和重量；

定性响应：也称为属性响应，无法用数字表示，只代表某种状态，如料花和颜色。

9.2.3　水平

水平是目标因素采样点的数量。例如，如果选择高、低两种保压压力，就有两个水平。如果选择高、中、低三种保压压力，则有三个水平。水平数的选择取决于因素的响应类型。在注塑过程中，大多数因素响应的线性度都很好，这就意味着，当进行高水平和低水平的因素研究时，可以预测这两个因素中值的响应是高水平和低水平因素响应的平均值。如果保压压力为500psi（3.45MPa）时产品长度为1.10in（27.94mm），1200psi（8.28MPa）时长度为1.20in（30.48mm），可以推断保压压力为1000psi（6.9MPa）时产品的长度会接近1.15in（29.21mm）。当然也有例外，例如产品尺寸会在一段时间的冷却后稳定下来。在某些情况下，产品尺寸可能也会在保压压力高位稳定下来。注射速度对尺寸的影响呈非线性关系，其结果需要有丰富的实践经验和工程知识才能进行推断。在大多数情况下，一个两水平实验加上一个验证实验足以满足要求。只有某些因素，如注射速度，才需要多水平的实验。图9.7列举了注塑中的一些因素、水平和响应。

9.2.4 实验设计

实验设计是一种研究方法，在实验中有意改变某些因素，然后记录因素的变化对响应产生的影响。应用响应的分析结果来优化工艺，从而获得稳健的工艺参数。前面提到的实验都是实验设计的应用例子。表9.1所列的是三因素、两水平和两响应的设计实验矩阵。

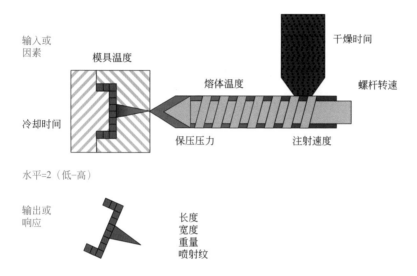

图9.7　因素、水平和响应

表9.1　3因子-2水平-2响应的实验矩阵

实验编号	实验设定			响应	
	模温/℃	冷却时间/s	保压压力/bar	长度/mm	直径/mm
1	40	30	30	144.73	6.35
2	40	30	55	144.40	6.15
3	40	20	30	144.60	6.32
4	40	20	55	144.30	6.15
5	20	30	30	144.83	6.37
6	20	30	55	144.50	6.16
7	20	20	30	144.65	6.32
8	20	20	55	144.34	6.16

注：1bar=0.1MPa。

9.3　因数、水平数和实验次数之间的关系

实验的主要目的是要了解因素对产品质量的影响。当因素增加时，实验次数也会相应增加。见表9.2。

表9.2　不同水平和因素数量需要的实验次数

水平	因素数量										
	1	2	3	4	5	6	7	8	9	10	11
2	2	4	8	16	32	64	128	256	512	1024	2048
3	3	9	27	81	243	729	2187	6561	19683	59049	177147

两水平、两因素实验需要的次数是4。实验次数、因数和水平数之间的关系由下列方程给出：

$$n = l^f \tag{9.1}$$

式中，n 为实验次数；l 为水平数；f 为因数。

例如，对于3水平4因素，我们需要做 $3×3×3×3=81$ 次实验。要进行多次实验，费用昂贵也很耗时。在第7章讨论过，共计有11个影响产品质量的主要因素。如果运行两水平全因素实验，实验次数将是2048，三水平全因素实验的次数则是177147。在实际生产环境下，要进行这两组实验中的任何一组都不太现实。即使实验完成，还需要采集数据。仅仅测量全部产品和采集待分析的尺寸数据就将旷日持久。对于注塑生产中的多腔模具，采集每腔产品上的多个尺寸进行统计分析很普遍。而采集这些数据需要大量的时间和精力。如今运用数理统计技术和多种实验设计法，既可以减少实验次数，又能从实验中得到可靠的数据。所做的实验是全部应做实验的子集，这时先进的实验设计和分析技术便大有可为。

多年来，研究人员提出了很多方法来减少实验次数，简化数据分析以便提供可靠的结果。这些方法各有利弊，针对的实验类型也不同。注塑中常用的筛选实验有田口（Taguchi）法、普莱克特-伯曼（Plackett-Burman）法以及博克斯-本肯（Box-Behnken）法。筛选实验后有时还要做全因实验，但因为真正对注塑产品质量有影响的因素屈指可数，故大都省略了。最常用的方法还是田口法。分析这两种方法的实验结果不需要太多的数学或技术背景，田口法尤其易于使用，一旦明白了原理，

利用Excel这样的普通表格程序就可以进行数据分析。当然，创建这样的表格费时费力，最好能采用量身定做的专用软件。参考文献中列举了一些常用的DOE软件。

为进一步理解DOE，接下来先介绍一些相关的概念。

9.4　平衡矩阵

表9.3是一个2因素、2水平的实验设计表，该实验需要做4次测试。

符合以下两个条件的矩阵称为正交矩阵：

① 每个因素都测试相同数量的高值和低值。

在本例中，有保压压力和熔体温度两个因素。

保压压力：测试两高值和两低值；

熔体温度：测试两高值和两低值。

② 因素的每个水平，都要测试与其他因素相同数量的高值和低值，本例中：

对于低保压压力，1个低值熔体温度和1个高值熔体温度；

对于高保压压力，1个低值熔体温度和1个高值熔体温度；

对于低熔体温度，1个低值保压压力和1个高值保压压力；

对于高熔体温度，1个低值保压压力和1个高值保压压力。

表9.3　2因素、2水平实验

实验编号	保压压力	熔体温度
1	低	低
2	高	低
3	低	高
4	高	高

表9.3中的矩阵符合以上两个条件，所以是一个正交矩阵。实验中每个因素的高值和低值数量都是平衡的。从数学角度出发，同样运用正交矩阵的概念考虑用数值替代高值和低值，即用−1替代低值，+1替代高值，A和B替代因素名称，得到表9.4。现在，将对表中条目进行以下操作。

① 新建一列AB，AB的单元格是A和B单元格的乘积（表9.5）；

② 最后新建一行。

表9.4   2因子、2水平实验

实验编号	A	B
1	−1	−1
2	+1	−1
3	−1	+1
4	+1	+1

表9.5   正交矩阵

实验编号	A	B	A×B
1	−1	−1	+1
2	+1	−1	−1
3	−1	+1	−1
4	+1	+1	+1
小计	0	0	0

9.5   交互作用

　　用下面的例子来解释实验设计范畴内的交互作用。随着湿度和温度的增加，人的舒适度会下降。在这个实验里，把舒适度等级划分为0到10，10为最舒适。低湿度环境中，当温度从20℃升高到28℃，舒适度便从9降至8。实际上大多数人感受不到这种细微变化。但是，在高湿度环境中，20℃时的舒适度会相对低一些，而当温度同样升高到28℃时，舒适度则会骤降至2。即使气温偏低，滨海城镇的居民也会常常感到这种高湿度带来的不适。将此结果绘制成图9.8，显而易见，低湿度环境中，高低温度之间舒适度的变化与高湿度环境中的变化有所区别。湿度低时，舒适度仅下降1个点，而湿度高时，舒适度会下降4个点。因此，温度变化导致舒适度变化的程度，取决于另外一个因素，即湿度。用技术术语描述就是，凡论及人的舒适度，温度和湿度之间存在着交互作用。

　　以下例子则说明温度和湿度对容器或汽车轮胎的内部压力不产生交互作用。无论湿度是20%还是80%，温度从20℃升高到28℃时，轮胎内的压力变化都相同。如图9.9所示交互作用有强、弱、无三种状态。

实验编号	湿度/%	温度/℃	舒适度
1	20	20	9
2	20	28	8
3	80	20	6
4	80	28	2

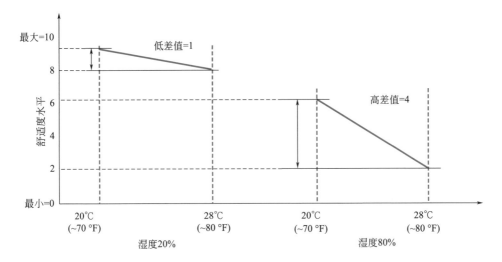

图9.8　人体舒适度中湿度和环境温度之间的交互作用

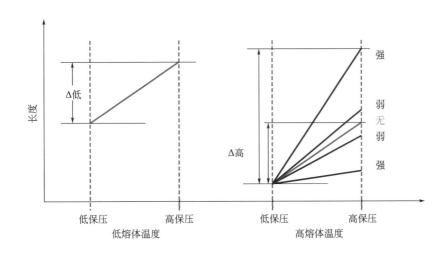

图9.9　交互作用的类型

Δ低与Δ高差异很大：因子之间明显交互作用；
Δ低与Δ高差异很小：因子之间有交互作用，但不显著

此例只涉及两个因素，我们的讨论也仅限于两个因素的交互作用。在注射成型中很容易找到两个因素间的弱交互作用。但是，这种弱交互作用通常受显性因素的制约。如果发现两个因素之间存在显著交互作用，就应对测量方法进行确认。另外，成型结束后，外部影响因素也会引发交互作用。例如，深腔盒状产品因缺乏内部支撑，口部的尺寸会在注塑后冷却期间受到外部因素的影响。冷却期间产生的内应力可以看作是交互作用的结果。

在注塑充填过程中，熔体温度和模具温度存在一定弱交互作用。注塑填充是一个非等温过程，塑料熔体一旦填充模具即开始冷却。考虑产品长度对保压压力和熔体温度这两个因素的响应，测量四个实验中产品的长度，我们会发现在高熔体温度和低熔体温度两种情况下，高低保压压力生产出的产品长度有细微差别。这说明保压压力对产品长度的作用也会受到熔体温度的影响。熔体温度低，影响较大，而熔体温度高时，影响几乎可以忽略。因此，可以认为熔体温度和保压压力之间存在交互作用。如果在高低不同的熔体温度下，产品的长度变化相同，那么就可以认为熔体温度和保压压力之间不存在交互作用。交互作用在因素的极限水平下会更加明显。例如注射速度极低时属于低水平，螺杆几乎不发生移动。而高水平时，螺杆则移动迅速。低速填充时，熔体在到达填充末端前会快速冷却，而在高速注射时，熔体在整个填充阶段都可保持高温。这种差别会对周期中的补缩阶段以及最终产品产生影响。原因是需要从模具中带走的热量会有所增加，故对冷却效率有很大影响。表中乘积列代表数学上的交互作用，如列 AB 可是因素 A 和因素 B 之间的交互列。

9.6　迭代及更名

表 9.6 中的正交矩阵显示了三因素两水平实验及其所有的交互作用。

表9.6　含交互列的3因素、2水平的正交矩阵

实验编号	A	B	C	A×B×C	A×B	A×C	B×C
1	−1	−1	−1	−1	+1	+1	+1
2	+1	−1	−1	+1	−1	−1	+1
3	−1	+1	−1	+1	−1	+1	−1
4	+1	+1	−1	−1	+1	−1	−1
5	−1	−1	+1	+1	+1	−1	−1

续表

实验编号	A	B	C	A×B×C	A×B	A×C	B×C
6	+1	−1	+1	−1	−1	+1	−1
7	−1	+1	+1	−1	−1	−1	+1
8	+1	+1	+1	+1	+1	+1	+1
合计	0	0	0	0	0	0	0

各交互列的所有单元格之和为零，所以这是一个正交矩阵。在正交矩阵中，每列都提供了一项独特的信息，而每一行则是一个独立的实验。已知注射成型中的交互作用很弱或者不存在交互作用，这一特点可以加以利用。可以用任何目标因素名称替代交互列的名称。这样，在以上矩阵中，可以用四个目标因素替代四个交互列。假设原来的三个因素是保压压力、熔体温度和模具温度，现在要研究另外四个目标因素。在对追加的这四个目标因素做实验分析时，首先应借助专业工程经验，对它们可能影响实验结果的程度大小以及信息的重要性进行排序。假设在三个主要因素之后，排列顺序分别为冷却时间、注射速度、保压时间和螺杆转速。现在用这些追加的因素对从第四列到第七列进行重命名。这种用其他因素对交互列重新命名的过程称作混淆或者取别名，表9.7中就进行了取别名的操作。因为第四列是三因素交互作用，而我们知道三因素交互作用几乎不存在，因此很肯定交互列可以用另一个因素来混淆或改名。如果分析结果表明混淆因素对产品质量的影响比非混淆因素更为显著，那么就应检查数据，在某些情况下甚至必须重新进行实验。当然也有非混淆因素选择错误的可能。这就是为什么在执行实验设计之前需要进行注塑状况调查的原因。例如，保压压力是一个非常重要的因素，必须始终列为非混淆因素。假设在某个案例里，非混淆因素有背压、螺杆转速、熔体温度，而混淆因素之一是保压压力。保压压力被螺杆转速和熔体温度之间的交互作用混淆了。实验分析结果表明保压压力仍为显著因素。但是因为它被混淆了，于是实验结果显示螺杆转速和熔体温度之间的相互作用为显著因素，除非分析结果有误。因此，第7列的"优先性"便尤为重要。

表9.7　交互列中引入混淆因子

实验编号	非混淆因子			混淆因子			
	保压压力	熔体温度	模具温度	冷却时间	注射速度	保压时间	螺杆速度
1	−1	−1	−1	−1	+1	+1	+1
2	+1	−1	−1	+1	−1	−1	+1
3	−1	+1	−1	+1	−1	+1	−1

实验编号	非混淆因子			混淆因子			
	保压压力	熔体温度	模具温度	冷却时间	注射速度	保压时间	螺杆速度
4	+1	+1	−1	−1	+1	−1	−1
5	−1	−1	+1	+1	+1	−1	−1
6	+1	−1	−1	−1	−1	+1	−1
7	−1	+1	+1	−1	−1	−1	+1
8	+1	+1	+1	+1	+1	+1	+1
合计	0	0	0	0	0	0	0

可以看出，混淆的最大优点是可以减少研究所需做的实验次数。根据方程式（9.1）可知，一个7因素2水平的实验设计需要进行128次独立实验，但利用混淆操作，实验次数可减少到8次。进行混淆实验的一个假设是交互作用很小或不存在。

9.7　随机化

以上一系列实验都是按照特定顺序排列的。例如，在表9.7中，共有8个实验，其中前4个是低模温下的，而后4个是高模温下的。其他因素的排列也遵循了一定的规律。每一行代表一个实验。随机化就是不遵循这样的规律，而是按随机顺序进行实验。一些专家推崇随机化，目的就是排除所有不可控的外界影响因素的干扰。例如，如果上面的前4个实验在上午完成，环境温度较低，剩余4个实验在下午完成，环境温度较高，温度就会对实验结果产生影响。实验结果其实已混入了上午和下午不同温度的影响，这样就很难把上、下午环境温度的变化和早晚模具温度变化的影响分离开来。也许人们还没有意识到可能存在一些与环境温度有关的其他影响因素。例如，水塔的出水温度、操作工技能和原料批次波动等等。尽管目前还没有系统方法可以消除这些不利影响，但混合实验或者"随机化"实验的确可帮助消除这些随机影响。随机化也有助于评估工艺的稳健性。例如，设想有个带刻度的保压压力设定旋钮，设定值为6时对应某档保压压力。在一组实验开始时设定好保压压力，实验中保持压力不变，这样系统的压力恒定。一旦该保压压力设定调到别的数值后，再次返回设定值6，保压压力值并不一定会回到原值。这样做可以验证设定是否具有稳健性，即通过在不同设定值之间的来回切换，评估机台上参数设定的重复性。在大样本的注射成型实验中，对部分实验进行随机化是个不错的思路。小样本实验不需要随机化。有关实验设计中如何进行因素选择，本书还会做进一步的阐述。在大多数情况下，需进行的实验次数有限，通常可以在几个小时内完成。现在大部分注塑机都可进行数字化重复设定。变更设定值然后返回原值，输出不会发生变化。在这种情况下，就不需要考虑随机化因素了。做好各个常量因素的记录总是有益无害的，如操作员的名字、原料批次等，这些都是优质文档不可或缺的部分。

9.8　析因实验

前面讨论的实验和表格都是有关因素实验的。未采用混淆技术设计的实验往往实验次数偏多，称为全因实验。例如，在一个4因素2水平的全因实验设计中，需要做16次实验。而运用混淆技术的部分因素实验设计（partial experiments）中，实验次数则有所减少。一个半因素实验中的实验次数是全因实验的一半，即只有16次中的8次。我们从部分因素实验中便可得到进行因素影响分析需要的可靠数据。

9.9　数据分析

如今，人们运用计算机程序只需几秒钟就能完成实验设计的数据分析和图线描绘。一套典型的分析能提供以下信息：
① 对产品质量影响最大的因素；
② 产品质量的稳健性；
③ 最优预测工艺参数；
④ 通过实验确定的参数变化范围内过程能力的预测。

表9.8　3因素全因实验设定和响应数据

编号	实验设定			响应	
	模具温度/℃	冷却时间/s	保压压力/bar	长度/mm	直径/mm
1	40	30	30	144.73	6.35
2	40	30	55	144.40	6.15
3	40	20	30	144.60	6.32
4	40	20	55	144.30	6.15

编号	实验设定			响应	
	模具温度/℃	冷却时间/s	保压压力/bar	长度/mm	直径/mm
5	20	30	30	144.83	6.37
6	20	30	55	144.50	6.16
7	20	20	30	144.65	6.32
8	20	20	55	144.34	6.16

注：1bar=0.1MPa。

　　为了更清楚地解释分析结果，用表9.8中的实验设计结果举例。

　　所选择的三个因素分别是模具温度、冷却时间和保压压力，每个因素设定两个水平。响应是产品的长度和直径。根据工程知识和过去的经验，按照因素的显著性排序分别是保压压力、冷却时间和模具温度。但是，如果按"调整难度"排序，这三个因素重新排序的结果为模具温度-冷却时间-保压压力。"调整难度"可简单理解为工艺参数改变后起效的速度快慢。例如模温的改变，根据模具尺寸大小的不同，可能需要15min到1h左右才能起效，因此是一个"较难"改变的因素。而保压压力却很容易改变，因为一旦调整压力设定，压力的变化在下一次注射中就能表现出来。如果不想遵循随机化原则排列实验因素，那么就可以按照因素调整的难易程度来安排实验。实验中，通过减少具有"调整难度"因素的调整次数可以最有效地完成实验。例如，以上矩阵第一个实验后，我们只需进行一次模温（较难调整因素）调整，而不是进行七次保压压力（较易调整因素）的调整。

　　借助以上矩阵完成实验后，应尽量采集更多的数据，以便进行精确的数据分析。要进行完整的统计分析，通常每个型腔至少应检测并记录30件产品的数据。但是，随着型腔数量和产品上需测量的尺寸个数的增加，数据采集的工作量也会成倍增加，有时甚至无法完成。要用多个因素进行全因实验会使实验次数和测量次数剧增。在举例的实验中，所测量的是产品的长度，每次实验需取5个样品的平均值。实验结果一般可用下列形式呈现。

9.9.1　龙卷风图

　　龙卷风图与常用的柏拉图相似。在实验设计中，龙卷风图是按照因素对响应的影响大小降序排列绘制而成的条形图。对响应有正效应的因素显示在Y轴正侧，而对响应有负效应的因素则显示在Y轴负侧。龙卷风图是实验设计中最重要、信息量最大的图形之一。它揭示了对产品质量影响最大的因素，并按照因素的显著程度降序排列。图9.10是例子中实验的龙卷风图。

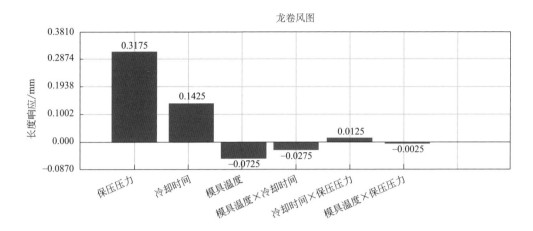

图9.10 因素和产品长度响应呈正向和反向关系的龙卷风图

从图9.10可以看出，对产品长度影响最大的因素是保压压力。当保压压力在测试范围（介于3～5.5MPa之间）内变化时，产品长度变化为0.3175mm；当冷却时间在20～30s的测试范围内变化时，产品长度变化为0.1425mm；而当模具温度在20～40℃之间变化时，产品长度变化仅为0.0725mm。显然模具温度变化对产品长度的影响最小。注意，模具温度条在Y轴负侧，表示随着模具温度的升高，产品长度反而会减小。保压压力和冷却时间为正值表示随着这些因素值的增加，产品长度也会增加。图中也显示了两种交互作用，但它们的影响都微不足道。由此我们可以认为保压压力和冷却时间有显著影响，而其他因素的影响不显著。有关产品直径的龙卷风图如图9.11所示。

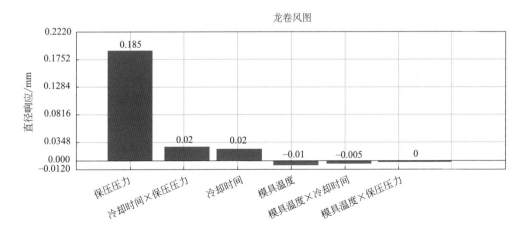

图9.11 产品直径响应的龙卷风图

9.9.2　等值线图

等值线图是X轴和Y轴上的两个选定因素产生的等值响应图形。在某根等值线上取任一点，响应值都是相同的，与数轴上的取数无关。图9.12显示了一张以保压压力和冷却时间为因素的等值线图。

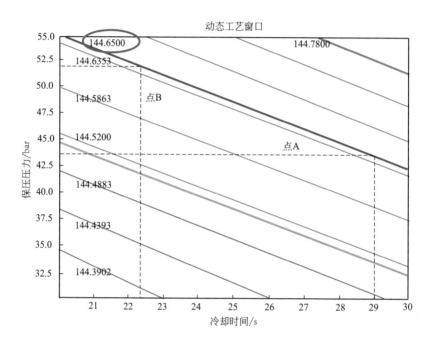

图9.12　产品长度的等值线图

数值为144.6500的等值线也是公称尺寸线，线上任取一点的数值都是144.6500。冷却时间29s、保压压力4.25MPa的工艺组合（点A）生产出的产品，与冷却时间22s、保压压力5.2MPa的工艺组合（点B）生产出的产品尺寸相同。一旦画出代表公称尺寸值和规格的等值线，生产出尺寸合格产品的工艺窗口便一目了然。在图9.12中，橙色和黄色等值线分别代表尺寸规格的上限和下限。等值线可以帮助确定尺寸工艺窗口的范围。不同类型的工艺窗口将在第9章中进行讲解。

9.9.3　预测函数

利用数学手段可以建立因素和响应之间的关系模型。图9.13显示保压压力的增加导致产品长度的增加。假设它们之间的关系是线性的，可以建立产品长度Y和保

压压力 X 之间的函数：$Y=mX+c$，并可以借助两个点来确定 m 和 c 的值，得到方程式的系数和常量。有了函数，就可以预测某个保压压力下的产品尺寸，或达到某个期望的产品尺寸所需要的保压压力，如图9.13。建立函数是预测所有因素及其交互作用的基础。函数可帮助我们选择稳健工艺参数并达到目标尺寸。很少有响应能让所有目标尺寸都达到标准。当一个尺寸在公差范围之内时，另一个可能已经超差。叠加等值线图或者观察复合函数及期望值函数是一个评估工艺稳健性和过程能力不错的方法。

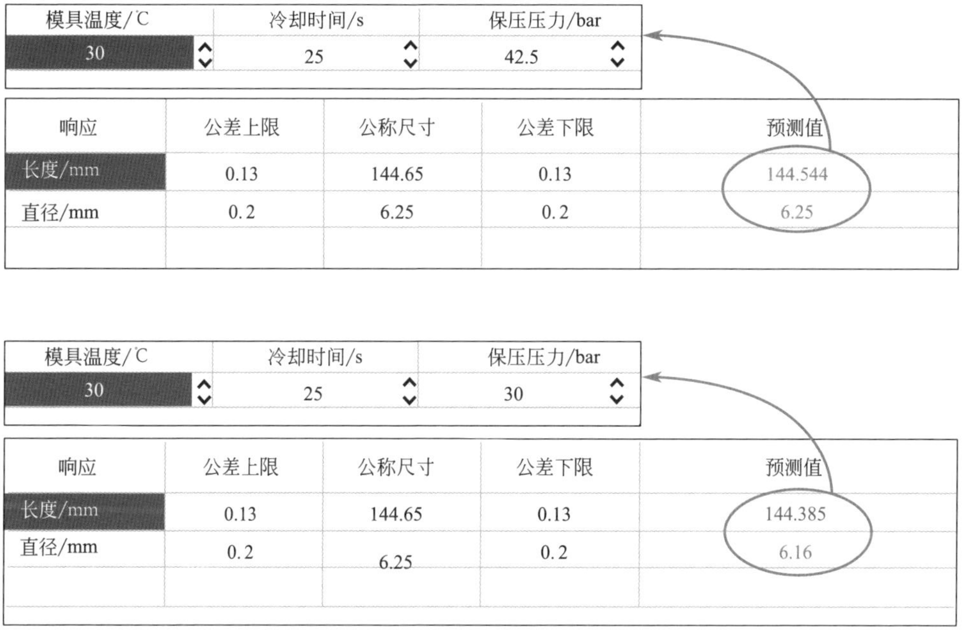

模具温度/℃	冷却时间/s	保压压力/bar	
30	25	42.5	

响应	公差上限	公称尺寸	公差下限	预测值
长度/mm	0.13	144.65	0.13	144.544
直径/mm	0.2	6.25	0.2	6.25

模具温度/℃	冷却时间/s	保压压力/bar	
30	25	30	

响应	公差上限	公称尺寸	公差下限	预测值
长度/mm	0.13	144.65	0.13	144.385
直径/mm	0.2	6.25	0.2	6.16

图9.13　产品长度和直径的预测方程式

9.9.4　工艺敏感性图

工艺敏感性图是折线图，能够快速浏览每个实验响应的位置。该图可直观地体现每个实验中响应对于因素变化的敏感性。图中标出了尺寸的上限、下限和公称值。如果在所有实验中，该响应都在规格范围内，我们认为该响应稳定且不受工艺参数的影响。如图9.14显示的就是这样一档尺寸。如果该尺寸是生产中必须定时测量的关键性尺寸，由于它不受工艺设定的影响，我们可以考虑取消该尺寸的过程检验，而只做开机检验。图9.15展示的是一档易受工艺变化影响的尺寸。复合工艺敏感性图将所有响应集于一图，让所有尺寸的响应一目了然。

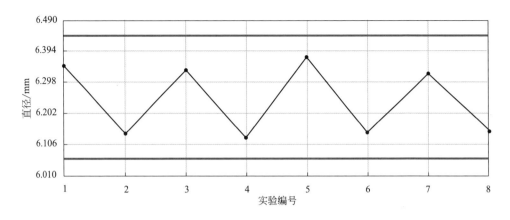

图9.14　产品直径的工艺敏感性图

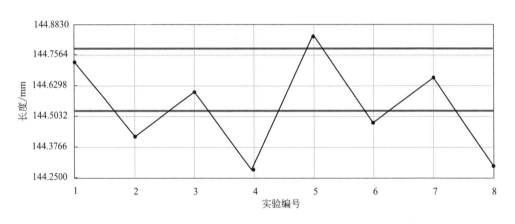

图9.15　产品长度的工艺敏感性图

9.10　实验设计结果的运用

从以上几种图表和公式中得到的结果有以下应用。

9.10.1　工艺选择

等值线图显示了极限公差范围内响应为恒定值的图线，目的是在一个稳健工艺区域内找到响应的公称值。图9.12显示了尺寸上限、下限和公称值。为了达到公称尺寸，可以采用保压压力和冷却时间的不同组合，如29s和4.25MPa的组合或者

22s和5.5MPa的组合，它们都在稳健的注塑区域内。在注射成型中，由于降低冷却时间可以提高生产效率，因此，应优先选用冷却时间较短的组合。

9.10.2 型腔尺寸调整

如果公称尺寸和公差范围都偏向等值线图的角落或边界，该注塑工艺就不够稳健，很难持续生产出符合规格的产品。图9.16所示产品的工艺窗口在短射和超差之间仅有50psi（0.345MPa）的空间。工艺必须保持在这个50psi（0.345MPa）窗口内，才能避免产出短射及超差的产品。这种情况下的工艺窗口狭窄，工艺不够稳健。

如果工艺波动较大，产品不是出现短射就是超出公差范围。遇到这种情况，先不必考虑产品尺寸，而应尽量选择工艺窗口足够大的工艺。一旦确定某种工艺能够保证尺寸一致性（而非具体尺寸）的要求，就将型腔尺寸调整到产品要求的公差范围内。以图9.16中的产品为例，为满足尺寸要求，应将保压压力保持在低位，此时产品存在短射风险。一旦提高保压压力，产品尺寸就可能超差，但产品出现短射的可能性却大幅降低。只有工艺位于窗口中心，产出短射产品的风险才最低，因此应采用此工艺注射产品并进行尺寸测量，然后根据测量结果调整模具尺寸，使注塑产品尺寸完全符合公差要求，这种情况下的工艺才是生产合格产品的稳健工艺。

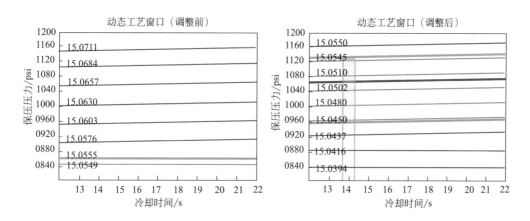

图9.16 运用实验设计结果调整型腔尺寸，扩大工艺窗口

9.10.3 工艺调整工具

被选中参加实验设计的因素都是假定对产品质量影响最显著的因素。分析结果给出了每一个因素的量化响应。如果产品质量在生产中发生偏移，可以借助实

验设计的分析结果进行工艺调整，使产品回到应有的质量要求范围内。例如，如果龙卷风图显示保压压力和冷却时间对于产品长度的影响最显著，那么工艺员不用猜测应调整哪个参数，即可利用保压压力和冷却时间等值线图，对其中一个参数进行调整或两个都调整，然后继续生产合格产品。这样的调整可以避免工艺参数表内参数交错调整带来的混乱。培养员工利用数据解决注塑问题是很有必要的。

9.10.4　设置工艺调整范围

龙卷风图和等值线图给出了对产品质量有着显著影响的工艺参数，以及这些参数对产品质量影响程度的信息。根据这些信息，我们便可设定工艺参数变动的极限范围。在等值线图中可设置一个方框作为生产中参数变动的极限范围。一旦产品质量出现问题，只有图上这几个参数允许进行变动。

9.10.5　减少产品检验

实验设计中得到的结果可用于减少甚至取消产品检验。如果工艺敏感性图显示某个尺寸并不受工艺变化的影响，并且持续满足公差要求，则可以认为该尺寸在过程检验中也将符合要求，因此只需在注塑机开机时检验即可。这种做法同样也适用于那些稳居设定工艺窗口内的其他尺寸。

9.11　尺寸工艺窗口

前面的章节里介绍过产品外观工艺窗口的概念。建立外观窗口时并未考量产品的尺寸因素，而只是制定了外观合格产品的工艺参数窗口或边界。现在将考虑如何建立尺寸工艺窗口（DPW），用尺寸工艺窗口内工艺生产的产品将全部符合尺寸要求。图9.17是一套2腔模具中1号型腔某个尺寸的工艺窗口。尺寸工艺窗口宽泛是稳健注塑工艺的标志，而工艺则应选择位于工艺窗口中心的值。

随着型腔数和测量尺寸数目的增加，尺寸工艺窗口会迅速变小。型腔平衡对于尺寸工艺窗口的大小非常关键。如果所有型腔填充和补缩速率保持平衡，它们的工艺窗口将会重合，否则，每个型腔就会有各自的尺寸工艺窗口，重叠区域就会很小，工艺的稳健性和可重复性也有所降低。图9.18显示了2号型腔的尺寸工艺窗

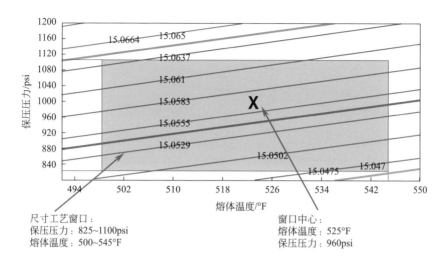

图9.17 1号型腔的尺寸工艺窗口

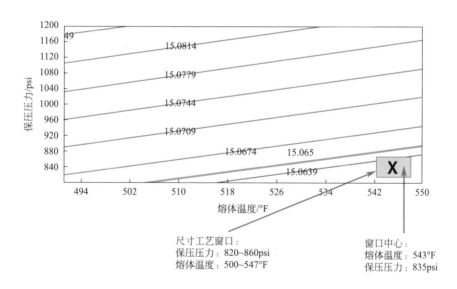

图9.18 2号型腔的尺寸工艺窗口

口。一旦有尺寸偏向工艺窗口的角落，这就是工艺不稳健的明显标志。2号型腔的尺寸工艺窗口非常小，因此无法接受。当两个型腔的等值线重叠时，窗口将变得更小，见图9.19。

对于同一型腔中的不同尺寸我们也可以得到类似的论证和解释。图9.20中1号型腔中的两个尺寸工艺窗口存在重合，形成了一个缩小了的尺寸工艺窗口。因此应先考虑优化单个尺寸，尽量扩大其工艺窗口。

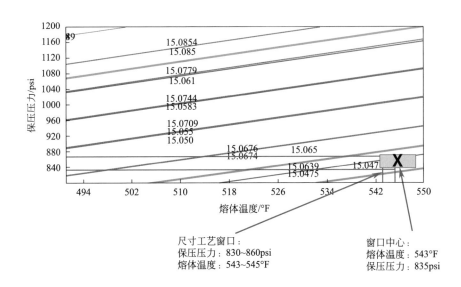

图9.19　1号和2号型腔的组合尺寸工艺窗口

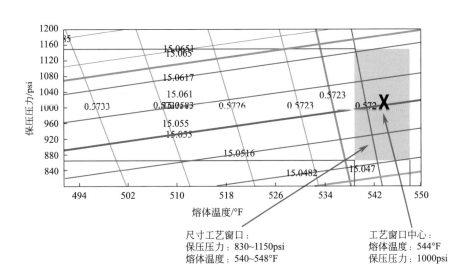

图9.20　1号型腔两个尺寸的工艺窗口

由于尺寸工艺窗口是外观工艺窗口的子集，所以只要外观工艺窗口够大，且尺寸公称值位于窗口中央，尺寸工艺窗口也会很大。否则，应在和模具工程师讨论后调整型腔尺寸，使产品尺寸位于公差的中心。

9.12 实验设计的因素选择

塑料产品最终的质量很容易受多个工艺参数的影响，因此注塑工艺验证应遵循一系列流程。首先应找到每个工艺参数最稳健的范围，然后再利用实验设计找出它们对产品质量的影响。以下列出了需要调整（输入）的工艺参数。这些参数会对熔体有直接影响，因此对产品质量也会产生影响。像开模速度或顶出速度这种变量不会直接对熔体加工产生影响，故予以省略。

■ 注射速度

■ 注射压力

■ 补缩和保压压力

■ 补缩和保压时间

■ 熔体温度

■ 模具温度

■ 计量位置和切换位置

■ 背压

■ 螺杆（塑化）转速

■ 冷却时间

我们先复习一下上面这些参数的含义，然后再探讨如何对它们进行优化。

（1）注射速度

可用6步法中第一步分析所得的数据对注射速度进行优化。注射速度应设定在黏度曲线上的平坦区域（牛顿区域）。由于黏度在牛顿区域中几乎不发生变化，速度的设定偏高或偏低影响不大，所以注射速度不应选作实验设计的因素。然而，注射速度往往会影响产品的外观。此外，如果注射速度变化较大，产品的尺寸可能有所变化。注射速度的设定原则是"按需设定"，而非"越快越好"。

（2）注射压力

要达到设定的注射速度就需要有一定的注射压力。设定的注射压力值应高于正常需要的压力值，这样才能及时获得需要的注射压力，否则，工艺就会出现压力受限的现象。即使设定压力比所需压力高20%或者50%，注塑机仍会以所需压力注射，所以不会影响注射速度。由于注射压力的高低不会影响产品质量，因此注射压力也不应作为实验设计的一个因素。

（3）补缩和保压压力

从比容-温度曲线图（图9.2）可以看出，熔体上承受的压力决定了比容的大小，因此补缩-保压压力作为最重要的因素之一，应始终纳入实验设计。

（4）补缩-保压时间

对于冷流道模具，可以用6步法中的第5步浇口冻结分析来优化补缩和保压时间。过长的保压时间并不会增加型腔内的塑料量，因此也不会影响产品尺寸。如果保压时间短于浇口冻结时间，会引起产品重量和尺寸的变化，故不建议采用。据此，冷流道模具的补缩和保压时间不应作为因素参与实验设计。热流道模具中虽然存在固化并阻止熔体流动进入型腔的区域，但因该区域较小，保压时间仍然较容易对熔体流动产生影响，因此保压时间应该成为实验设计中的一个因素。9.16节将介绍热流道模具保压时间优化的技术。

（5）熔体温度

设定熔体温度是为了加热熔体，以达到型腔填充所需的黏度。无定形塑料所推荐的熔体温度范围较宽，可能会影响产品收缩，所以应该一直作为实验设计的一个因素。结晶型塑料的熔体温度范围通常很窄，不会明显影响产品收缩，所以不应作为实验设计的因素。

（6）模具温度

模具温度可以维持熔体流动到产品的填充末端。无论是无定形塑料还是结晶型塑料，填充末端的熔体温度都应该维持在建议的熔体温度范围内。对于结晶型塑料，模具温度还有提供晶粒形成所需能量的作用。最佳结晶度也取决于模具温度，因此模具温度应该成为实验设计的一个因素。而无定形塑料没有结晶的要求，模具温度仅对熔体流动和产品外观较为重要。只要达到熔体流动和产品外观的要求，模具温度便可以使用推荐的温度下限。因此，模具温度不应作为无定形塑料实验设计的因素。

（7）塑化位置和切换位置

塑化位置和切换位置之间的熔体体积应该等于注射阶段填充的塑料体积。而在实际注射阶段中，模具一般填充至满射的95% ～ 98%。由于该体积是固定的，所以这两个工艺参数都不应该作为实验设计的因素。进行实验设计时，应根据需要变动切换位置，获得满射95% ～ 98%的产品。例如，如果产品在低熔体温度时满射98%，在高熔体温度实验中很可能会完全满射。因此对于高温系列实验，必须在采集实验样品前重新调整切换位置，获得同样满射98%的产品。产品在注射阶段内的重量应该始终保持相近。

（8）背压

利用背压可以获得下一模次注射熔体的稳定计量。背压也有助于压实熔体，挤出其中所含的挥发物。通过监控螺杆的计量时间和观察产品的外观均可优化背压。过高的背压会增加剪切热，有时候也会增加不必要的螺杆计量时间，因此应该尽可能使用低背压。正因为如此，背压不应该作为实验设计的一个因素。顺便提一下，在大多数补缩和保压没有优化的情况下，背压可能会影响产品尺寸。过高的背压会增加剪切，破坏如玻纤之类的添加物，从而导致塑料收缩率的变化，并最终影响产品尺寸。因此一定要避免背压过高。

（9）螺杆（塑化）转速

螺杆形似钻头，把塑料从注塑机进料口推送到料筒前端。同时螺杆也能促进塑料熔化，形成均匀的熔体。此外，螺杆的旋转还能提供熔化塑料所需的剪切热，加上加热线圈产生的热量共同熔化塑料。剪切热对于结晶型塑料尤其重要，其晶粒的熔化并非完全依靠来自加热线圈的热量，而更多的是依靠剪切产生的热量。螺杆旋转越快，剪切力越大，熔体温度上升越快。但螺杆转速过高可能导致熔体烧焦和降解，尤其对剪切敏感的塑料，如聚氯乙烯（PVC）和聚甲醛（POM）。螺杆转速过低则会造成塑料熔化异常，形成不均匀的熔体。与背压类似，螺杆转速必须设定在最低优化值，因此不宜作为实验设计的因素。螺杆旋转速度的设定应保证其回撤时间比冷却时间短。

（10）冷却时间

冷却时间作为重要的工艺参数必须参与实验设计。理由有二：首先，随着熔体在模具里停留时间的变化，热传递状态会发生变化，在比容-温度图上的产品顶出温度也会发生变化，最终引起塑料收缩率的变化；其次，注射成型是一个追求效率的行业，所以冷却时间应纳入实验设计，以找到最佳设定值。

以上提到的这些因素都是在注塑机上为了满足注塑产品尺寸规格要求常常进行调整的参数。表9.9是用于实验设计的因素汇总。真正对产品有显著影响的因素最多有5个。虽然这些因素都很重要，但是影响程度各不相同。为了有效地进行实验设计，应尽量选择那些显著性高的因素，这样才能顺利获取最佳工艺。深入了解注塑参数及其功能背后的科学原理很有必要。相同的因素对于产品的不同尺寸有着不同的影响。例如，增加冷却时间可以减少收缩，让产品长度增加，但是可能对产品直径不产生任何影响。必须本着"具体问题具体分析"的原则处理每个产品尺寸。以上探讨的这些指导原则在笔者多年的实践运用中屡试不爽。

表9.9 实验设计中工艺参数的选择和优化方式

序号	因素	优化方式	是否用于DOE？
1	注射速度	黏度曲线	否（有例外）
2	注射压力	压力降分析	否
3	补缩压力	外观工艺窗口	是
4	保压压力	外观工艺窗口	是
5	补缩压力	浇口封冻分析	冷流道，否 热喷嘴及阀针热流道，否
6	保压压力	浇口封冻分析	冷流道，否 热喷嘴，是
7	冷却时间	冷却时间分析	是
8	熔体温度	外观工艺窗口	无定形材料，是 结晶性材料，否
9	模具温度	外观工艺窗口	无定形材料，否 结晶性材料，是
10	螺杆转速	最低要求-熔体均匀	否
11	背压	最低要求-外观	否
12	塑化位置	产品95%～98%满射	否
13	切换位置	产品95%～98%满射	否

对大多数冷流道模具而言，一个3因素2水平的实验设计已绰绰有余。根据塑料形态特征不同，这些因素可选用保压压力、冷却时间和熔体温度或者模具温度。烯烃类塑料可能需要第4个因素，该因素可以是最初选择的3个因素之外的模具温度或熔体温度。如果是热流道模具，则必须用补缩时间作为实验设计的因素。见图9.21。

1. 保压压力：是的
2. 冷却时间：是的
3. 熔体温度
4. 模具温度 } 或者对烯烃，两者均可
5. 补缩时间：尖点式和阀针式热流道模具，是的
最大因子数=5，大多情况下=3

图9.21 实验设计中的常用因子

9.13 方差分析

在第1章讨论过波动这个话题。所有的注塑过程中都存在固有的自然波动，这

也是我们选择产品的一些关键性尺寸来计算其工艺制程能力的原因。图9.22显示了两种工艺成型的产品尺寸波动和分布情况。工艺1（P1）的产品用55bar（5.5MPa）的补缩压力注塑，工艺2（P2）用60bar（6MPa）。工艺1生产的产品平均尺寸为15.25mm，而工艺2的为15.32mm，波动都是0.10mm，两种工艺下的产品尺寸分布存在一部分重叠区域。工艺1和工艺2都可以注塑出尺寸在15.27mm和15.30mm之间的产品。方差分析（ANOVA）是一种分析方法，把一个工艺内的固有波动和两个工艺的平均数差异进行比较。在本例中，固有波动为0.10mm，平均数差异是0.07mm。在工艺1和工艺2之间，补缩压力存在5bar（0.5MPa）的人为调整。更详细地探讨超出了该书内容范围。多数软件程序会输出这些信息。

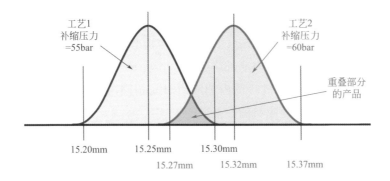

图9.22　两种工艺均可注塑出重叠区域的产品

　　在进行实验设计过程中，注塑工艺的变化应足够大，直到引起产品质量的明显变化（图9.23）。例如，合理的补缩压力应为55～85bar（5.5～8.5MPa），壁厚为2.5mm的产品冷却时间应为8～10s，而熔体温度和模具温度则应从塑料物性表中获得。

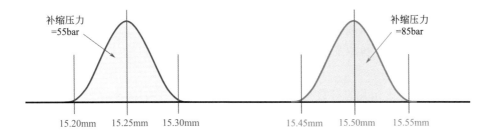

图9.23　DOE中高值和低值分开后便不再出现重叠部分

（1bar=0.1MPa）

9.14　质量检验取样

模次的定义是在一个注塑周期内生产的产品。每种实验设定下，应至少采集5模次样品，并且至少测量其中的3个模次。这样做的目的是排除3个测量模次中可能存在的异常值。所有模次均应在工艺稳定后采集。工艺变化大致可以归纳为时间、温度、速度、压力和位置这几类。

以下是关于样品采集数的一般性指导原则。

时间：与时间变化相关的设定参数有填充时间、补缩时间、保压时间和冷却时间。首先应计算出注塑机料筒内所能容纳产品模次数量。一旦有关时间的参数发生变化，料筒内所有模次的注塑产品都应丢弃，并从下一个模次开始采集测量用的样品。这样，所有模次在注塑机料筒内的滞留时间相同，与生产中的滞留时间也相同。滞留时间的变化会改变原料的性能。

温度：与温度变化相关的参数有熔体温度和模具温度。无论改变熔体温度还是模具温度，都应暂停注塑机才能进行调整，然后等待温度达到所需的设定值。注射料筒内所有模次的产品，复测并确认实际模温保持稳定，然后才采集样品。提醒一下，开始做实验设计时，应由低至高进行升温到设定值，而不应该由高而低降温，后者耗时较长。

速度：与速度变化相关的参数有注射速度。改变注射速度势必会影响填充时间，于是上面涉及的与时间相关的规律生效。实验设计中很少采用螺杆转速作为因素，但是如果转速发生了变化，与熔体相关的温度规律便开始生效，因此，需立刻检查熔体温度的稳定性。

压力：与压力相关的参数有补缩压力和保压压力。注塑机上的任何压力调整均会在下一个注塑周期做出反应，有时甚至即刻做出反应。事实上，这些变化不会对滞留时间或者温度造成影响。调整压力后，应采集两个模次内的产品。

位置：与位置相关的参数有塑化位置和切换位置，它们都不应在实验设计中采用。但是如果用了这两个位置作为因素，填充时间会发生变化。于是，那些与时间变化相关的原则在位置发生变化时同样也会生效。

9.15 工艺窗口的实验设计取值

外观工艺窗口一般是一个平行四边形，如图9.24。在实验设计中，熔体或模具温度处于低值时的压力值，应该与熔体或模温处于高值时的压力值相同。于是，可在平行四边形内嵌入一个长方形，用长方形的高值和低值来决定合适的压力值。如图9.24所示。

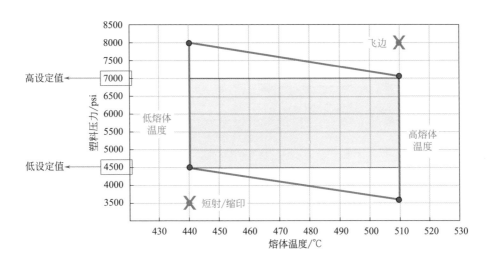

图9.24 工艺窗口为平行四边形时高值和低值的选择

9.16 应用实验设计优化补缩和保压压力

冷流道模具的保压时间是通过浇口冻结实验来优化的。在该实验中，产品重量被看作是保压时间的函数。浇口冻结后，即使增加保压时间，产品重量也不会再发生变化。在产品重量达到稳定的最短保压时间上增加大约1s，便得到了保压设定的总时间。但是，在装有热流道或针阀式浇口的模具中，由于浇口区域始终有熔体，产品重量曲线永远不会趋平，所以使用以上方法优化保压时间难以得到满意的结果。

保压时间过长和保压压力过大会引起如飞边、残余应力等，而保压压力不够则会引起短射、缩印和尺寸超差等问题。需找到保压时间和保压压力的恰当组合，然后在其有效范围内用实验设计来优化参数。

接下来，我们借助于一套灌溉行业使用的两腔滤网模具，来解释一下配有热流道和针阀式浇口的模具进行保压时间优化的流程。

准备一张用来制作外观工艺窗口的模板如图9.25，X轴对应保压时间，Y轴对应保压压力。这样的模板称为可视化校验模板（VIT）。图9.25为已填写完整的校验模板，红色方块标记代表保压压力低和保压时间短时的缺陷产品（缩印、短射等），红色三角形标记代表保压压力高和保压时间长时的缺陷产品（飞边、过保压产品等），绿色圆点标记则代表外观合格的产品。

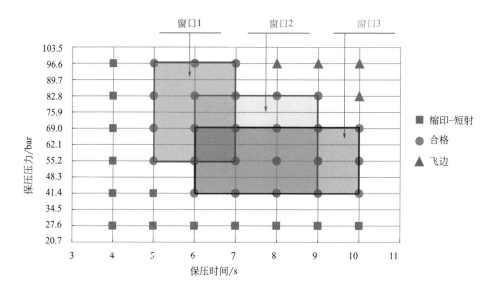

图9.25　基础外观工艺窗口的可视化校验模板（1bar=0.1MPa）

注射产品的保压压力从27.6bar（2.76MPa）开始变化到96.6bar（9.66MPa），每次递进13.8bar（1.38MPa）。保压时间从4s开始到10s，每次递进1s。采集数据并记录在可视化校验模板中。低保压压力和短暂保压时长下的产品缺陷为缩水，高保压压力和持久保压时长下的产品缺陷则是滤网区域产生飞边。这样我们便可以在校验模板中画出若干个工艺窗口（CPW）。

一旦确定了这些基础窗口，下一步就应该确定尺寸。利用实验设计方法，在窗口的边界内调整工艺，并对尺寸进行评估。在权衡三个外观工艺窗口和其他生产要求后，确定窗口3作为实验设计的边界。表9.10是根据外观工艺窗口制定的实验设计矩阵。

表9.10 根据外观工艺窗口制定的实验设计矩阵

实验编号	保压时间/s	保压压力/bar
1	10	69.0
2	10	41.4
3	6	69.0
4	6	41.4

注：1bar=0.1MPa。

用表9.10中的四种参数设定注射产品，然后测量产品尺寸。该产品的长度公差为（126.80±0.07）mm。用Nautilus软件中实验设计模块做出的分析结果显示在图9.26中。

图9.26（a）和（b）分别显示1号型腔和2号型腔的尺寸工艺窗口。绿色等值实线代表1号型腔，等值虚线则代表2号型腔。绿线代表产品尺寸合格的工艺设定，红线则代表产品尺寸不合格。

因为有两个型腔，所以必须将两等值线图叠加才能得到组合等值线图9.26（c）。绿色等值线交叉区域代表两个型腔都可用此处的设定生产出尺寸合格的产品。

现在可以画出一个组合尺寸的工艺窗口，该窗口内产品尺寸均合格。图9.26（d）是根据以上实验数据画出的窗口。观察一下该窗口，可以发现当保压时间在6.2～7.5s之间且保压压力在43.5bar（4.35MPa）和63.5bar（6.35MPa）之间时，生产出的产品尺寸均合格。当然，窗口越大工艺越趋稳健。

能用稳健的工艺进行生产是企业追求的目标，最佳的工艺参数组合应位于尺寸工艺窗口的中心位置，如图9.26（d）。这里的工艺设定选择了55bar（5.5MPa）的保压压力和7.0s的保压时间。当实际保压时间在6.2～7.5s变化且保压压力在43.5～63.5bar（4.35～6.35MPa）变化时，依然可以生产出尺寸合格的产品。这说明了稳健的工艺不仅能生产出合格的产品，而且具有优秀的统计过程能力。此外，注塑机上压力的波动范围比时间波动范围大，因此，应该首选大的注塑压力窗口。

前面提到的模具经过反复调整型腔尺寸，终于获得一个合格的工艺窗口。在第一轮调整前，模具无法稳定地生产出尺寸合格的产品。虽然外观工艺窗口较大，但是两个型腔的尺寸工艺窗口却非常小。模具的注塑工艺不稳健，统计过程能力也随之丧失。请牢记能成型部分合格产品的工艺并不保证所有产品尺寸都会合格。我们应努力了解监控设备、原料和工艺等多种因素共同引起的波动。

以上讨论的流程适用于热流道模具的优化工艺，也可以轻松地推广到针阀式浇口的热流道模具上，流程基本相同甚至更为简单。通过阀针封闭浇口，前面讨论中补缩加保压阶段里真正的保压部分被省去了。

热流道模具保压压力和保压时间的优化是个值得不断探索的领域，以上流程是

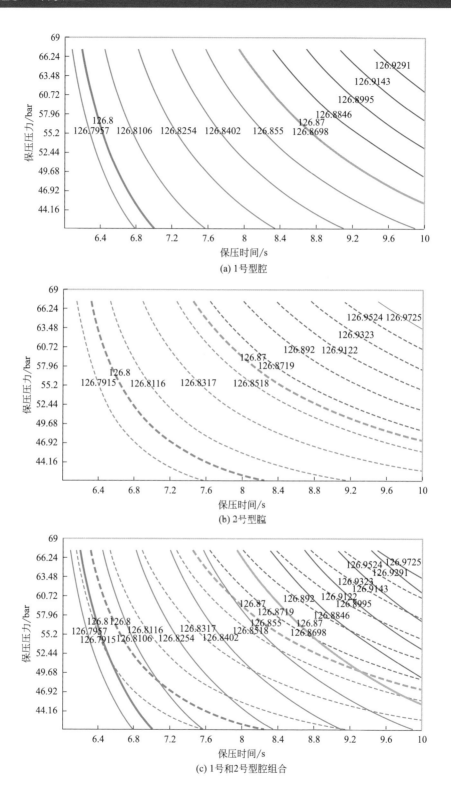

(a) 1号型腔

(b) 2号型腔

(c) 1号和2号型腔组合

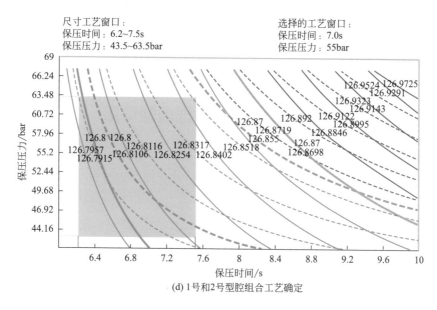

尺寸工艺窗口：
保压时间：6.2~7.5s
保压压力：43.5~63.5bar

选择的工艺窗口：
保压时间：7.0s
保压压力：55bar

(d) 1号和2号型腔组合工艺确定

图9.26　热流道模具经实验设计分析后确定的尺寸工艺窗口

选择这两个重要参数的一种科学手段，同时也恰当地评价并展现了工艺的稳健性以及稳定成型产品的能力。

在偏光仪下观测光学产品是件颇为有趣的实验。在图9.27中，浇口区域的缩印

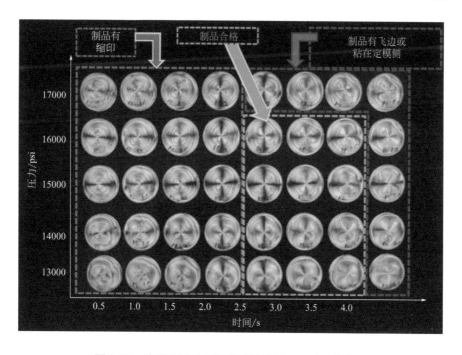

图9.27　光学镜片的可视化检验模板和尺寸工艺窗口

在偏振光下清晰可见。我们可先做一个可视化校验模板（VIT），再用前面介绍的实验设计进行分析。

9.17   生产中机器参数范围和合理报警设置

我们可对一些注塑机输入的参数值设定公差范围，同时对某些输出值设置警报。例如：

公差设置：如果补缩压力公差设为±3.5bar（0.35MPa），则当设定值是70bar（7MPa）时，压力可在66.5bar（6.65MPa）到73.5bar（7.35MPa）的范围内进行调整。

警报设置：如料垫变化范围设为±1.0mm，生产中预定工艺的料垫值设为8mm，那么一旦料垫值小于7mm或者超过9mm，注塑机将报警。

多数公司对每套工艺都设有通用公差和警报界限。例如，熔体温度的变化范围为±10%，料垫变化范围为±2mm。通用设定方法有两方面的问题：

① 首先，使用百分比有误导性。如果熔体温度是200℃，那么±10%是±20℃，有40℃的范围。如果原料是PEI，其熔体温度是370℃，那么±10%是±37℃，就有74℃的范围。因此数值越高，公差范围越宽，这不够严谨。

② 其次，工艺公差的目的是保证产品符合质量要求，或者说尺寸在规格上限和下限之间。如果我们设定通用公差为±10%，那么就会认为正好踩在公差上限（+10%）和公差下限（-10%）上的产品都是合格的，其实未必如此。

注塑工艺公差和报警界限的设置必须有科学依据，并结合工艺开发中的实验结果，即实验设计的实验结果。图9.28是一个等值线图和警报界限设定的例子。

这里只讨论了单个型腔的单个尺寸的设置流程。在实际生产中，我们必须考虑到所有型腔的所有尺寸。当模具型腔间存在不平衡或外观工艺窗口窄小时，这将极具挑战性。多数实验设计程序可以进行最佳工艺优选。因此我们可以借助软件模拟工艺并设定公差。尺寸公差较紧的产品，工艺公差会更窄，完全无法与水桶、提桶、餐叉和汤匙之类没有什么尺寸要求的产品相提并论。

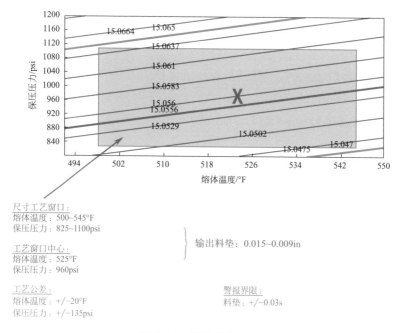

尺寸工艺窗口：
熔体温度：500~545°F
保压压力：825~1100psi

工艺窗口中心：
熔体温度：525°F
保压压力：960psi

工艺公差：
熔体温度：+/-20°F
保压压力：+/-135psi

输出料垫：0.015~0.009in

警报界限：
料垫：+/-0.03s

图9.28　设定警报界限

9.18　结语

或许有人会质疑，随着尺寸和型腔数量的增加，尺寸工艺公差和外观工艺公差是不是越来越窄？的确如此。然而实际生产中，为扩大工艺窗口所做的大量努力往往不被人们认可。这是因为大家还没有意识到，如果工艺参数的变动公差仅凭以往的成型经验确定，会造成工艺窗口过窄以及工艺调整空间的缺失。因此，只有采用本章介绍的分析方法制定的工艺公差才能保证成功。这也进一步印证了产造优质注塑模具和制定合理零件尺寸公差的重要性，同时这也是并行工程原理和实践得以大展拳脚的地方。稳健的工艺可以减少人员干预和过程检验频率，精心设计的产品和模具加上有章可循的工艺开发手段，对高效的生产工艺和有利可图的制造过程至关重要。如果缺乏这些关键要素，试图凭借一套本身存在效率缺陷的系统来高效生产产品，只会造成时间、金钱和资源的巨大浪费。

推荐读物

Lahey, J. P. and Launsby, R. G., Experimental Design for Injection Molding（1998），Launsby, Colorado Springs, CO.

Del Vecchio, Understanding Design of Experiments（1997），Hanser Publishers, Munich.

10 模具验收、量产及注塑缺陷处理

本章将讨论模具验收流程，它包含量产前必需进行的所有测量和文档建立，同时也会涉及模具验收和解决缺陷所需的工具。缺陷解决方法指导的建立是一个持续过程，需要在生产中不断修订和更新。

10.1 模具验收

工艺开发是模具能否量产的关键。稳健的工艺在生产过程中几乎不需要监控。而所谓需要工艺员参与的监控通常包括产品外观检查、工艺验证、警报处置或模具表面清洁之类的计划性或预防性保养工作。如果工艺不够稳健，技术员为了生产出合格产品就需要不断调整注塑机的工艺参数。而稳健的工艺能够生产出不同模腔、不同模次和不同批次之间一致的产品。模具验收可以分为模具功能验收和成型产品验收两部分，其流程见图8.2。

10.1.1 模具功能验收

模具功能验收需要运用第7章中曾描述过的6步验收法。测试中，模具及其零部件的功能、某些工艺参数的确定以及工艺窗口的大小都将接受评估，同时也会通过尺寸分析对制程能力进行评估。由于模具功能验收的下一步是将型腔尺寸调整到产品规格范围内，所以此时的产品实际尺寸并不十分重要。执行模具功能验收的各个步骤便可确定产品外观的工艺窗口，窗口范围当然越宽越好。一旦模具功能和工艺窗口符合要求，下一步便可进行产品的质量评估。

10.1.2　产品质量验收

该步骤包括进行实验设计（DOE）、选择工艺、确定产品尺寸工艺窗口以及工艺控制窗口的大小。此时，根据最初的尺寸统计分析，我们应该能够确认工艺是否足够稳定，型腔尺寸是否已调整到工艺尺寸窗口和工艺控制窗口的中心。如果此时仍有个别尺寸超过规格上限（USL）或规格下限（LSL），则可以肯定生产中一定会有产品超出公差，工艺无法保证稳定注塑出完全符合规格的产品。这时设计人员应检讨产品规格及产品材料的选择是否合适。当然如果产品尺寸合格，模具功能验收过程可以就此结束。无论如何，了解工艺是否得到优化的唯一途径是进行实验设计。运行实验设计的好处远远超出因此而付出的时间和精力代价。只有通过实验设计，我们才能获得工艺公差、警报范围以及工艺稳健性等关键性信息。

10.2　模具验收清单

使用模具验收清单可以确保我们对模具和工艺所有要素的评估没有遗漏。附件F是一份模具验收清单样板。清单应在试模期间使用，并在试模结束前将所有关注点填写完毕。任何改动的建议及其理由均借此传达给模具制造部门或其他相关部门。如果模具出现飞边，则应将出现飞边的样品交给模具制造部门。表10.1是一份完整的模具验收点检表。

表10.1　完整的模具验收点检表

序号	点检项目	结果和建议
1	浇口大小能否接受？	浇口尺寸加大到0.060in
2	流道尺寸能否接受？	能
3	排气状态能否接受？	流道需要排气
4	产品填充结果能否接受？	能
5	产品顶出状态能否接受？	产品不能从顶针掉落
6	流变测试是否完成？	已完成
7	型腔平衡能否接受？	不接受，型腔2有短射现象

续表

序号	点检项目	结果和建议
8	工艺窗口能否接受？	工艺窗口小，填充后不久产品出现飞边
9	浇口封冻测试是否完成？	已完成。将会在浇口更改后再做一遍
10	冷却测试是否完成？	未完成

10.3 工艺文档

很多参数会对工艺产生影响，因此我们必须对每个参数的变动进行详细记录。这些参数包括注塑机设定、实际工艺输出、材料干燥参数、设备设置指令、模具装夹细节、作业员作业指导、二次加工工艺以及从塑料粒子到出厂成品的整个过程中涉及的全部参数。

10.3.1 工艺表格

工艺表格通常是在模具初期试模时生成的首份文件。它主要应包含注塑机的工艺设定，以及其他一些参数的设定信息。表10.2所示是典型的参数列表。

表10.2 工艺参数表记录的工艺变量和输出

温度	速度	压力	时间	其他	输出
干燥	注射	注射	干燥	塑化位置	产品重量
料筒	开模	补缩	补缩	切换位置	流道重量
热流道	合模	保压	保压	原料信息	注射时间
模具	顶出	背压	冷却	喷嘴长度	料垫
工装夹具	螺杆	锁模力		喷嘴孔径	周期
退火				冷却液流速	熔料温度
				动作顺序	储料时间

每次试模结束后都应建立或更新工艺表，参数的所有变化都应在工艺表中予以记录，同时一定要保留工艺变化内容及变化日期的日志。基础历史数据对解决未来

可能发生的问题会大有帮助，它能提供工艺从"原始状态"变化到现状的沿革信息。例如，当我们发现有几个模次的注塑周期偏离了标准周期，就不免要问"究竟是什么发生了变化？"工艺变动日志在这种情况下对于评估之前的变化就会发挥作用。在生产期间，也应坚持做工艺变动日志，并让它成为工艺文件的一部分。

10.3.2　冷却通道图

注射成型是一个热传导过程，模具是主要的热交换体。由于模具温度会影响热传导速率，因此也会对产品质量产生重要影响。模具温度不仅应在同一批次生产中保持恒定，也应在不同批次生产中保持相同，只有这样我们才能实现批次间生产一致性产品的目标。这也引发了每次生产中必须保持冷却水路连接方式一致的必要性。每轮生产中的进水、回水以及串接水路位置必须相同，以保证模具热传导效果相同。文件中应有每条水路连接的水路图。图10.1是一张水路样板图。

由于热传导效果同样取决于冷却介质的温度及其流动速率，所以也应记录它们的数值。分析冷却介质的压力差或压力损失，对判断水路中是否存在水垢或者其他堵塞物很有帮助，模具制造部门应该记录这些信息。

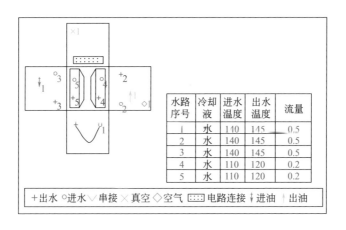

水路序号	冷却液	进水温度	出水温度	流量
1	水	110	145	0.5
2	水	140	145	0.5
3	水	140	145	0.5
4	水	110	120	0.2
5	水	110	120	0.2

+出水 ○进水 ∨串接 ×真空 ◇空气 ⬚电路连接 ↓进油 ↑出油

图10.1　水路样板图

10.3.3　模具温度分布图

即使按照水路图的记录正确连接水路，了解真实的模具温度分布状况也很重要。例如，模温机设定为60℃，但是由于水路堵塞，模具便无法达到需要的温度。同时模具和模温机之间也会有热量损失。模温机出水温度为60℃，水流到达模具时，可能已经降到50℃，因此，一定要在开机前记录模具型腔的实测温度，以及每个水管接头处的实测温度。水路堵塞会导致出水水路温度与其他水路温度不同。如果模具温度的设定接近环境温度，由于模具型腔的温度会始终达到均衡，所以水路堵塞不会对型腔的模具温度分布造成负面影响。在模具运行一段时间后，一定要仔细检查并详细记录模具温度。图10.2是模具温度分布图的样板。

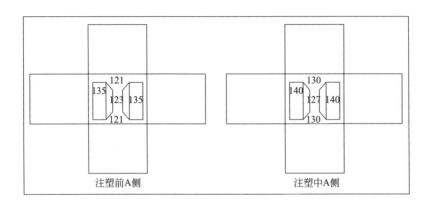

图10.2 开机前和生产中的模具温度分布图

10.3.4 开机指导书

上模流程和所需工具应在开机作业指导书中加以说明，便于快速顺利开机。这对有特殊动作顺序（如抽芯机构模具的开合模顺序）的模具尤为重要。如果模具动作顺序不正确就很容易损坏，要花费几千美金来更换模具部件，这不仅耗费人工和设备用时，也会造成生产时间的浪费。开机指导书还应包括上下模流程和清料程序，模具应从低压、低速开始运行等操作流程。热流道模具还应提供热流道分流板的加热时间。

10.3.5 操作员手册

在产品进入包装箱前，操作工通常是最后接触产品的人，他们是全面质量控制不可分割的环节。应当为操作工提供处理产品、包装以及二次加工清晰的作业指导，例如除去产品飞边的具体方法。包装是另外一个重要步骤，如果产品包装不当，则可能在运输过程中损坏，甚至引起翘曲缺陷。

10.4　记录手册

最好要有两类文件记录：模具验收记录本和生产记录本。模具验收记录本应该记录模具验收过程中的所有细节，生产记录本则应该包含生产过程中的所有信息。这些信息包含那些可以帮助技术人员在生产期间分析和解决问题的模具验收结果。表10.3是文件记录本中需要包含的文件列表。

表10.3　模具验收和生产记录中包含的文件

文件	验证簿	生产簿
产品图纸	Y	Y
原料物性表	Y	N
加工数据表	Y	Y
上模指导	Y	Y
黏度曲线	Y	Y
型腔平衡	Y	Y
压力降	Y	Y
外观工艺窗口	Y	N
浇口封闭测试	Y	Y
冷却测试	Y	N
DOE矩阵	Y	N
DOE结果-潘多拉图	Y	Y
DOE结果-等值线图	Y	Y
DOE结果-其他	Y	N
工艺表	Y	Y
尺寸工艺窗口	Y	Y
控制工艺窗口	Y	Y
工艺变化日志（工艺开发期间）	Y	N
工艺变化日志（生产期间）①	N	Y
操作工指导①	Y	Y
每日模具保养（生产期间）①	Y	Y
开机和关机指导	Y	Y

① 在模具开发期间开始建立并在生产中必须持续更新的文件。

10.5 试生产验收

产品质量、工艺窗口和制程能力合格后，就需要安排一次小批量验收试生产。生产时间的长短要根据产品需求量和质量关键点而定。对于一套准备常年生产的模具而言，优化的模具结构和稳健的注塑工艺能够大幅度缓解生产管理人员的压力，甚至可以考虑进行精益生产。这类模具应该考虑进行24h的验收生产。对于关键产品，例如质量要求零缺陷的，也应遵守上述相同的验收生产流程。在验收生产中工艺过程需密切监控，避免发生变化，这点十分重要。如果不得不变更工艺才能维持产品质量，那么必须重新评估整个工艺，因为这是工艺不稳健的信号。一定要首先隔离这些验收生产的产品，在核实全部信息和质量后才能放行出货。试运行时间越长，对产品尺寸变化的了解也就越透彻。

10.6 模具故障排除

对于常见缺陷的解决，方案因模而异。例如，一个产品上的料花可能是注射速度过高所致，而注塑材料相同的另一个产品，料花则可能由于模具温度过低所致。因此尽管可以用解决缺陷的通用指导原则作为起点，但由于每套模具都各有特点，特定模具的问题及其解决方法还是应该详细记录，并在每次出现新的缺陷并找到可能解决方案时加以更新，以备下次缺陷再次出现。另外文件中还应记录哪些是不可改动的参数。例如，模具温度对某个特定尺寸的影响十分显著，或者发现它并非是导致缺陷的显著因素，都应该在文件中说明。往往某个缺陷有多种可能的解决方案，这时应该排出这些方案的优先顺序。文件中也应包含实验设计结果，标明对产品质量影响最显著的参数。表10.4是解决模具缺陷步骤的例子。

表10.4 模具相关缺陷解决方案

序号	缺陷	建议	不可变动
1	银纹	清洁排气	注射速度
		检查原料水分	
		降低熔料温度（不低于210℃）	

序号	缺陷	建议	不可变动
2	圆柱套短射	清洁排气针	保压压力
3	尺寸15.055in偏小	检查流经模芯的水流	保压压力

10.7　注塑机开机和停机

10.7.1　清料

　　注射完成后，料筒中残存的材料一定要予以彻底清除，用作清料的化合物或料筒中的降解料也不例外。降解料注射进模具后会存在两个潜在风险。首先，当材料降解很严重，完全丧失了力学性能，这种降解料一旦注射到模具里，生产出的产品易碎，甚至无法顶出。产品由于粘模顶出时可能破裂，顶针刺穿产品，卡在模具里的产品会损坏模具的脱模部件，这些都是降解料造成的。可能出现的第二个问题来自于材料降解产生的挥发气体。这些气体在料筒里聚集，如不及时排除，一旦注射进模具，便会堵塞填充末端的排气槽。降解料的其他副产物也极易在模具中到处转移，堵塞排气槽。如果排气槽在生产第一模时就发生堵塞且没有及时被发现并得到解决，那么注塑件很快就会产生外观缺陷或尺寸问题。这将迫使进行工艺调整，从而进一步影响产品质量，最终引起一连串的工艺改变。

　　热流道系统也必须用新料清除可能存在的降解料。热流道系统清料时，应该在模具动模上盖一块硬纸板，防止降解料不慎喷上去，尤其是那些装有复杂滑块或斜顶机构的模具，否则就要拆卸模具进行清理。在注射压力起作用时，某些热流道分流板部件是依靠注塑机的锁模力来防止漏料的，因此慢速低压注射时必须十分谨慎。开始先用螺杆速度和高背压把熔体从分流板中挤出去是个不错的方法。每套模具都各有不同，因此清料方法也不尽相同。实施清料前需评估特定模具的清料流程。

10.7.2　注塑机开机

　　注塑生产过程中存在高压、高温和高速等危险。极端情况下，甚至可能出现烧伤或死亡事故，类似意外时有报道。因此，应始终把安全放在首位，严格遵循系统化的开机流程。从工艺角度来看，注塑开始时，最好采用较为保守的工艺条件，而不宜立刻将注射压力和速度开足，具体方法后面详述。这样，就可以防止模具意外损坏，以及注射的产品过度填充。产品过度填充会产生飞边，而飞边会阻塞模内排气道，例如排气镶针。另外，产品一旦填充过度，导致开模力增加，开模困难。

为了更好地说明开机流程，举一个例子，条件如下：

保压压力1000psi（6.895MPa），保压时间8s，冷却时间20s。

根据这些条件，建议的开机流程如下：

① 用模具验收时记录的工艺作为起始工艺；

② 测量熔体温度；

③ 测量模具温度，确保冷却水流动正常；

④ 增加冷却时间，等于补缩和保压时间相加（即冷却时间=28s）；

⑤ 将补缩和保压压力、保压时间均设为零（HP=0,HT=0）；

⑥ 设定螺杆延时等于保压时间，均为8s；

⑦ 料筒清料，在半自动模式下注射第一模次；

⑧ 注射"只注射"产品，要与之前的记录或样品相吻合；

⑨ 继续注射几个模次；

⑩ 将补缩-保压时间和注射压力提高到正常值的一半，同时缩短冷却时间，降低值为设定保压时间的一半，即保压压力=500psi（3.4475MPa），保压时间=4s，冷却时间=24s；

⑪ 注射5个模次；

⑫ 设定螺杆延时等于零或者之前记录值；

⑬ 确保工艺与之前记录的工艺吻合；

注意，有些产品不宜进行短射操作。对于此类模具，可保持保压时间的设定值并逐渐增加保压压力。

10.7.3　注塑机停机

注塑机停机流程同样重要。如果是注塑热敏感或易降解的塑料，注塑机停机前，一定要把余料从料筒中清洗出来。方法是完全停止注塑加工后，使用正确的化合物进行清料。如果模具配有热流道系统，那么停机前，须遵照热流道供应商的建议，进行热流道系统清料。在注塑机停机时，必须清空料筒内全部熔体，并将螺杆停在料筒前部，否则注塑机冷却后，料筒前部会留下一个实心塑料圆柱，给下次开机带来困难。

由于塑料是不良导热体，圆柱体的中心需要很长时间才能熔化，它会妨碍料筒清料或注塑再次启动。如生产时使用了冰冻水，关闭水路后应再打几个模次，防止模具型腔内出现冷凝水。

关机前最后几个模次带流道的产品必须随模具妥善保存。由于这些产品是停机前模具和工艺状态的真实反映，故不应进行如去浇口或去飞边等二次加工。

10.8　故障排除

故障处理是生产环境下最重要的一项职能。随着设备和生产工艺变得日益复杂，拥有故障处理技能、知识丰富的技工越来越炙手可热。注塑工艺中涉及的塑料流动特性较为复杂，包括速度、压力、时间和温度等要素。这些要素都会对产品质量产生影响。例如，升高熔体温度会增加熔体流速，而增加注射速度也会提高熔体流速。延长冷却时间会使产品尺寸增大，而降低模具温度也会起到相同的效果。正因为对产品质量产生类似影响的措施多种多样，而不同人又偏好不同的调机手法，由此带来了很多弊端，如工艺参数表经常更新，模具投入生产数月后，最终的工艺参数表已变得面目全非。这种做法暴露了两个问题：第一，科学工艺尚未就位；第二，技术人员缺乏流程培训，不了解如何运用正确的工具和系统来解决问题。有时即使工艺稳健，生产故障仍然可能经常发生。因此，稳健工艺一旦建立，即使有时候难以获取所有相关工艺或设备的状态，也一定要尽可能详尽记录工艺过程所有要素的输入和输出。例如，控制注射过程的液压阀和控制浇口的气动阀响应时间都会影响产品质量，但要准确记录响应时间却难上加难。如果以上要素状态发生变化，解决注塑产品质量问题的手法也要相应变化。

如何解决注射成型故障没有任何硬性的条规。首先，需要深入了解产品问题的症结所在，然后推断出问题背后潜在的原因。在与原记录比对工艺条件并对结果仔细研究之前，不宜改变工艺参数。一些未在工艺表中记录的其他相关因素也应加以关注。

以下是解决一般注塑问题应遵循的一些指导原则。

① 对比设定工艺和之前记录的工艺。如果设定工艺有所变化，不应立即调回原来的工艺（变化可能事出有因）。

② 观察10模次的完整工艺并记录所有输出，包括填充时间、料垫、塑化时间和周期，并与文件记录的实际输出做比较。

③ 停下机器，比较实际模温和之前记录的模温。

④ 记录熔体温度并与文件记录的测量值做比较。

⑤ 如前所述，通过测量水管温度检查水流状况。设法疏通水路中的堵塞，并让冷却水循环一段时间，让模具温度趋于稳定。

⑥ 如果对比原来的工艺表后，发现工艺参数有所变化，就需要参考实验设计的结果，查看那些发生变化的参数对产品质量是否有影响。如果没有影响，则设定工艺可回到原来工艺。如果有影响，则需检查产品超出规格是否是参数变动引起的。如果"是"，那么需回到之前的工艺，否则，可通过适当的参数调整让产品合格。但所有工艺调整都需记录。

一旦生产的产品符合质量要求，应在接下来的模次中对成型过程和产品质量进行监控。需记录下所有异常波动趋势，如注射压力增大、填充时间减少或其他变化。这些变化可能迟早会导致产品超出规格，所以必须主动找到这些变动趋势或变化背后的原因。模具冷却水路数量不够而造成的冷却不足，就是一个很好的例子。模具作为一个热交换体，必须及时输出内部产生的热量，这样才能维持其状态稳定。如果模具热量无法消散，模具温度升高，产品质量就会受到影响。这种变化将逐步体现在产品尺寸的变化趋势上。

以上变动均应在生产记录本中留下工艺更新日志。原始工艺必须与更新的工艺表自始至终共同存放在生产记录本里。每次工艺变化时，就应在工艺变动日志页上留下原来和更新工艺参数的记录。持之以恒地做好记录，才能确保工艺表中任何变动履历不被疏漏，方便回顾。

检查通过模具的冷却水流是否正常并不是一件轻松的事。模温机水阀打开后，水流理当流过模具中所有水路。而生产中造成产品尺寸偏差最常见的一个原因便是水路（或油路）堵塞。找到此类问题的手段就是用测温仪实际检查水管温度，判断水温是否达标。当水管温度在 30～45℃ 左右时，用手握住水管就能感受到水流带来的热量。而当水管温度低于 30℃ 时，水管温度与室温相差不大，用这种方法就难以奏效，容易引起误判。设备的抖动很容易和水流的感觉混淆，因此，应避免仅靠"感觉"判断模具中的水是否流动。在实践中，可先将温度升高至大约 35℃，检查水流是否正常，然后再设定正常工艺的水温。每次开机之前，在保证安全的前提下，必须检查冷却水流情况。对于那些用油作为冷却媒介的模具，由于所加工材料的缘故，模温极高，所以一定要用测温仪测量模温。例如，加工 PEEK 材料的模具温度介于 175～205℃ 之间。加工此类塑料时，由于用于冷却的油温很高，安全的重要性不言而喻。

以下为在生产车间里遇到的一些常见问题：

① 水管压扁或折弯；

② 水路控制开关未打开；

③ 进水和出水接反；

④ 流入水排的进水量小于流到注塑机的出水量；

⑤ 如果水路中采用了T形连接，进水必须沿着字母T的竖线，而出水沿着横线。一旦从横端进水，竖线上必然缺水。文丘里流量计的工作原理是：如果T形连接的内部几何形状、尺寸大小以及流速之间满足伯努利方程式，那么T形连接的竖线上便会出现真空。虽然真的出现真空的概率并不大，但是水流效果减弱的可能性却很高；

⑥ 连接模温机和模具的水管过长，导致温度损失和压力降增加；

⑦ 注塑机进料口的温度调节不当。

10.9　模具验收以及故障排除所需的设备和工具

尽管这个话题看上去多余，但笔者还是列了一份清单，借此强调这些设备的重要性。

（1）熔体温度测试仪

（2）表面测温仪

（3）精度匹配的电子秤（首选）

① 产品重量超过250～300g，精度为1g；

② 产品重量在50～250g之间，精度为0.1g；

③ 产品重量小于50g，精度为0.01g；

④ 微注塑产品，精度为0.001g。

（4）流量计

（5）放大镜

（6）手电筒和镜子

（7）各种尺寸的铜棒（直径和长度不同）、钳子

（8）火焰枪

（9）厚薄不同的耐高温手套

（10）塑料加工数据表

（11）照相机——拍照和录像

（12）计算器

（13）笔记本、模具验收流程及表格若干份

上述工具的用途和优点无需赘述。熔体和模具的实际温度应以测温计测量为准，不可仅抄录机台设定数据。浇口封冻测试或产品重量的统计分析都应使用精密称重仪。产品重量是与产品质量直接相关的重要输出。如果称重时产品重量无变化，应为称重仪精度不够，应调换精度更高的称重仪，以便观察产品重量的细微变化。虽然没必要在每根水路上都安装流量计，但在模具常规预防性保养中，还是应该使用流量计检测水流状况。一旦产品质量出现问题，可以利用检测数据与生产中的流量进行对比。处理粘模的塑料或产品时，应使用铜质或软质工具，以免损坏模腔。高抛光表面的塑料粘模故障应由资深技工亲自处理。这是因为抛光表面很容易遭受损伤，如有损伤，修理起来费用昂贵且耗时。架设摄像机有助于监控不常出现的状况。一旦出现状况，便可用暂停或慢动作回放锁定问题所在。为了使验收流程高效，作为整个验收流程中主要内容的数据清单和表格等文件，应妥善保存，方便查找。如今生产现场越来越多地使用笔记本电脑和工作站，纸质文件已濒临消失。

10.10　常见注塑缺陷的类型、原因及其预防措施

影响注塑产品质量的要素有五个：产品设计、材料选择、模具设计和制造、注塑机的选择以及注塑工艺。其中任何一个要素都会造成注塑产品的缺陷。注塑工艺的调整往往最为快捷方便，因此调整工艺似乎成了解决所有缺陷的灵丹妙药。然而在多数情况下，结果却恰恰相反。图10.3是产品浇口位置设置不当的典型例子。在产品注射末端壁厚区域的补缩过程中，靠近浇口的筋位会因过度填充而发生粘模，而产品注射末端壁厚区域则仍有缩印。很明显这一缺陷是因模具设计不当造成的。出于保密原因，产品实样不便展出。

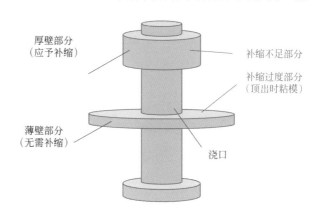

厚壁部分
（应予补缩）

补缩不足部分

补缩过度部分
（顶出时粘模）

薄壁部分
（无需补缩）

浇口

图10.3　模具设计相关的缺陷

10.10.1　料花

注塑产品中最常见的外观缺陷是料花。没有注塑厂能接受有料花的产品。

注射成型是把熔体注射到模具型腔内的过程。模具型腔表面的纹理通过熔体复制到产品上。根据不同的基础聚合物，塑料的熔融温度介于175～400℃的高温之间，PEI材料便是高温熔体的一个例子。在这样的温度下，水会变为水蒸气，某些低分子添加物会燃烧并产生挥发物。塑料注射进模具时的高速会产生剪切，而过度剪切也会使聚合物分子发生降解。水蒸气和降解产生的挥发物（统称挥发物）会随熔体进入型腔。熔体以喷泉流动方式进入模具型腔后，部分到达型腔表面的挥发物会妨碍熔融塑料与模具型腔表面的进一步接触。同时，挥发物会附着在熔体与型腔的接触面上，由此形成的条纹称为料花或银纹，见图10.4。

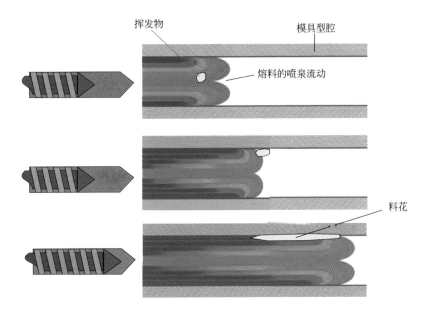

图10.4　料花的形成

料花的来源：

① 材料中的水分。

② 浇口尺寸偏小。如果浇口太小或有锐边，塑料可能会发生过度剪切并产生挥发物；在这种情况下，模具的设计缺陷才是真凶。

③ 螺杆或料筒磨损引起塑料的过度剪切，从而形成料花。

④ 含有过多细小颗粒的回料。在粉碎期间，有些塑料被粉碎得过细，甚至接

近粉末。这种微粒在注塑过程中难以输送，会黏附在螺杆上，最终降解并产生挥发物。

⑤　模具排气槽是挥发物的出口。如果排气槽堵塞，深度不够或数量不足，挥发物便无法逸出，便产生了料花。

注塑熔体中总难免混入挥发物，也一定会混入空气。这些空气是塑料颗粒从注射机进料区前移至螺杆压缩区时带入的，存在于塑料颗粒和颗粒之间。在储料过程中，背压就是用来去除这些空气和挥发物的。背压应尽可能小，背压过大会增加材料剪切，产生料花。

10.10.2　注塑缺陷

所有的注塑缺陷都必须在模具验收阶段得到解决。正如我们讨论过的那样，模具拥有宽泛的外观工艺窗口至关重要，它能提高我们获得稳健注塑工艺的机会。下面将讨论注塑产品的一些缺陷及其可被采用的可能解决方案。所列举的可能解决方案都在真实产品上使用过且有所更新。但解决缺陷的方法在一个产品上奏效，未必在其他产品上也奏效，需要具体问题具体分析。

（1）短射

可能原因：

熔融塑料无法到达模具型腔的相应部位。

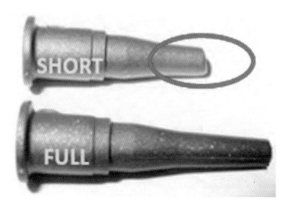

可能解决方案：

① 升高熔体温度；

② 升高模具温度；

③ 增加注射速度；

④ 如果工艺压力受限，应提高注射压力上限；

⑤ 检查模具的短射区域是否有排气；

⑥ 加大浇口和流道尺寸。

（2）飞边

可能原因：

熔融塑料溢出模具型腔。

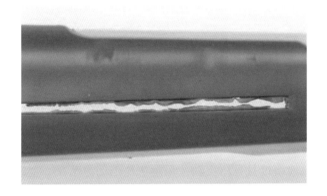

可能解决方案：

① 检查模具碰穿面状态和模具是否已损坏；

② 降低熔体温度；

③ 降低模具温度；

④ 降低注射速度。

（3）缩水

可能原因：

塑料在冷却收缩时，没有足够的补偿收缩。

可能解决方案：

① 增加补缩和保压压力；

② 延长补缩和保压时间；

③ 降低模具温度；

④ 降低熔体温度。

（4）料花

可能原因：

详细解释请参考10.10.1小节。

料花是熔体中挥发出的多余气态杂质或材料中逸出的湿气在产品表面形成的一层残留痕迹，它会停留在熔流和型腔壁之间，阻碍型腔饰纹的转印。

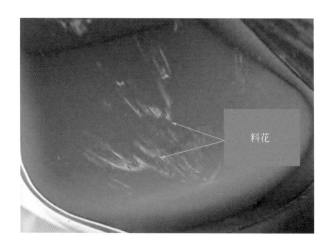

可能解决方案：

① 将塑料粒子烘干至推荐的干燥程度；

② 降低注射速度；

③ 调低熔体温度；

④ 降低螺杆转速；

⑤ 降低背压；

⑥ 提高模具温度；

⑦ 增加排气；

⑧ 加大浇口尺寸。

（5）翘曲

可能原因：

熔体在注塑件不同部位的冷却速度不同。

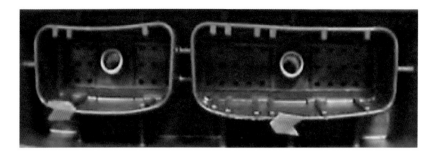

可能解决方案：

① 降低熔体温度；

② 尝试在定模侧和动模侧设定不同的模具温度；

③ 增加补缩和保压压力；

④ 加长补缩和保压时间；

⑤ 延长冷却时间。

（6）烧焦

可能原因：

在塑料注射期间，当空气和挥发气困在模具型腔里时，高压力使塑料柴油化，并烧焦塑料。

可能解决方案：

① 增加模具排气；

② 降低注射速度；

③ 调低熔体温度；

④ 降低螺杆转速。

（7）黑色斑点和条纹

可能原因：

可能由混入的降解材料或混料造成。

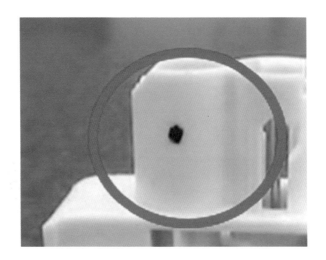

可能解决方案：

① 调低熔体温度；

② 降低注射速度；

③ 降低螺杆转速；

④ 查找异物来源。

（8）空洞

可能原因：

常见于厚壁产品，产品表面层首先固化，当内部熔体冷却时，中部塑料缩向外壁，于是在产品内部便留下了真空洞。

可能解决方案：

① 降低熔体温度；

② 调低模具温度；

③ 降低注射速度；

④ 调高补缩和保压压力；

⑤ 延长补缩和保压时间。

（9）气泡

可能原因：

材料中的水分或挥发气体与熔体混合，一并注入模具型腔后，形成气泡。

可能解决方案：

① 将塑料粒子烘干至推荐的水平；

② 调高背压；

③ 降低熔体温度。

（10）浇口晕斑

可能原因：

材料在浇口处与产品其他部位所受到的剪切不同，浇口处则会呈现浇口晕斑。

可能解决方案：

① 降低浇口部位的注射速度；

② 必要时，分段设定注射速度；

③ 尝试调高和降低熔体温度以及热流道模具的热嘴温度。

（11）喷射纹

可能原因：

常见于厚壁产品，塑料以"蛇形填充"注射到型腔的低温表面，后进入型腔的塑料无法和前面的塑料充分融合，从而产生喷射纹。

可能解决方案：

① 降低注射速度；

② 升高熔体温度；

③ 改变浇口位置。

（12）熔接线

可能原因：

由于料流前锋始终与低温模具型腔接触，故温度偏低。当两股料流前锋相遇，例如绕过某固定镶针时，较难均匀融合，从而形成熔接线。有时候，熔体内的困气也可能形成类似产品缺陷。

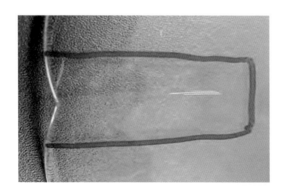

可能解决方案：

① 升高熔体温度；

② 升高模具温度；

③ 增加注射速度；

④ 增加排气。

11 影响工艺稳定的重要因素
——模具冷却、排气和再生料

11.1 模具冷却

模具本质上是一个传热单元。高温塑料熔体注射进低温的模具型腔，冷却后被顶出模具。只有模具温度设置得比熔体温度低才能使熔体冷却到塑料的顶出温度。模具温度对传热速率有着决定性的影响，在注塑过程中尤为重要。科学注塑的目标是实现以下三种一致性：模次之间的一致性、批次之间的一致性以及型腔之间的一致性，而稳定的热传导过程对实现这个目标非常关键。熔体和模具之间的传热速率与二者的温差成正比。在注塑生产中，如果熔体温度和模具温度自始至终保持不变，那么传热速率在模次之间也将保持不变。在注塑机上，熔体温度一般通过料筒的温度设定来实现，通常不是产生差异的主要原因。通过设置实际料筒温度警报来监测温度波动甚至超限，是个值得推荐的方法。在型腔里安装温度传感器尽管还不流行，但它却是衡量熔体温度是否稳定的一条有效途径。

维持模具温度稳定比维持熔体温度稳定更具挑战性，这也是模具设计的关键所在。冷却循环通道的设计应有助于高效传热，冷却液的选择也应细加考量。我们使用"冷却"这个词，是因为在热塑性塑料成型过程中，模具温度必须低于熔体温度。如聚酰亚胺类的材料，熔体加工温度可高达400℃，而模具温度也可达到162℃。接下来将讨论关于模具冷却通道设计的几个重要因素。

11.1.1 冷却通道的数量

熔体与模具型腔间的均匀传热将有利于整个产品的均匀降温，这样产品各处会收缩一致，翘曲或内应力也将随之消除。最理想的状态是型腔中每个位置的温度都能保持一致，冷却液能流经型腔的每个角落。因此，应设法围绕产品尽可能多地布置冷却通道。然而随着冷却通道数量的增加，模具发生破损和强度下降的风险也会增加。模具钢材要经受注射产生的高压，顶针、型芯镶件或其他模具零件的布置也会使模板强度下降。要在不干涉冷却通道运行的前提下合理布局这些所需的模具零件，绝非易事。如果通道数量不足，传热不充分，就会导致冷却不均匀，产生高温或低温点。时间一长，整个模具温度就会升高，传热速率和产品质量也会随之产生波动。因此，我们需要在模具结构完整和冷却充分之间找到平衡。

另外一个因素是包括连接模温机软管在内的冷却液通道总长度。流动距离长，压降就大，流速和传热效率也会随之降低。由于每个产品的表面积、厚度及其在模具里的排布位置等都不一样，所以没有专用的公式能够测算出所需的冷却通道数量。但注塑中模具和产品的温度可以用计算机程序进行预测，条件允许时应尽可能加以利用。近些时期，所谓的随形冷却日益流行，其型腔呈片状或板状，冷却通道围绕产品表面轮廓由机加工完成。模具装配后，冷却通道会随着产品轮廓曲线形成回路。这个方法可以有效地实现均衡冷却，但是成本较高。

11.1.2　冷却液流动的雷诺数

雷诺数是用来判断冷却液流动形态是层流、过渡流还是紊流（又称湍流）的重要指标。为了获得最佳的热传递效果，冷却液流动形态必须是紊流，而不应是层流。层流中的冷却液分层流动。当冷却液流经模具并开始从型腔吸收热量时，靠近钢材的冷却液表层温度升高。由于传热速率与型芯和冷却液之间的温度差成正比，冷却液表层温度的升高会导致传热速率的下降，传热速率的变化反过来又会引起产品质量变化并影响产品的一致性。紊流中的冷却液分子流动不分层，而是在水道中持续交错流动，不断吸收模具型腔上的热量，并均匀地传递到冷却液中。这将有利于保持冷却液温度，从而保持稳定的传热速率。图11.1显示了层流和紊流之间的区别。如果紊流中冷却液的温度仍缓慢上升，这表明还有多余的热量需要带走。此时，需要进一步增加通道直径或通道数量。通道直径的增加必定会带来流量的增加。雷诺数 Re 大于4000时的水流可以确认为紊流（有些文章建议的紊流雷诺数约为3500）。

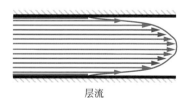
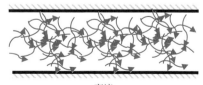

层流　　　　　　　　　　　　　　紊流

图11.1　层流和紊流

式（11.1）给出了雷诺数 Re 的计算公式。

$$Re=\frac{\rho VD}{\mu} \tag{11.1}$$

式中，ρ 是冷却液的密度；V 是冷却液的流速；D 是管道直径；μ 是冷却液的动态黏度。

11.1.3 冷却液类型

使用"冷却液"一词是因为该液体是用来冷却塑料熔体的。虽然冷却液温度有可能高达165℃，此时实际上是在加热模具，然而仍能对塑料熔体起到冷却作用。水和油是常见的两种冷却液。水经济方便，且容易实现紊流，因此用得最为广泛。如果在水中加入添加剂，例如乙二醇，就必须注意它的传热性以及流动相关的物性。水的缺点是只能在约95℃以下的场合中应用，不可超过其沸点。

对于温度高于95℃的场合，油应用得较多。例如聚酰亚胺等高性能材料，模具温度高达162℃，此时必须使用油作为冷却液。油的不足是很难形成紊流的，不利于传热。出于安全考虑，油温机的油泵应具有自动停机功能，以防油管突然破裂。某些情况下也可使用电热棒加热，但这并不常见。注塑模具本身并没有可将塑料产生的热量散发出去的装置，模具的传热只能依靠对流和传导实现，因此型腔温度往往并不稳定，且难以精确控制。有的模具设计采用了电热棒和油温机的混合系统，这样模具温度会变得更加稳定。

11.1.4 冷却通道的连接方式

随着模具上冷却通道数量的增加，集水块上的接水口数量可能不足。这时可以将模具的一些通道部分串接或并接，再连接到集水块的一条单独通道上去。如图11.2所示的两种通道连接方式，各有优劣。关键要确保通道里的冷却液是紊流。

冷却液在并联通道中的压降小、流速快，因此出现层流的风险较小。然而由于冷却液总会选择阻力最小的路径流动，因此通道中的任何堵塞都会引起冷却液局部流量不足，从而造成各通道间流量不均。如果不接入流量计，要想观察各通道的流量是否均衡很困难。而在串联通道中，利用流量计可以轻松找到水流受限或者堵塞的位置。当注塑产品突然出现整体质量问题时，有可能就是通道不畅造成的。串联通道一旦过长，便会出现较大压降。

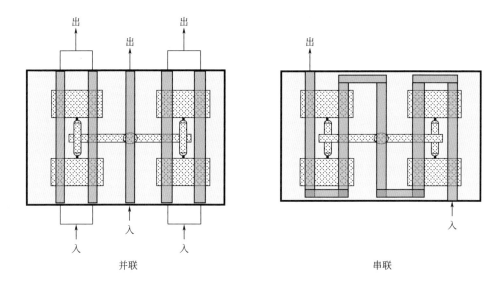

图11.2　冷却水路的并联和串联

11.2　排气

　　为了让塑料填满型腔，需要把型腔中的空气排净。未排出的空气承压后会骤然升温，在注射产品上引发柴油机效应，导致塑料烧焦或局部填充不满，形成短射，因此要在模具芯上加工排气槽，时间一长，模具中注射末端区域或存在空气和塑料受压缩的型腔角落，型腔钢材就会发生破损。图11.3显示了在增加排气槽前后，烧焦痕从有到无的情形。图11.4显示了一段筋条，由于没有设置排气槽出现短射的现

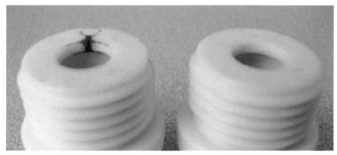

增设排气前　　　　　　　　　增设排气后

图11.3　增设排气以消除烧焦痕

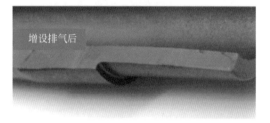

图11.4　缺乏排气造成填充不足

图11.5　增设排气以消除空洞

象。另一种排气不良造成的常见缺陷是产品内部空洞。如果塑料的流动形态欠佳，产品内部会出现空气嵌顿，形成空洞。图11.5显示了一个有内部空洞的产品，模具增加排气槽后，内部空洞消失。如果模具排气不良，会在型腔内积聚较大压力，撑开模具分型面，引起产品飞边。有些注塑机设有"模具呼吸"选项，允许模具在补缩和保压阶段开始前微微打开，排出空气后才进行锁模。

11.2.1　排气槽尺寸

排气槽是连接模具内、外部的通道，熔体只有达到一定的黏度，才不会通过排气槽溢出型腔。图11.6显示了模具排气槽的剖面详图。最靠近型腔的避空部分是一级排气槽。一级排气槽的尺寸最为关键。首先，排气槽深度应该既能让空气排出，又能防止塑料从中溢出。排气槽深度将在下一节详细探讨。其次，排气槽不应过长，以免造成压力下降，妨碍空气排出。当然也不应太短，以防塑料溢入次级排气槽。在排气槽深度设计正确的前提下，其长度一般应在1.2～1.5mm的范围内，排气槽宽度尺寸至少应介于5～8mm之间。排气槽覆盖区域应尽可能宽泛，有些排气槽甚至可以围绕产品的整个轮廓（环形排气）。

次级排气槽也称引气槽，其尺寸一般大于一级排气槽，这样更容易把模具里的空气引入大气。次级排气槽深度大约为0.25mm。无论哪种排气槽都需抛光良好，

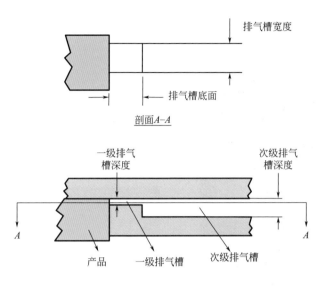

图11.6 模具排气槽的剖面详图

避免挥发气体残渣堆积。排气槽的抛光方向一定要和气流方向一致。如果空气经过的路径较长，应考虑再增设一级排气槽，其深度为0.6mm。第三级排气槽有助于减小压力降，槽的抛光方向也应沿着气体流动的方向。

11.2.2 主排气槽深度

排气槽深度取决于塑料熔体在加工温度下的黏度。黏度不同，排气槽深度也不同。原材料供应商通常会推荐排气槽的深度。例如，ABS的排气槽推荐深度为0.05mm。模具供应商在制作注塑模具时，一般会取推荐值的下限，以避免出现飞边。如果塑料溢入排气槽，说明排气槽太深，需要修正，这就不免要进行烧焊和表面修理。为避免烧焊，模具供应商会采取保守做法，对排气槽深度做"留铁"处理。人们一贯认为，塑料黏度是决定排气槽深度的唯一重要因素。但最新的研究发现，排气槽深度不仅与塑料的黏度相关，还与排气槽连接的塑料部位壁厚相关。图11.7为此研究专用的模具。测试产品中心进胶，如图11.8所示，有18根不同厚度和排气深度组合的样条。熔体通过中心浇口同时到达每根样条。分别为3.175mm、1.587mm和0.792mm，同时配有6种排气槽深度，从0.0005in（0.0127mm）到0.0030in（0.0762mm），间隔0.0005in（0.0127mm）。用不同材料测试后，记录各种厚度样条开始产生飞边的最小深度。测试结果显示样条厚度对排气槽深度有很大影响。对于较厚的样条，即使排气槽较深也不会出现飞边。例如，厚度为0.125in（3.175mm）的ABS样条经测试，排气槽深度在0.0030in（0.0762mm）时出现飞边。

而厚度为0.0312in（0.792mm）的样条，排气深度在0.0020in（0.072mm）时才出现飞边，见图11.9。

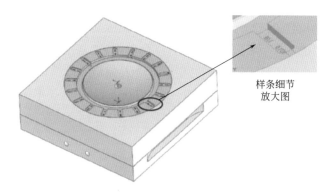

图11.7　用于研究排气槽深度的模具

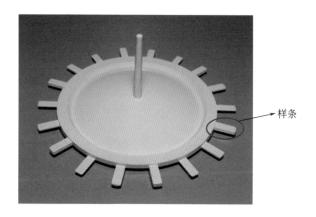

图11.8　用于排气槽测试的注塑件

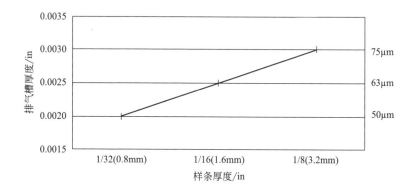

图11.9　ABS样条厚度和开始出现飞边的排气槽深度（中等流速）

　　当塑料熔体被挤入薄壁区域时，由于压力上升，熔体会溢出一级排气槽。而在厚壁区域，总体塑料熔体压力比较低，因此排气槽深度可以开得深一些。虽然公布的ABS排气深度值是0.002in（0.0508mm），但是从上述实验模具得到的测试结果却显示，0.003in（0.0762mm）的排气深度也能接受。该排气槽深度曾成功运用在多套模具上。图11.10显示了不同样条厚度和排气槽深度的组合，以及可见飞边发生的情形。对多种聚酰胺的测试也显示了令人惊讶的结果，聚酰胺的排气槽推荐深度值为0.0005 ～ 0.0007in（0.0127 ～ 0.0178mm）。但在厚壁区域，可采用约为0.0015in（0.038mm）的深度。

样条厚度=0.125″
排气槽深度=0.0025″
无飞边

样条厚度=0.125″
排气槽深度=0.0030″
出现飞边

样条厚度=0.03125″
排气槽深度=0.0015″
无飞边

样条厚度=0.03125″
排气槽深度=0.0020″
出现飞边

图11.10　样条厚度和排气槽深度对飞边的影响

11.2.3　排气槽位置

　　最有效的排气槽位置是产品的填充末端。塑料流入型腔，排出空气，直到塑料充满型腔。空气离开型腔和塑料进入型腔的速率基本相同。假设在填充末端只有一条排气槽，那么排气槽大小应等于浇口大小。但这样塑料在补缩和保压阶段就很容易穿过排气槽溢出型腔。由于排气槽深度很浅，因此型腔内就应布置数量足够的排气槽，其截面积之和应满足要求。分型面附近是最接近塑料流动路径的区域，所以应尽可能多设排气槽。塑料熔体完成型腔分型面区域的填充后，会将空气压入型腔的其他区域，所以应尽量利用顶针、型芯镶针、型腔镶件或者型腔镶块进行排气。这些零件上的排气槽，均应按照推荐的深度开设。利用顶针排气优势最为明显，它们可以自行除垢。随着顶针在注塑周期中周而复始地往复移动，顶针排气排出的挥发气体残留物可不断得到清除。顶针排气槽残留物可能会在顶出机构各处堆积，造成模具保养频率增加。模具固定部件上的排气槽很容易堵塞，如型芯镶针上，故需频繁除垢。有时候，顶出时的正向气流也可以帮助清洁排气槽。近年来，多孔透气钢的使用日渐流行。如果在深腔产品的模具上无法排布顶针，使用透气钢镶件就可从填充区域的末端排出空气。这些排气镶件需要经常清洁，因此模具设计应考虑镶件拆卸方便，即使不卸模，也可取出镶件加以清洁，然后再装回模具。但需要镜面或者高抛光表面的模具不宜采用多孔透气钢。

　　流道往往是模具上考虑排气欠充分的位置。如果流道排气不良，主流道和分流道中的空气会通过浇口进入型腔，给型腔排气槽增添额外负担。因此流道上的排气槽应尽可能地深，哪怕出现轻微飞边。由于注塑产品才是我们的关注点，故流道上即使有少许飞边也无伤大雅。另外主流道拉料杆也应设置排气槽。注塑机螺杆储料结束前，经常不再旋转地后退一段距离，以释放塑料熔体压力，防止注塑机喷嘴流涎。这时空气会经由喷嘴进入注塑机的料筒。螺杆储料结束后以及注射开始前，高温喷嘴内混入的空气和少量塑料会引起挥发气体聚集，并随着下次注射进入模具。这就是流道必须开设排气槽的另一个原因。图11.11为模具分型面上可以开设排气槽的位置。

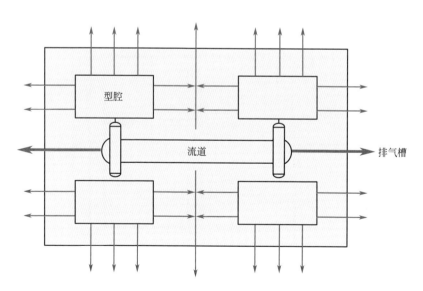

图11.11　模具分型面上可以开设排气槽的位置

11.2.4　强制排气或真空排气

　　任何模具都可能有会困气的角落。往往因为困气量不大，所以形成的产品缺陷难以发现。但如果仔细检查一下就不难发现，很多本该是尖角的地方形成了圆角。有的塑料产品上，仅凭肉眼就能发现短射痕迹。发生困气的位置不一定都能安放顶针进行排气。如果局部需要的尖角对产品功能非常重要，消除困气缺陷唯一的方法是在模具上设置真空排气。在注射前用真空吸出系统中的所有空气，这样可以让塑料填满型腔的所有细微部分，产生出合格产品。配有真空排气装置的模具，在定模镶块上应开设分型面排气槽，总出口由管道连接到抽真空装置上。型腔镶块周围应安置密封圈，合模后起密封作用，防止外部空气进入。配有滑块或异形分型面的模具由于分型面不在一个平面上，故不适合采用真空排气。配置密封圈往往需要更大的空间，会增加模具尺寸。有时顶针也需要采用密封圈防止漏气。冷流道模具的主流道是开放的，无法建立真空。虽然工艺进行微调后，冷流道模具也能顺利应用真空排气，但针阀模具和热流道模具更适合采用真空辅助排气。很多情况下，模具厂家在多次尝试利用传统排气槽生产合格产品无效后，才会想到用真空排气。此时，所有顶针和型芯镶针都已加工了排气槽，各处分型面、定模镶块以及滑块已与大气接通，要修补模具上的漏气点需要耗费额外工作量。因此，在模具设计阶段就应该考虑好如何排气，产品设计人员也应在产品图纸上清楚标明产品的表面质量要求。图11.12显示了模具真空排气的排布方案。

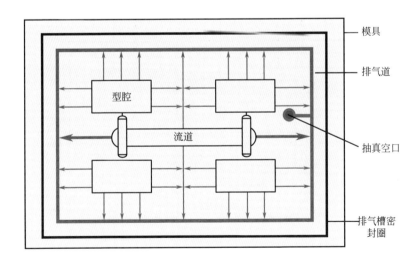

图11.12　模具真空排气的排布方案

11.3 再生料

在注塑加工过程中，废弃的流道或报废的产品可以粉碎后再次使用，这种粉碎后的材料称作再生料。再生料来源于加工设备中至少已经历过一次加热的塑料。树脂供应商提供的原料，尽管已经过熔融造粒过程，加入了填充料或色母等添加剂，但仍应归为原生料。那些不许使用再生料的公司与允许在产品规格范围内少量使用再生料的公司之间，往往直接或通过第三方进行再生料交易，前者如生产医疗产品的公司，后者如生产园林设施或垃圾清运设备这类特定消费品的公司。公园里的长凳是一个可用100%再生料的例子。

11.3.1 注塑工艺对注塑产品性能的影响

如今注塑工艺已被重新定义为加工塑料粒子的各个子工艺的集合，从加工企业购进塑料粒子开始，直到粒子成为注塑成品发运为止。注塑工艺可分解为塑料粒子的干燥、熔融、模具填充、冷却以及产品的出厂包装等多个阶段，其中每个阶段都会对塑料以及所含的添加剂和填充料性能产生影响。干燥过程中，尽管塑料分子量没有减少，但是正如第4章讨论过的，塑料干燥时间过长，可能会导致塑料的添加剂损失或分解。有些树脂的干燥时间是有累积效应的。如果塑料中保持热稳定性的添加剂有所损失，那么塑料分子就会在熔融过程中分解，而塑料中的填充料则不太受过度干燥的影响。

在储料阶段，塑料颗粒在料筒外围加热圈的加热作用和螺杆旋转产生的剪切热作用下熔融。塑料原材料可能含有纤维或非纤维填料。其他添加剂还有塑化剂、热稳定剂以及一些在塑料经过料筒时混合进来的其他材料。加热圈发热和螺杆旋转产生的剪切热可能造成塑料分子的降解，需要考虑塑料分子的降解程度。如果在推荐的塑料熔体温度上限加工塑料，由于料温高，允许滞留的时间较短，塑料分子量的下降会加剧。而如果螺杆转速设定过高，剪切率增加，也会引起塑料分子的分解。另外螺杆转速高，产生的机械作用力就大，会切断玻纤。螺杆的高转速对不含纤维的填充物影响较小。

在模具填充阶段，塑料经过喷嘴、主流道、流道和浇口进入型腔，最终到达填充末端。在此阶段，塑料分子会经受高剪切力而发生分解。除非浇口尺寸过小，否则填充物一般不会受到影响。直径小的流道剪切较为剧烈，塑料分子量下降也较大。而塑料通过尺寸较大的搭接浇口时，塑料分子量下降最小。产品结构也对塑料是否发生降解有一定的影响。产品横截面薄，剪切加剧，塑料降解的可能性增加。而模具排气不畅会引发柴油机效应，烧焦塑料，使其分子量减少。烧焦痕迹在黑色产品上一般不易发现。

从以上讨论中可知，塑料加工的每个阶段都会对其分子量及其添加物的完整性产生影响。任何一个加工过程控制不当，塑料都可能发生降解。很多情况下，塑料的降解或添加物的分解难以从产品外观上觉察，容易让人误以为工艺是合格的。

再生料的迭代次数定义为相同批次的塑料回收的次数。例如，流道粉碎后重新投入生产，这是第一代再生料。当再生料进入设备重新加工，再次产生的料头则称为第二代再生料。随着再生料迭代次数的增加，其性能会逐渐变差。

加工再生料时，粉碎机把流道或产品粉碎成接近原生粒子大小的颗粒。由于是随机性的机械性粉碎，塑料颗粒大小范围会从极细颗粒到较粗颗粒。低转速粉碎机较易获得大小分布均匀的颗粒。大量的细颗粒在注塑中会带来两个问题：第一，细颗粒质量轻，会迅速熔化并附着在螺杆的进料区，导致螺杆储料不稳；第二，细颗粒更容易发生降解，造成产品缺陷。因此，在再生料加入进料口前，必须用细粉分离器也称旋风分离器进行处理。另外，再生料的颗粒大小必须接近原生塑料颗粒，这样才能实现再生料和原生料的混合均匀和供料稳定。

11.3.2　再生料的利用

再生料的使用会造成材料性能不同程度的损失。因此，产品中再生料的用量多少取决于再生料对最终产品性能表现的影响程度，很难用一个通用公式加以计算。唯一可靠的方法是用不同百分比或不同迭代次数的再生料做试验。用100%的第一代再生料生产产品后便开始进行功能测试，不失为一个聪明的做法。让人感到意外的是这种产品往往完全能达到合格标准。如果起始工艺控制良好，运用科学注塑原则开发的工艺参数窗口宽泛，材料性能就会在满足规格要求方面绰绰有余。如果产品全部不合格，那么原生料与再生料的配比就需要重新进行评估。再生料生产的产品需进行关键性能的测试，尤其在最终装配和使用场景中进行的测试至关重要，实验室中得到的拉力或者冲击试验结果往往只能用作性能对比，只有实际产品测试结果才能提供真实的性能数据。测试程序应标准化并可用于正常生产。合格产品可作为其他产品的参照或检验标准，以便判断后者是否合格。

11.3.3 再生料的分批和连续混入工艺

再生料的混合方式有两种：分批混料和连续混料。分批混料的加工场地通常远离注塑生产现场。定量的再生料与原生料混合，然后加入注塑机料斗，或通过混料器在注塑机料斗中与原生料进行混合。用这种混料方式时，再生料只能与原生料一同干燥。根据塑料重量进行混料的称重式混料机最为可靠。有些混料方式利用添加原生料和再生料的不同时长控制两者的正确配比。例如，要得到配比为80 ∶ 20的混合料，原生料的加料时长为80s，而再生料则为20s。由于原生料和再生料的体积密度可能不同，加料时长无法与加料重量完全对应，所以这种方式混料的比例可靠性较差。给注塑机料斗供料的容器里原料快见底时，添加的往往是下沉的原生料，最糟糕的情况下只有再生料。称重式混料机在向注塑机输送混合料前，会根据重量搭配原生料和再生料的用量。如果缺少任一种材料，混料机或注塑机都会发出警报。混料机将原生料和再生料混合完毕后才输送到注塑机料斗中。而在按时长混料的方式中，原生料和再生料是按一定时长轮流加入注塑机料斗的，因此会出现原生料和再生料分层的现象。

在再生料分批加工中，材料受污染的可能性很高，这可能就是使用再生料的项目经常失败的主要原因。两个颜色相同但材料不同的料头很容易被丢进同一台粉碎机。材料是否受到污染，只要开始注塑前清洗料筒就能立刻弄清楚。如果污染物的熔点相对较低，而注射时的温度很高，就容易产生气化或喷溅，在产品上则表现为喷射纹或其他外观缺陷。如果污染物熔点较高，就有可能堵塞浇口和热喷嘴。浇口尺寸较大时，则在产品上呈现出未熔颗粒。无论发生哪种情况，都会出现产品分层、结构不完整或其他缺陷，造成产品质量下降。

在再生料连续混合加工中，浇口机械手夹取料头后，直接送进粉碎机。料头经粉碎机粉碎，即刻被送到料斗中，不像在分批加工中，先在分离区进行分离后才加以混合。连续混合是比较清洁的再生料混合方式，几乎不会发生污染。但缺点是在连续加工中，料头始终在循环使用，部分材料分子多次参与注射加工。由于所有再生料都混为一体，很难计算迭代次数。产品重量相对流道重量的比例越小，系统中早期迭代的再生料百分比就越大。连续混合加工适用于那些允许较大比例再生料的产品以及产品与料头比例较大的产品。料头越小，再生料量就越少，则出现工艺缺陷或者产品废品的概率就越小。如果料头能直接送回注塑机进料口，那么大多数情况下，就不需要重新进行干燥了，这也避免了塑料在干燥过程中损失添加剂的风险。

11.3.4 不同迭代次数再生料量的估算

假设产品和流道的重量比例为80 : 20，整个料头都与新料混合，表11.1显示在每轮注塑中各个迭代次数再生料的百分比。每轮注塑的迭代次数这个概念可能会让人困惑，第四轮注塑的第一代再生料是第三轮注塑的原生料产生的，而不是第一轮注塑产生的。第一轮注塑产生的再生料则成为第三代再生料。由于产品和流道是在同样的模次中生产的，所以再生料百分比在流道和产品中是相同的。

随着注塑轮次的增加，材料特性会迅速下降。当料头重量与产品重量比例较高时更是如此。在前面的例子中，产品与流道比是80 : 20，表11.1显示产品中始终有64g或80%的原生料，12.8g的第一代再生料，2.56g的第二代再生料，依次类推。如果严格控制塑料的干燥和材料加工过程，塑料的性能就能很好地满足要求的规格，无论塑料中含有添加物与否都是如此，并且多数情况下，产品质量都是可以接受的。但如果产品的设计本身不够稳健，那么即使塑料性能的微小下降都可能导致产品的失效。

表11.1 产品和流道比例为80 : 20时，经过p轮注塑后，g代再生料和原生料的百分比

再生料代次 (g)	注塑轮次（p）				
	1	2	3	4	5
0（原生）	100	80.00	80.00	80.00	80.00
1	—	20.00	16.00	16.00	16.00
2	—	—	4.00	3.20	3.20
3	—	—	—	0.80	0.64
4	—	—	—		0.16
总计	100	100	100	100	100

下面公式可用来估算产品中每一迭代次数再生料的百分比。

$$
\left.
\begin{array}{l}
\text{如果}\, p-g<1，\text{那么}\, R=0 \\[2mm]
\text{如果}\, p-g=1，\text{那么}\, R=\left(\dfrac{x}{100}\right)^{g}\times 100\% \\[4mm]
\text{如果}\, p-g>1，\text{那么}\, R=\left(\dfrac{x}{100}\right)^{g}\left(1-\dfrac{x}{100}\right)\times 100\%
\end{array}
\right\} \quad (11.2)
$$

式中，x为流道重量百分比；g为再生料迭代次数；p为注塑轮次；R为再生料百分比。

例子：

产品重量 =35g，流道重量 =7g，因此，$x=\left(\dfrac{7}{7+35}\right)\times100=16.67$。

在第四轮注塑中（p=5），第3代再生料（g=3）的数量可以用 $p-g=5-3=2>1$ 来判定，$R=$（16.67/100）$^3\times$[1-（16.67/100）]$\times100\%=0.39\%$。

11.3.5　再生料对工艺的影响

再生料的分子量较低，同时含有已降解的添加剂及其副产品、损坏的填料以及污染物。为了生产出合格的产品，有必要根据这些因素的变化程度来调整工艺以补偿其影响。分子量减小会导致塑料黏度下降，影响所有与黏度有关的输出，如注射时间和垫料会减小。如果再生料损失了部分加工助剂或降黏剂，注射时间会变长而垫料值变大。纤维性添加物的断裂会使塑料更容易流动，注射时间更短，垫料值更小。即使螺杆后面的压力保持不变，塑料黏度的降低会增加型腔的塑料压力。塑料分子量减少过多，会使塑料更容易降解，产生额外的挥发气体并堵塞模具排气，导致料花等外观缺陷。这些不良影响可以通过改变工艺参数加以补偿。例如，降低熔体温度可提高塑料的黏度，减少挥发气体的产生。在任何情况下，工艺稳健都十分重要，而根据再生料的使用状况重新调整工艺则更为重要。

11.3.6　结语

使用再生料是一种省钱的好方法，同时还可以保护环境，避免废旧塑料的污染。但是很多工艺员往往遇到质量问题，就立刻切换回原生料。由于他们认定问题的根源来自再生料，所以常常在解决质量问题后，也不愿再回去使用再生料。尽管问题可能真的来自再生料，但是一定要调查清楚再生料引起问题的原因。有时问题的原因是再生料干燥方法不正确或加工过程中产生了过多的微粒。正确分析再生料用量并将正确的再生料混合方式融入注塑工艺中是两项非常重要的步骤，也是必须遵循的步骤。再生料的执行方案可以回溯到产品设计阶段。使用原生料的注塑产品可适当地过度设计，以补偿一旦使用再生料的塑料性能损失。使用再生料也应该成为生产计划的一部分，并且如以上所见80：20的例子，产品将始终含有92.8%的原生料和第一代再生料，因此，应该能够满足产品的功能要求。大多数公司使用再生料不成功的案例都是由于车间人员缺乏训练与培训。例如，需要培训粉碎流道的操作工区分不同类型的塑料，让他们了解注塑车间里不是所有的透明原料都属于同一种材料。实行再生料利用是一个公司文化上的转变，离不开规章制度的约束。

推荐读物

Osswald, T.A., Turng, L., and Gramann, P.J., *Injection Molding Handbook*（2007）Hanser, Munich

Beaumont, J.P., Nagel, R., and Sherman R., *Successful Injection Molding*（2002）Hanser, Munich

Rosato, D.V. and Rosato D.V, *Injection Molding Handbook*（2000）CBS, New Delhi, India

12 相关技术和课题

本章将介绍一些和科学成型相关的技术和技巧。这些技术和技巧可用来增强工艺的稳健性，并加快产品从概念设计到合格交付的项目进程。本章还将介绍型腔压力技术。该项技术将把工艺监控提升到一个全新的层次，使产品质量和生产效率成倍提高。公司可以建立自己的经验知识库，将以往的经验应用到未来的项目中去。并行工程是团队合作概念的延伸，它能促进整个团队积极参与项目的决策和推动。

12.1　型腔压力传感技术

前几章讨论工艺的所有内容都离不开注塑机。例如，工艺优化是对诸如注射速度、保压压力等工艺参数进行的优化。然而，产品最终是在模具型腔内成型的，因此模具型腔内部的状况会为我们提供有关产品质量最有价值的信息。熔融塑料的表现将遵循比容-温度图（图2.12），其中的规律决定了最终产品的质量。追踪每次注射的相关信息能够反映出产品质量的一致性。如果每次注射输出的曲线都相同，那么注塑过程就具有一致性，这点毋庸置疑。虽然输出模具的比容-温度曲线并非那么简单，但可以采用间接的方法。如在模具内装置压力传感器便可以采集模具内熔体的压力信息，例如随着熔体的冷却，其压力的下降过程就可以绘制出来。

12.1.1　传感器及输出曲线

图12.1显示了在模具中"近浇口处传感器"和"填充末端传感器"的位置。典型的型腔压力曲线如图12.2所示。图中注射、保压和冷却几个阶段清晰可辨。图中的三条压力曲线含义如下。

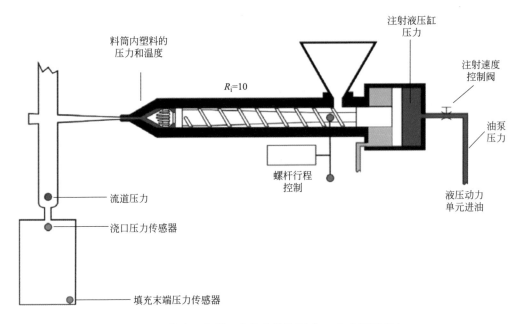

图12.1　传感器在模具内的安装位置（RJG公司提供）

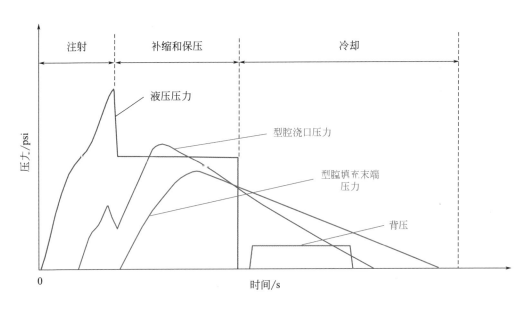

图12.2　典型的型腔压力曲线

　　液压压力曲线：为了测量系统液压压力，需将传感器安装在液压管路上。注射阶段是一个快速动态阶段，在保压阶段开始之前，压力的增长非常迅速。一旦从注射阶段切换到保压阶段，压力就会下降到保压值，并保持恒定，直至保压结束。保压结束后，液压压力便降为零。如果此时螺杆立即开始旋转，背压便会立刻起作用。而如果存在计量延迟，则反映背压的曲线在计量开始时才会出现。

近浇口的型腔压力曲线：塑料进入模具型腔后，立刻与浇口后面的传感器接触。从图形中可以看出，注射压力随之上升，直到注射阶段结束。但它不会像液压压力那样瞬间下降，型腔内还存在预压而且浇口已经冻结或封闭。由于塑料在模腔内发生收缩后，将脱开与模具壁和传感器的接触面，于是熔体压力开始下降。起点处有一个延时，它等于从注射开始到塑料接触传感器之间所用的时间。

充填末端的型腔压力曲线：该曲线与浇口附近的曲线相似，唯一不同的是曲线的起始点。这里的起始点代表了熔体到达填充末端所需要的时间。如果我们采用的是分段成型工艺（参见7.5.4节），那么这段时间几乎等于填充时间。

12.1.2 压力传感器的类型和分类

应用在注塑加工中的传感器种类繁多，分类方法也有很多种。

首先，我们可根据传感器采集信号的技术手段来进行分类。

应变式传感器：应变式传感器的基本原理来自于惠斯通电桥，它由一个电阻元件网络组成，通过这个网络的电流量都可加以测量。当有外力作用于应变片时，电流的大小就会发生改变。电流的波动量与所施加力的大小成正比，于是力的数值便可以确定。

石英传感器（压电传感器）：有些材料在外部施加应力时会产生电势，如石英。电势的大小与所施加的外力大小成正比。于是，石英传感器便可以测定施加在传感器表面的力。

其次，是根据传感器在模具中的安装位置进行分类。

直接式传感器：也称为嵌入式传感器，参见图12.3。这种传感器表面是型腔壁的一部分。传感器安装在能接触熔体和便于测量压力的位置。这种传感器不太常用，原因是不是所有模腔里都有足够的位置安装此类传感器。在型腔内安装传感器存在一定的风险，尤其当型腔壁损坏需要返工时。有些模具需要在高温下工作，这时也会出现问题，因为压力传感器可能无法承受如此高温。

间接式传感器：置于顶针或镶针下方的传感器称为间接式传感器。压力作用在顶针的顶部并传递到顶针底部的传感器上，见图12.4。这种传感器更为常见，因为安装传感器的顶针板上通常都有足够的空间。

还有一种分类方法是根据传感器在模具中执行的功能。

控制型传感器：可帮助控制工艺过程（具体细节将在下文中详述）。

监控型传感器：用于监控工艺过程。可以根据从传感器获得的信息设置工艺报警界限。

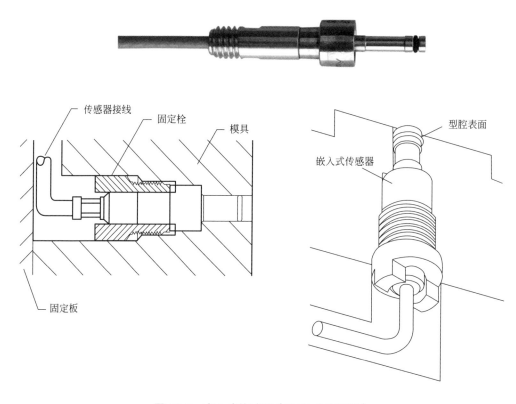

图12.3　嵌入式传感器（RJG公司提供）

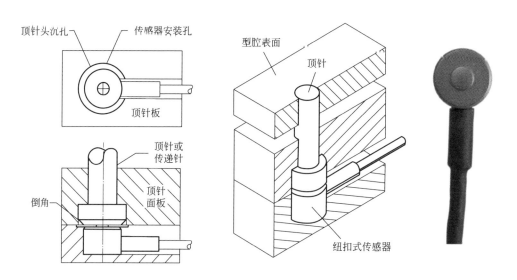

图12.4　安装在顶针底部的纽扣式传感器（RJG公司提供）

12.1.3 压力曲线的解读和利用

从压力曲线图里可获得的信息非常宝贵，原因有以下几点：

① 压力曲线图提供了型腔内的压力状况，以及基于比容–温度关系的产品质量信息。

② 可以从中观察到每次注射和下次注射间存在的不一致。如果压力曲线不重合，则产品质量就不会相同。从图12.5中可以看出，每一次注射，液压曲线都是重合的，说明液压压力是稳定的。然而，型腔压力曲线并没有重合。如果没有连接型腔压力监控，人们会想当然地认为工艺是一致的，每次注射的产品质量也应该是一致的。当止逆环发生泄漏时就会出现这种波动，而只有使用型腔压力传感器才能检测到这种波动。

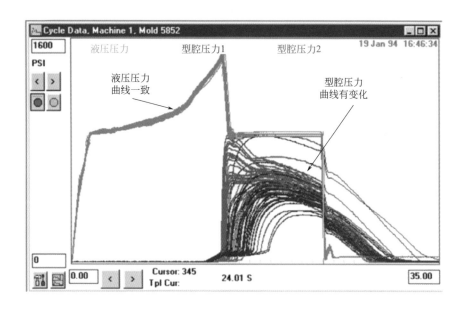

图12.5 液压压力稳定而型腔压力变化造成了产品质量的不一致（RJG公司提供）

③ 如果每个型腔都装有传感器，那么每个型腔的产品质量均可以进行比较，见图12.6。在这个例子中，一共有四个型腔，每个型腔的压力曲线都是不同的。根据比容-温度曲线关系，每个型腔都会产生不同的产品。虽然型腔内部具有一致性，但腔与腔之间却存在着不一致性。

④ 型腔压力图还提供了浇口封闭的信息。如果浇口未封闭，塑料就会从型腔中倒流出来，导致型腔压力突然下降。这时，曲线的斜率会突然发生变化。而浇口

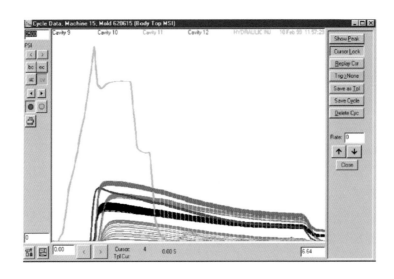

图12.6　型腔间的压力波动，型腔11从过填充到短射的波动最大
（RJG公司提供）

封闭后型腔的压力会逐渐下降，斜率变化平缓，见图12.7。

　　⑤ 如果传感器装在填充末端，发生短射时测得的压力值即为零。因此传感器可以用来检测短射。通常，短射信号会发送到机械手或传送带，以剔除报废产品。

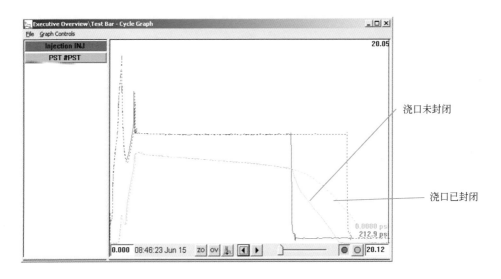

浇口未封闭

浇口已封闭

图12.7　型腔压力曲线显示浇口封闭状况（RJG公司提供）

12.1.4 利用型腔压力传感器进行工艺控制

分段成型是一种最有效且一致性最好的注射工艺。通过监控以下参数，可以精确控制由注射阶段到保压阶段的切换，这些参数有液压压力、注射时间或螺杆位置。其中最常用和最稳定的方法是利用螺杆位置进行切换。即一旦螺杆达到预定位置，便切换到保压阶段。螺杆位置控制着型腔填充的比例，如果采用分段成型（见7.5.4节），这个比例应该在95%~98%之间。在注射阶段，型腔压力增加，然后缓慢下降。图12.8~图12.11显示了各个周期的积分。

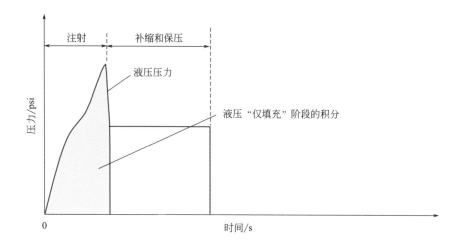

图12.8　涂色区域代表"仅填充"阶段的积分（RJG公司提供）

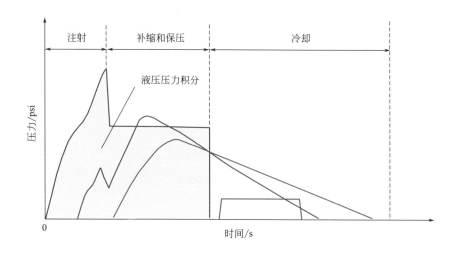

图12.9　涂色区域代表液压压力积分（RJG公司提供）

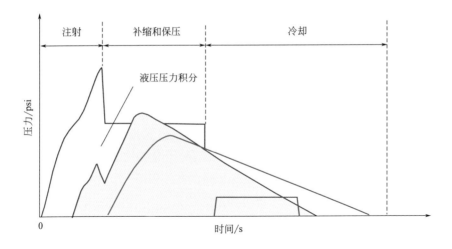

图12.10　涂色区域代表浇口后传感器的压力积分（RJG公司提供）

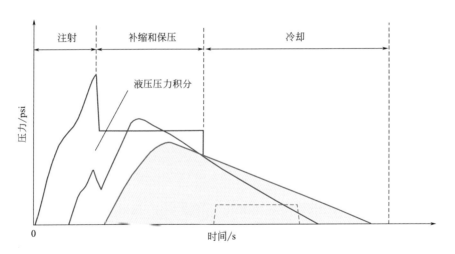

图12.11　型腔压力曲线代表填充末端压力积分（RJG公司提供）

　　峰值压力、到达峰值压力的时间以及到达峰值压力前曲线下的面积（阴影区域）代表了注射阶段。因此，如果这些要素在每次注射中都可重复，那么每次填充就可以复制。如果传感器采集到的信息可以反馈到注塑机上，而切换可以由曲线上的某个值（通常是压力峰值）进行控制，那么每次注射都会在型腔填充的精确位置上进行切换，从而保证了本次注射与下次注射之间的一致性，而注射也总会在型腔压力达到期望的压力值时完成。这就是所谓利用型腔压力传感器进行的工艺控制。这种控制方法除了具备一致性的优势之外，另一个优点是工艺完全与机器无关。如果我们可以在另一台注射机上复现同样的曲线，那么获得的产品质量也将是相同的。因此，使用压力传感器控制的工艺是最具一致性的工艺。

12.1.5 传感器的安装位置

安装传感器的位置十分重要，安装位置决定了所获得信息的数量和质量。用来控制工艺的传感器必须安装在靠近填充开始的地方（在产品的前1/3长度内），而监控工艺的传感器应该安装在靠近填充末端的地方，在产品的后1/3长度内。对于非常小的产品，传感器可以安装在流道上。这样做的缺憾是会丢失真实的浇口封闭信息，因为浇口封闭信息只能从型腔内的压力曲线上获得。表12.1显示了传感器种类及所采用技术（直接式或间接式）的比较。

表12.1 传感器种类及所采用技术的比较（RJG公司提供）

	传感器类型及技术			
	埋入式 （直接式）	顶针底部 （间接式）	压电式	应变式
数据准确	是	是	是	是
调校方便	是			
安装位置灵活	是			是
安装成本低廉		是		
更换方便		是		
接线可移除			是	
模具空间限制	是		是[①]	
耐高温			是	
检修方便		是[②]		是
经久耐用				是
价格低廉				是

① 小型连接件。
② 移除方便。

12.2 构建经验数据库

许多注塑公司都希望找到一个细分市场领域并成为其龙头。例如，一家注塑厂被公认为是高精度齿轮注塑的行家，而另一家注塑厂则被公认为是双色注塑的翘楚。任何一家公司都需要经过成年累月的技术积累，才能达到这样的专业水平。所积累的知识往往来自于多次尝试和失败后的经验总结，以及先进技术的应用。每家公司都应该妥善记录这些知识和解决问题的方案，以便让未来的项目开发、量产准备以及最终生产过程更加有效。例如有家用聚酰胺和聚酯生产各种连接器的公司，多年来，他们为类似的连接器产品开发了数百套模具。这些模具在产品形状、浇口位置和尺寸、冷却水路位置、壁厚等方面可能都存在共性。遵循科学注塑的原理，它们的注塑参数也应非常相似。由于产品的材料是相同的，模具和熔体温度或型腔注射压力就可能非常接近。相似的注塑参数就会有相似的材料收缩率，可以通过比较型腔尺寸与产品尺寸进行验证。根据对若干模具型腔尺寸及其产品尺寸的测量对比就可以建立一个数据库，或开发简单的计算公式或趋势图。

当开发一个类似的新项目时，这个数据库便可以为模具设计提供较为精确的收缩率估值。这种技术在设计加工困难的模具零件或零件无法"留铁"时非常有用，螺纹型芯就是这类零件一个很好的例子。如果一套16腔模具生产出来的螺纹产品尺寸超差，或者稳定生产能力达不到要求，那么返工所有16件螺纹型芯的代价将是巨大的。这时，借鉴过去类似模具积累的经验将大有裨益。假设现有模具中的塑料流动方式与新模具中的相似，塑料分子的取向也应该类似，于是收缩率就很相近。如果现有模具的工艺是稳健的，一旦新模具使用相似的参数，其工艺则是稳健的。同样，产品质量也变得可以预测了。回到前面提过的螺纹产品，依此确定的型芯尺寸便有了很高的置信度。尽管我们可以通过仿真软件来预测收缩率，但是通

产品84736-2的模具尺寸、产品尺寸以及工艺参数汇总

产品名称	连接器外壳		熔体温度	480°F
材料品种	PDT		模具温度	160°F
等级	Valox420（Sabic IP）		填充时间	0.98s
填料%	30%玻纤		最大型腔压力（浇口后）	8500psi
流道尺寸	0.3175in		注塑机注射量	150 g
浇口类型	D型潜伏式浇口		螺杆使用率	65.75%
浇口数量	1		注塑机吨位	175t
浇口尺寸	0.060in			
型腔数	4			

关键尺寸	型腔尺寸/in	产品尺寸/in	收缩率/%
D_1-长度	2.54	2.502	1.5
D_2-宽度	1.74	1.705	2
D_3-突肩高度（@C）	0.507	0.497	2
D_4-突肩高度（@B）	0.507	0.492	3

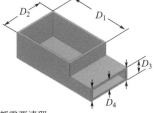

备注：
排气会影响突肩的填充和尺寸大小。突肩应尽量靠近排气槽。排气槽每班都需要清理。

图12.12　经验数据汇总表示例

过建模获得的数据很少是准确的，这是因为构建仿真软件算法的基本假设本身存在缺陷。例如，仿真软件程序会假设产品注塑中的排气和补缩状况十分完美，但在实际注射成型中从来就没有这种情况。为类似的产品建立一个知识库，可以避免盲目假设，同时顾及所有的相关要素，使预测更加精确可靠。至关重要的一点是要确保"留铁"，并且只有在采用稳健的注塑工艺试模后，才开始模具尺寸调整。

构建知识库可帮助我们避免猜测，减少产品交付前的修改次数。这也能节省时间和金钱，使整个过程更加有效。经验数据汇总表示例如图12.12所示。这些数据可以用于制造相同产品的重复模具，尤其适用于首套模具成型的某些产品尺寸不达标，而修改或加工更新零件的成本或时间无法满足要求的情形。这样，模具设计就可以逆向而行，新模具生产的产品有望完全达到规格要求。

12.3　注射成型中的并行工程

一家注塑企业通常由销售部门接收新项目的报价请求，而销售部会向工程部询问注射成型的可行性。一旦订单确定，模具部门就会参与进来。他们完成模具设计，交给模具厂商制造。模具交付并安装在注塑机上后，大家都期望工艺工程师首次试模就能注射出合格的产品。遗憾的是，首次试模获得成功的案例并不多见。这是由于虽然程序上逻辑合理，但并不是所有部门都参与了决策过程，因此导致失败。许多失误往往要等首次试模时才被发现。首次试模中常听到的两句话是"本来应该这样做的"或"根本无法脱模"。如果所有部门在模具加工之前都了解了项目内容及其相关要求，这种窘境是完全可以避免的。"隔墙工程"的说法形容了项目进展中部门之间各自为政的现象（见图12.13）。每个部门仅限于完成前一部门交给的任务，然后再传递给下一部门。

"并行工程"则在项目早期就邀请相关部门的代表参与（见图12.14）。后续会议也是如此安排，项目细节和任何更改都由项目团队成员集体审查，并评估对各自部门的影响。例如产品设计师提到含长纤维塑料（LFT）时，工艺工程师就知道，他可能需要用不同的螺杆和喷嘴成型，调度员也知道他必须在某台配有特殊螺杆的机台上留出时间。在这个阶段提出疑问，既可以节省时间和金钱又能保证产品的按时交付。传统的"隔墙"工作模式在大多数公司中司空见惯，而部门间的职能分离是造成项目失败、低效和量产拖延的常见原因。

表12.2的矩阵进一步解释了这个概念。第一列是涉及产品设计和制造部门。第一行描述了相关的活动。行与列的交点处的"是"就表示某活动对该部门会带来影

响。例如，对于工艺工程师来说，模具设计非常重要。而对于质量工程师来说，模具设计没有直接影响。请注意这是一个通用矩阵，会有例外。该矩阵应该成为建立各自公司类似矩阵的参考。

图12.13　隔墙工程——部门之间各自为政的工作模式

图12.14　并行工程

表12.2　实施并行工程的人员和活动

工作职责	活动						
	产品设计	材料选择	模具设计	模具制造	设备选择	工艺开发	质量保证
产品设计师	有	有	无	无	无	有	有
模具工程师	有	无	有	有	无	有	有
模具制造厂	无	无	有	有	无	有	无
原材料供应商	有	有	无	无	有	有	无
工艺工程师	有	有	有	有	无	有	有
质量工程师	无	有	无	无	无	有	有
销售团队	无	有	无	有	无	无	有

12.3.1　产品设计师

常规参与：产品设计是初期通过CAD模型或快速样件形成产品概念的阶段。此时，对于塑料材料的要求只是一个大致的想法，因此选择材料或不选都很正常。此时设计师专注于产品的基本功能概念，与注塑机、模具设计、成型工艺或任何其他要素都关系不大。

并发参与：产品设计师应该了解制造过程，特别是它的生产工艺。产品设计应遵循可制造性原则。例如，设计师必须了解，为避免产品表面缩印，它的壁厚部分必须掏空，产品壁也必须有足够的脱模斜度才能顺利脱模。设计师向注塑部门说明产品必要的功能非常有好处。这样，工艺工程师就知道要加工何种特殊材料。当使用这种材料的产品公差不切实际时，就可以发出预警。

12.3.2　模具工程师

当产品设计师提出了合理的设计，模具工程师就应对模具设计和制造的经济性进行评估。在所有的工作职能中，模具工程师通常是参与项目最多的人。

常规参与：模具工程师通常是模具制造商和注塑厂家之间沟通的桥梁。他的任务是将合格的模具交给注塑厂家，并解决注塑厂家在生产过程中发现的任何问题。产品的任何设计特征或尺寸的变更都应反映在模具上，模具工程师需要对这些变更负责。

并发参与：模具工程师必须理解开发稳健注射工艺的意义，熟悉科学加工的技术和优点，并且使用这些技术对模具进行验收，模具更改当然也不例外。确定工艺窗口非常重要，模具工程师必须与工艺工程师、质量工程师以及模具制造商紧密合作。

12.3.3　模具设计师和模具制造商

大多数模具制造商都有自己的模具设计师。一旦有了产品造型，就可以进行相应的模具设计。

常规参与：模具设计师根据产品设计师的设计、选定的型腔数设计模具，然后由模具制造商生产。他应了解用于成型产品的材料种类和性能特点，但有时却无法获得相关细节。

并发参与：在设计模具流道、浇口和排气槽之前，模具设计师和模具制造商应与材料供应商取得联系，获取材料的相关信息。例如，使用含30%玻璃纤维填充的材料和使用含30%长玻璃纤维填充的材料有很大区别。除此之外，模具设计方案必须由产品设计师、模具设计师、模具制造商和工艺工程师进行评审。首次试模时模具制造商也必须在场，检查模具功能是否正常。模具制造商也必须了解科学注塑的理念以及工艺窗口的重要性。

12.3.4　材料供应商

在大多数情况下，材料供应商只负责销售树脂，并不参与公司的项目，除非工艺出现了问题。正因为他们是材料供应商，他们拥有项目的所有信息，包括材料参数表、注塑工艺信息、模具设计要求和产品设计要求等，因此是最好的信息来源。

常规参与：他们为产品设计师提供材料规格，帮助选择材料并进行销售。

并发参与：材料供应商将能够协助复核给定材料的浇口类型、浇口尺寸和排气槽尺寸。例如，潜伏式浇口使用较为普遍，脱模时可以自动与产品分离。然而，潜伏式浇口却不能用于玻璃纤维含量高的材料。如果某种材料首次在一家工厂进行注射，注塑厂家应邀请材料供应商参加。材料供应商可以确保材料正确加工，并取得最佳的性能和成型周期。在模具设计阶段让材料供应商介入也有好处，尤其是采用新材料时。

12.3.5　工艺工程师

工艺工程师往往是整个团队中参与项目开发最少的成员，但他们却是最重要的成员。工艺工程师是负责交付最终成型产品的人。项目经理都急于看到他们手中第一个成型产品，于是试模当天让他们整天守候在注塑机旁边。模具制造通常是按日来计算交付期，工艺工程师却承受重压，他们要在模具到达注塑车间几小时内，甚至在模具安装到注塑机上几分钟后，就要交出样件。很有可能项目经理已经承诺客户，产品需在第二天交付，或者已邀请客户参加试模。这就给工艺工程师带来了巨大的压力，他们必须注射出可以接受的产品。多数情况下，如果产品不被接受，项目中所有的考虑不周、失误以及沟通不畅等责任都得由工艺工程师承担。

常规参与：在有些企业中，工艺工程师直到计划试模的当天方才看到模具或开始了解该项目。而在有些情况下，他们也会参与模具评审。

并发参与：工艺工程师必须介入项目的每个阶段。根据经验，他们可以提出建议来改善产品的可塑性和成型工艺。工艺工程师能对诸如排气槽、浇口位置等特征是否合理做出更好的判断。模具设计师倾向于将浇口布置在模具上制造方便的位置，而这些位置并一定是成型工艺的最佳位置。即使是一些非技术性要求，如模具装夹方向等，也应该经过工艺工程师的审核。当然，选择哪台注塑机生产必须由工艺工程师来决定。根据对吨位、注射量使用百分比和滞留时间的计算，他们就能推荐最合适的机台完成手头的产品。

12.3.6　质量工程师

通常，质量工程师只被当成一位"测量员"，大多参与项目不深。其实质量工程师在以往类似产品或塑料方面的经验是颇具价值的，加上他对生产过程中产品的收缩率和合适的公差范围都会有相当的了解。

常规参与：应该邀请质量工程师参加产品批准量产的会议。他们的任务是及时拿到产品图纸并决定最终注塑件的测量方法。

并发参与：质量工程师应与产品设计师进行图纸讨论。如果能拿到产品的立体印刷模型或快速样件模型更好，它们都可以用来完善测量方案。测量需要的夹具应该提前安排。利用快速样件，可以进行初始测量系统再现性和重复性分析（GR&R—测量系统分析）。如果发现存在不切实际的公差，均应提前通知设计师。

12.3.7　注塑销售团队

销售团队通常会将产品设计师介绍给注塑厂家。销售团队希望增加注塑厂家的销售量，因此会尽可能多地承接注塑业务。然而，他们也必须了解成型技术，找到合适的客户，必须评估一个新的项目是否适合自家注塑工厂的能力。如果产品与注塑工厂能力不匹配，不仅会对项目产生不利影响，也会对客户关系造成负面影响，影响双方以后的合作。

常规参与：销售人员主要以注塑机吨位为依据承接订单。他们还应考虑其他因素，例如是否需要洁净室、模内装饰或镶件成型等特殊工艺。

并发参与：销售团队必须了解注塑厂的能力，包括每个部门的优缺点。否则，他们就会给公司的项目埋下隐患。接受订单前必须清楚地了解每单业务中注塑机的选用原则，包括吨位，注射量大小、注射量使用百分比、停留时间和其他参数。

12.3.8　所有部门的守则

最终的成型产品是否合格是所有部门努力的结果。在传统的"隔墙"工作模式中，每个部门只管做自己要做的事情，然后把项目传给下一个部门。然而，这种模式却无法解决上一部门给下一个部门遗留下来的问题。了解每个部门的需求以及"为什么有这些需求"能使工作更轻松更高效，并确保产品按照规范交付。各部门不但对各自的职责范围要有清晰的了解，更要对那些跨部门的职责有基本的了解。

例如，公司每位员工都应该参加科学注塑法的培训，理解为什么有一个良好的工艺窗口如此重要。如果工艺工程师因为模具缺乏足够的工艺窗口，将模具退回模具制造商或模具工程师，那么他的理由是站得住脚的。如果工艺不具备稳定生产能力，即使他能注塑出10个合格产品，也不代表他能生产出50万个合格产品。过程能力的概念必须普及到注塑工厂的每个部门。

12.3.9　实施并行工程

并行工程实行起来其实并不难，只需召集所有相关部门的代表一起对项目进行讨论。表12.2给出了一张工作职能与项目活动的简单矩阵图。参考该图安排工作时应考虑以下几点：

① 决策的顺序不一定代表执行项目的顺序。例如，在报价阶段就必须选择好注塑机，以确保注塑厂有完成生产订单的设备，而不是等订单确定后才从注塑厂现有的机台中随意挑选一台。

② 活动和工作职能列表只是一个通用列表，每家公司都有自己的组织架构。因此，每家公司都应制作符合本身特点的矩阵。每个阶段结束时的会议或更新是强制性的。并非所有的工作职能在每个阶段都发挥直接作用，但他们做决定的根据却是前几道工作提供的资料。因此，项目的状态和决定必须传达给团队里的每位成员。

注塑行业在成本和交货期方面的竞争日趋激烈。从项目酝酿阶段到注塑件诞生之间的时间越来越短，大家甚至期望第一次试模就能得到合格的产品。只有那些能够满足客户成本和交货期要求的公司才有可能在竞争日趋激烈的市场中存活下来。实施并行工程的意义在于它提供了一个不同的视角，让从业者跳出框框思考，预先找出项目的隐患。各种会议花费的时间都是值得的。定期进行评审必不可少，尤其当设计、材料、交货期等发生变化时，结果必须通知项目团队的每位成员。最终的产品，无论是好是坏，都是整个团队共同参与的结果。

13 质量理念

13.1 基本概念

群体：群体是有待研究元素的完整集合。在一次生产中注塑的10000个产品就是一个群体。

样本：从群体中抽取的元素子集是一个样本。从上述10000个产品中抽取100个产品就是一个样本。

统计：根据对样本数据的分析得出关于群体结论的方法叫作统计。在上面的100个注塑产品中，如果10个产品出现飞边，那么样品中观察到的缺陷数量将有助于预估群体中的缺陷数量。

波动：所有的过程中均存在波动。任何过程或其输出如果显示不出波动，则测量方法的敏感度不够。如果这100个产品的重量都是4.15g，那么必须考虑使用最小刻度为0.001g的天平来测量波动。一个稳定的系统只会显示自然波动的影响，不会反映过程中突然或故意的输入改变引起的响应。

而在特殊波动中，响应会包含突然或故意改变的输入波动。例如，上班前的一整夜用电量都是恒定的，直到有办公人员陆续到达。早上8点当所有办公人员打开电脑时，用电需求会突然增加。图13.1显示了自然波动和特殊波动。

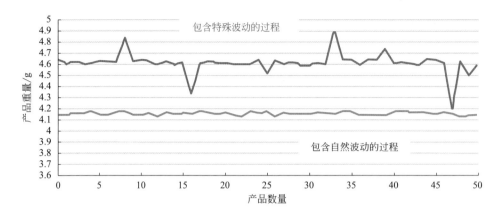

图13.1　自然波动和特殊波动

13.2　直方图

直方图是反映数据集频率的图形。例如，记录下40件产品的重量，并以图形化的方式表示每档重量出现的频率，就得到一个直方图，如图13.2所示。结果显示，有1件产品重4.10g，有3件重4.11g，有2件重4.12g，以此类推。

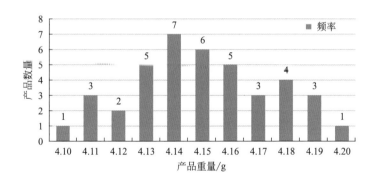

图13.2　产品重量直方图

13.3　正态分布

在一个给定的数据群体中，如果数组在均值附近均匀分布，则称该组数据为正态分布。40组产品组成的数组用正态分布来表示就如图13.3，从中可以看出，数组在均值4.15g的两侧是对称分布的，这就是所谓的正态分布。数组分布在均值附近，连接这些值的曲线称为钟形曲线。图13.4显示了多个正态分布的例子。数组的平均值也有可能偏向一侧，如图13.5所示。这种偏移的数组称为非正态分布。

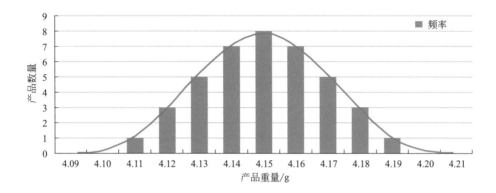

图13.3　正态分布

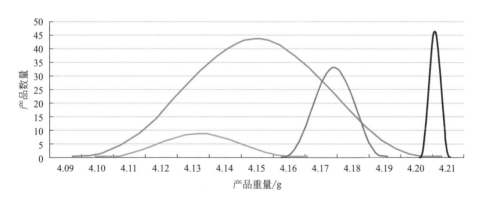

图13.4　正态分布实例

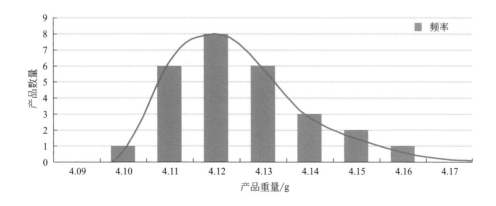

图13.5　非正态分布（偏左）

正态分布的意义在于：其过程是稳定的，只包含自然原因引起的波动，输出呈正态分布。波动可以预测，因此输出也是可以预测的。在注塑成型过程中，具有可预测变化的稳定过程转化为质量保证和减少检查次数。一旦生产结束，产品就可以放心地交付给客户，而不用担心返工或报废。如果存在任何特殊波动，相同的群体将显示出两组截然不同的数据，每组数据都有自己的均值和分布形态。这种分布称为双峰分布。显然，应该尽量避免双峰分布的出现，一旦出现则必须查明波动的原因。

13.4　标准差

图13.6为正态分布以及曲线下的面积。假设均值为4.15g，正因为是正态分布，分布在均值两侧对称位置上的数值相等。如果将均值两侧曲线下的面积按34%、13.5%和2.35%划分，就会发现X轴上各划分点间的间隔相等。每个区间称为一个标准差或一个西格玛（1σ）。为了帮助大家进一步理解这个概念，假设一个标准差等于0.02g（$\sigma=0.02h$）。标准差右边的σ为正（$+1\sigma$，$+2\sigma$，$+3\sigma$，等等），而标准差左侧的σ为负（-1σ，-2σ，-3σ，等等）。这样，-1σ和$+1\sigma$之间的面积为68%，-2σ和$+2\sigma$之间的面积为95%，而-3σ和$+3\sigma$之间的面积则是99.7%。因此，如果数据是正态分布，99.7%的数据将介于-3σ和$+3\sigma$之间。标准差表示的是与平均值的偏差程度。标准差越高，波动越大。在这个例子中，由于$1\sigma=0.02$gg，均值是4.15g，$+1\sigma=4.17$g，$+2\sigma=4.19$g，$+3\sigma=4.21$g，$-1\sigma=4.13$g，$-2\sigma=4.11$g，而$-3\sigma=4.09$g。

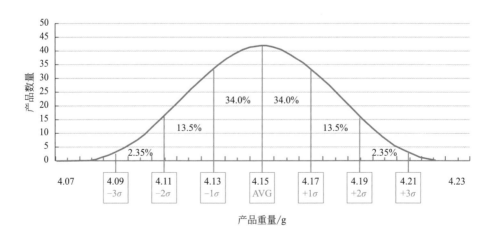

图13.6　正态分布以及曲线下的面积

13.5 规格极限和标准差

前面例子中的产品平均重量为4.15g。如图13.7，假设产品图上的公称值也是4.15g，重量公差为±0.06g，则规格下限（LSL）为4.09g，规格上限（USL）为4.21g。这样的公差正好和−3σ和+3σ吻合。由于数据呈正态分布，99.7%的产品将落在规格范围内，而0.3%的产品在规格范围外，即0.15%低于LSL，另外0.15%高于USL。如果产量为1000000个产品，那么从统计意义上讲，就有3000个产品会超差，其中1500个低于LSL，另外1500个高于USL。

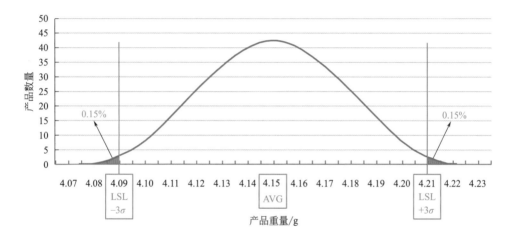

图13.7 极限规格为−3σ和+3σ

为确保所有产品都落在规定的公差范围内，假设产品均值总能与产品图纸公称值吻合，则规格界限应远在−3σ和+3σ范围之外。在日常生产中，由于自然波动，均值很少能始终保持在公称值上，见图13.8。如果规格界限设置在-6σ和+6σ之间，所有产品肯定都会落在要求的规格范围内。如此大的公差范围足以抵消工艺中的任何自然波动。这就是近年来业界大力推广6σ技术的原因。最重要的是工艺必须稳定，而所有波动只能是自然波动。目前对波动的范围仍存在争议。有时，虽然数据呈正态分布，但也同时存在特殊波动。例如，昼夜之间环境温度的分布可能存在显著的漂移。我们必须通过各种努力，找出波动的原因，并减少其影响。但要想彻底消除波动几乎是不可能的。

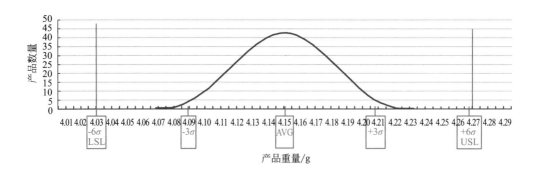

图13.8　极限规格为−6σ和+6σ

13.6　能力指数

　　图13.9显示了3种工艺，它们的分布形式相同，标准差也相同。工艺2的数据就是我们前面几节例子中的。LSL和USL设在−6σ和+6σ，而公称重量为4.15g。在这样的公差下，所有用工艺2成型的产品都合格。现在我们研究一下工艺1。工艺1与工艺2具有相同的分布和标准偏差。然而，现在它的均值向左移动了3.91g。于是，所有用工艺1成型的产品都不合格。工艺3的分布和标准偏差与工艺2相同，但平均重量达4.29g，用这种工艺成型的一部分产品是合格的，这部分产品显示为曲线下的绿色阴影区域。除了均值不同外，这三个工艺的数据波动都是相同的，只是工艺2在要求规格范围内生产零件的能力更强。为了增强工艺1和工艺3的能力，唯一需要改变的就是将它们的均值移向公称值。

　　99.7%的数据都落在−3σ到+3σ的一个宽度为6σ（公称值前后各3σ）的界限内，这两个界限被认为是数据分布的实用界限。如果要求所有产品必须合格，那么6σ应小于LSL和USL之间的差距，换句话说，USL与LSL之差与6σ的比值应大于1。这个比值称为能力指数，记作C_p。

$$能力指数 = \frac{工程要求}{统计要求}$$

（13.1）

$$C_p = \frac{USL-LSL}{6\sigma}$$

　　能力指数与均值或公称值无关。C_p值高相当于数据的标准差较低或公差宽泛，或两者兼有。在图13.9中，$C_{p_1}=C_{p_2}=C_{p_3}$，表明它们的能力指数相同。

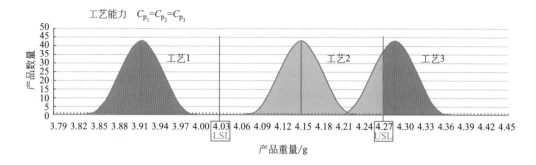

图13.9 分布形态相同但均值不同的三种工艺

案例1（$C_p<1$）：如果$C_p<1$，那么USL–LSL就小于6σ。波动过大，或规格界限太窄。即使工艺形态对称，符合正态分布，仍会有大量产品超出规格。

案例2（$C_p=1$）：如果$C_p=1$，那么USL–LSL等于6σ。如果符合正态分布，工艺便是有能力的，但仍将有0.3%的产品不良。

案例3（$C_p>1$）：如果$C_p>1$，那么USL–LSL大于6σ。根据C_p的实际值，注塑合格产品的概率一定在99.7%以上。如果C_p值为1.33，那么在符合正态分布的情况下，注塑出合格零件的概率非常高。如果$C_p=2$，则USL–LSL与标准差之比相当高，在工艺满足正态分布的情况下能确保产品全部合格。C_p值越高，产品合格的机会就越大。这种工艺很容易抵消各类波动以及均值的变化带来的不利影响。

13.7 过程能力

过程能力是指过程满足质量标准要求（规格范围等）的能力。与能力指数不同，过程能力考虑的是数组的平均值。过程能力用C_{pk}表示。

$$C_{pk}=\frac{(\text{USL}-\overline{X})}{3\sigma}\ \text{或}\ C_{pk}=\frac{(\overline{X}-\text{LSL})}{3\sigma}\ （取较小值）\qquad(13.2)$$

参见图13.10。

理想的工艺用虚线表示。之前讨论的案例中标准差为0.02g。工艺3中，产品重量的平均值为4.27g，但是由于分布的原因，红色阴影部分代表的产品会超出规格。如果我们将均值移近公称值，那么所有产品均合格的可能性就会增加。C_{pk}衡量的是均值与公称值之间的差距，换句话说，就是均值与某一规格界限之间的差距。应用该公式，我们可以计算工艺2的C_{pk}值

$$C_{pk_2} = \frac{4.27-4.24}{3 \times 0.02} = 0.5 \qquad (13.3)$$

C_{pk} 的数值遵循与 C_p 类似的规则。C_{pk} 值小于 1.33 表明该工艺在当前平均值的位置会生产出不合格的产品。随着 C_{pk} 的增加，注射合格产品的置信区间增加。C_{pk} 值越高，生产不合格产品的可能性就越小。

再看工艺 1，应用上述公式，我们也可以计算出过程 1 的 C_{pk}。

$$C_{pk_1} = \frac{3.91-4.03}{3 \times 0.02} = -2 \qquad (13.4)$$

注意在本例中，C_{pk} 是一个负值，这表明平均值超出了规格界限，根据 LSL 与 USL 之间的差距计算，至少有 50% 的产品是不合格的。如果 C_p 值较高而 C_{pk} 值较低，则说明如果将工艺居中，就可以生产出合格产品。此时需要修正型腔的尺寸。如果稳健的工艺已经建立，工艺就不能改动而只能调整型腔尺寸了。从前面的讨论中还可以清楚地看出，如果有一个产品符合规格，并不代表所有产品都符合规格。自然波动总是存在的，因此才会有尺寸数据才有一定的分布形态。从统计学的角度出发，需要有一定量的产品样本数。可接受的最小样本数是 30。

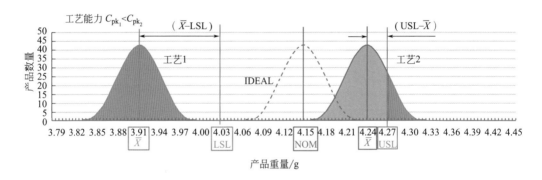

图13.10   分布形态相同的两种工艺的工艺能力

13.8   统计质量控制和统计过程控制

将上述概念应用于产品质量控制的过程就是 SQC。质量检验员需跟踪产品的质量，确保产品尺寸不仅符合规格要求，而且在相当长的时间内也是可接受的。C_{pk} 值主要用来检查关键尺寸。控制界限是根据数据分布状态计算出的公差。例如，如果 USL=20，LSL=10，均值 =15，数据分布在 4 个单元里（15 左右各 2 个单元），于是可采用 13（15–2）的控制下限（LCL）和 17（15+2）的控制上限（UCL）。如果数据偏离这两个界限值，就说明工艺发生了波动或存在着亟待解决的问题。尽管产品仍然处于可接受范围，但需采取积极措施调查原因并解决问题。这样才能在确保产品合格的前提下持续生产，不会发生停产或产生报废。运用 SPC 方法时，机器的输出也都是按照相同的方法进行跟踪的，像料垫大小、填充时间和成型周期等设备输出。图 13.11 为设置了不同规格边界的运行图。LSL 和 USL 通常不在控制图中显示，但是为了帮助理解概念，这里也标示出来了。

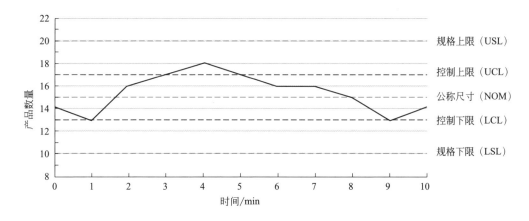

图13.11　产品在不同规格界限中的分布图

13.9　参考文献

[1] Wheeler, Donald J., *Understanding Statistical Process Control*（2010），SPC Press, Knoxville, TN.

[2] Triola, Mario F., *Elementary Statistics*（2015），Pearson Publishing, NY.

[3] Montgomery, Douglas C., *Introduction to Statistical Quality Control*（2009），John Wiley & Sons Inc.,NJ.

[4] Juran, Joseph M., *Juran's Quality Handbook*（2010），McGraw-Hill, NY.

[5] Carender, Jay W., *Managing Variation for Injection Molding*（2003），Advanced Process Engineering.

附录A 材料物性表

常用注塑成型用材料加工性能参数表SI系统（www.ides.com提供）

学名	缩写	相对密度	收缩率/%	烘干温度/℃ 最低	烘干温度/℃ 最高	烘干时间/h	建议最高含湿量/%	熔体温度/℃ 最低	熔体温度/℃ 最高	模具温度/℃ 最低	模具温度/℃ 最高
共聚聚甲醛	共聚POM	1.37~1.43	1.6~2.6	79	121	1.5~5.0	0.15~0.20	189	211	49	96
均聚聚甲醛	均聚POM	1.42	1.9~2.0	79	86	2.0~3.5	0.2	199	216	47	91
聚甲基丙烯酸甲酯	PMMA	1.14~1.20	0.4~0.6	65	86	3.5~5.0	0.097~0.10	225	271	54	76
聚甲基丙烯酸甲酯共聚物	SMMA	1.05~1.09	0.4	65	82	2	—	215	227	40	60
丙烯腈/丁二烯/苯乙烯共聚物	ABS	1.04~1.11	0.05~1.4	80	91	2.0~3.5	0.010~0.15	223	246	49	76
丙烯腈/丁二烯/苯乙烯共聚物+聚碳酸酯	ABS+PC	1.10~1.22	1.6	78	111	3.0~4.0	0.020~0.043	248	288	59	88
丙烯腈/苯乙烯/丙烯酸酯共聚物	ASA	1.04~1.12	0.5~0.6	80	100	3.0~4.0	0.038~0.10	239	262	55	73
丙烯腈/苯乙烯/丙烯酸酯共聚物+聚碳酸酯	ASA+PC	1.11~1.24	0.5~0.6	79	110	3.0~4.0	0.020~0.052	250	280	60	80
醋酸纤维塑料	CA	1.23~1.32	0.5	60	71	2.0~3.0	0.2	220	230	48	60
乙烯-四氟乙烯共聚物	ETFE	1.70~1.74	1.8	无	无	无	无	323	331	135	—
全氟（乙烯-丙烯）	FEP	2.14~2.16	0.7	121		3	无	364	—	93	—
全氟烷氧基树脂	PFA	2.14~2.15	—	无	无	无	无	330	371	180	204
聚（偏二氟乙烯）	PVDF	1.75~1.79	2.2~2.5	121	150	1.0~2.0	无	215	249	71	72
甲基丙烯酸甲酯-丙烯腈-丁二烯-苯乙烯	MABS	1.08~1.10	5.5	70	80	3	无	220	246	55	65
聚酰胺11	Nylon11	1.03~1.05	1.2~1.5	79	80	4.0~12	0.1	256	—	52	—

续表

学名	缩写	相对密度	收缩率/%	烘干温度/℃		烘干时间/h	建议最高含湿量/%	熔体温度/℃		模具温度/℃	
				最低	最高			最低	最高	最低	最高
聚酰胺12	Nylon12	0.98~1.23	0.4~1.9	79	100	3.0~10	0.020~0.50	233	275	38	87
聚酰胺46	Nylon46	1.17~1.20	0.3~8.3	89	104	4.0~12	0.050~0.053	310	313	100	114
聚酰胺6	Nylon6	0.922~1.18	0.01~4.4	78	82	2.0~5.5	0.095~0.20	182	314	59	81
聚酰胺610	Nylon610	1.07~1.17	0.3~2.0	79	82	2.0~4.0	0.020~0.20	249	288	52	88
聚酰胺612	Nylon612	1.06~1.35	0.10~6.0	77	82	3.0~4.0	0.020~0.25	243	267	69	80
聚酰胺66	Nylon66	0.994~1.23	0.02~7.5	79	83	3.0~5.5	0.15~0.20	268	296	65	88
聚酰胺66-聚酰胺6共聚物	Nylon66/6	1.09~1.15	1.1~1.6	80	81	2.5~3.0	0.099~0.20	245	281	67	82
聚邻苯二甲酰胺	PPA	1.10~1.16	1.1~2.0	79	135	4.0~7.1	0.045~0.15	311	333	78	151
聚芳酯	PAT	1.20~1.37	0.81	130		7	无	无	无	100	135
聚碳酸酯	PC	1.17~1.22	0.1~0.16	102	128	3.0~4.5	0.019~0.020	282	308	79	102
聚碳酸酯+亚克力	PC+Acrylic	1.15~1.29	0.6~0.7	82	83	4.5	无	227	253	49	52
聚碳酸酯+亚克力	PC+PBT	1.10~3.21	0.5~1.0	94	121	2.0~5.0	0.020~0.022	257	272	62	105
聚碳酸酯+亚克力	PC+PET	1.20~1.22	0.5~0.9	97	118	2.0~8.0	0.019~0.020	267	271	79	81
聚对苯二酸丁二醇酯	PBT	1.00~3.36	0.1~0.5	113	132	3.0~6.0	0.020~0.043	234	265	58	92
聚对苯二甲酸乙二醇酯	PET	1.32~1.41	0.3~1.8	120	180	4.0~5.5	0.0030~0.20	256	285	15	130
二醇类改性PET	PETG	1.25~1.28	0.3~0.5	65	75	3.0~9.0	0.05	218	260	27	40
聚醚酰亚胺	PEI	1.26~1.36	0.1~0.2	134	151	5.0~5.5	0.020~0.021	373	374	148	151
聚醚醚酮	PEEK	1.25~1.40	0.1~1.7	135	150	3.0~4.0	0.1	374	384	149	192
乙烯-醋酸乙烯共聚物	EVA	0.929~0.962	1.2~1.5	60	61	7.0~8.0	无	98	230	20	180
高密度聚乙烯	HDPE	0.0932~0.988	0.7~3.0	79	80	1.0	无	180	251	10	46
低密度聚乙烯	LDPE	0.893~0.955	1.3~3.1	79	82	1.0	无	164	222	15	43
线型低密度聚乙烯	LLDPE	0.918~0.948	1.5~2.0	90		1.0	无	180	240	18	35

续表

学名	缩写	相对密度	收缩率/%	烘干温度/℃		烘干时间/h	建议最高含湿量/%	熔体温度/℃		模具温度/℃	
				最低	最高			最低	最高	最低	最高
超高分子量聚乙烯	UHMWPE	0.920~0.947	0.6~3.0	无	无	1.0	无	285		45	—
聚乳酸	PLA	1.23~1.26	0.3~1.1	49	51	3.5~4.0	0.010~0.032	199	240	20	105
聚苯醚	PPE	1.04~1.10	0.6	70	125	3	0.02	260	315	74	90
聚苯硫醚	PPS	1.26~1.75	0.1~0.3	134	150	4.0~6.0	0.015~0.20	313	323	121	156
聚丙烯均聚	PP均聚	0.901~0.950	1.2~1.8	75	85	1.0~3.0	0.050~0.20	202	249	2	50
通用聚苯乙烯	PS（GPPS）	1.03~1.06	0.4~0.6	69	82	1.5~2.0	0.02	214	248	30	60
抗冲击聚苯乙烯	PS（HIPS）	1.03~1.06	0.4~0.6	70	78	1.5~2.0	0.1	208	236	29	61
间规聚苯乙烯	SPS	1.01~1.44	0.3~2.0	80	—	3.5	无	310	—	70	—
聚醚砜	PES	1.37~1.38	0.6~1.4	134	177	2.5~6.0	0.020~0.050	355	366	134	160
聚砜	PSU	1.24~1.25	0.6~1.0	134	149	3.0~4.0	0.020~0.10	352	366	121	151
氯化聚氯乙烯	CPVC	1.47~1.52	0.6	无	无	无	无	203	204	无	无
软质聚氯乙烯	PVC软质	1.14~1.45	0.9~2.1	无	无	无	无	165	200	24	30
硬质聚氯乙烯	PVC硬质	0.779~1.47	0.3~0.4	66		3	无	186	206	32	32
中硬聚氯乙烯	PVC中硬	1.30~1.58	1.1	无	无	无	无	188	194	无	无
苯乙烯-丙烯腈	SAN	1.04~2.81	0.3~0.5	77	80	2.0~4.0	0.020~0.20	204	251	49	65
苯乙烯-丁二烯嵌段共聚物	SBC	0.850~1.03	0.5~2.4	52	77	0.5~3.0	无	184	250	39	50
苯乙烯-丁二烯-苯乙烯嵌段共聚物	SBS	0.922~1.05	0.4~1.4	52	52	0.0~3.0	无	155	232	23	45

注：以上参数仅供参考之用。每种材料的性能可以从材料供应商处获取，或去网站www.ides.com上下载。

附录B　注塑常用单位换算表

速度	1毫米/秒（mm/s）=0.0394英寸/秒（in/s）
	1英寸/秒（in/s）=25.4毫米/秒（mm/s）
压力	1psi=0.0069兆帕（MPa）
	1psi=0.0690巴（bar）
	1巴（bar）=14.50psi
	1巴（bar）=0.1兆帕（MPa）
	1兆帕（MPa）=145.04psi
	1兆帕（MPa）=10巴（bar）
温度	华氏度=（1.8×摄氏度）+32
	例：50℃=（1.8×50）+32=122°F
	摄氏度=（华氏度-32）/1.8
	例：200°F=（2.00-32）/1.8=93.3℃
重量	1盎司（oz）=28.35克（g）
	1克（g）=0.035盎司（oz）
吨位	1千牛顿（kN）=0.11美吨（US tons）
	1千牛顿（kN）=0.1公吨（metric ton）
	1美吨（US ton）=9.09千牛顿（kN）
	1美吨（US ton）=0.909公吨（metric tons）
	1公吨（metric ton）=10千牛顿（kN）
	1公吨（metric ton）=1.1美吨（US tons）

附录C   冷却水流量表

产生湍流所需的最小流量（gal/min）

水温/ °F	水管直径/in				
	0.25in	0.375in	0.5in	0.75in	1in
50	0.41	0.62	0.82	1.23	1.64
60	0.35	0.53	0.71	1.06	1.42
70	0.31	0.46	0.62	0.93	1.23
80	0.27	0.41	0.54	0.81	1.09
90	0.24	0.36	0.48	0.72	0.96
100	0.22	0.32	0.43	0.65	0.86
125	0.17	0.25	0.33	0.50	0.67
150	0.13	0.20	0.27	0.40	0.54
175	0.11	0.17	0.22	0.34	0.45
200	0.09	0.14	0.19	0.28	0.38

注：该表仅适用于水流。防锈剂等添加剂会改变水的黏度，也会改变流速，因此水流大于本表推荐值有益无害。

产生紊流所需的最小流量（L/min）

水温/°C	水管直径/mm				
	8	10	15	20	25
10	1.96	2.45	3.68	4.90	6.13
15	1.71	2.14	3.21	4.29	5.36
20	1.51	1.89	2.83	3.78	0.47
25	1.34	1.68	2.52	3.36	4.20
30	1.20	1.50	2.26	3.01	3.76
35	1.08	1.36	2.03	2.71	3.39
40	0.98	1.23	1.84	2.46	3.07
45	0.90	1.12	1.68	2.24	2.80
55	0.76	0.94	1.42	1.89	2.36
65	0.65	0.81	1.22	1.62	2.03
80	0.53	0.66	0.99	1.32	1.66
95	0.44	0.56	0.83	1.11	1.39

注：该表仅适用于水流。防锈剂等添加剂会改变水的黏度，也会改变流速，因此水流大于本表推荐值有益无害。

附录D 注塑产品设计清单

以下为注塑产品设计评审中应关注的问题：

- 浇口位置适合填充吗？
- 浇口数量是否足够满足产品填充需要？
- 浇口位置能否满足外观要求？
- 浇口位置能否减轻产品变形？
- 壁厚区域能否挖空？
- 能否获得塑料的加工特性资料？
- 能否获得材料收缩率？
- 产品表面纹理能否满足要求？
- 产品设计能否保证产品脱模时留在动模侧？
- 产品上有无足够的脱模倾角？

附录E　模具设计清单

以下为模具设计评审中应关注的问题：

1. 模具冷却设计

a）模具冷却是否满足要求？

b）模具是否需要冷却水管或油路？

c）冷却水路的直径是否合适？

d）冷却水路是埋入式的？

2. 模具结构设计

a）设计的模具"天侧"能否满足产品顶出和取出要求？

b）吊环孔是否设计在模具"天侧"？

c）模具能否装入注塑机导柱间的空间？

d）模具的装夹槽或装夹孔是否合适？

e）冷却水管和注塑机导柱是否会发生干涉？

f）模具分模面上是否需要精定位？

g）是否需要撬模槽？

h）开模顺序是否合适？

i）是否需要隔热板？

j）模具装配图上是否表明了机床导柱位置？

3. 产品顶出

a）顶针数量是否足够？

b）顶针尺寸大小是否合适？

c）模具顶出形式和机床顶出形式是否吻合？

d）开模距离能否满足产品脱模要求？

e）是否需要安装顶针板复位弹簧？

f）是否需要顶针提前复位机构？

g）是否需要支撑柱？

h）是否需要顶出导向？

i）顶针是否与滑块之间存在干涉？

4. 排气

a）模具的排气槽位置是否已确定？

b）产品填充末端是否已设置排气？

c）所有角落是否已设置排气？

d）所有的凸台、筋条和台阶是否已设置排气？

e）深腔部位是否已设置排气？

f）流道上是否已设置排气？

5.浇口和流道

a）浇口尺寸合适吗？

b）脱模后是否会有浇口残留？

c）流道尺寸是否满足要求？

d）流道是否平衡？

e）脱模时流道是否会留在动模侧？

f）如果三板模，流道能否顺利脱落？

g）是否有拉料杆？

h）拉料销是否会干扰料流？

附录F   模具验收清单

a）浇口位置是否满足要求？

b）产品尺寸是否满足要求？

c）是否做过冷却分析？

d）是否做过浇口冻结试验？

e）是否做过黏度试验？

f）型腔平衡是否满足要求？

g）成型周期是否满足要求？

h）产品顶出是否顺利？

i）产品填充是否顺利？

j）工艺窗口是否合格？

k）流道是否满足要求？

l）产品排气是否满足要求？

m）模具冷却水管是否满足要求？

n）模具在注塑机上是否能安全装夹？

附录G 回收用料表

流道和产品中的回料比例应始终保持相同。

产品重量95%，流道重量5%

再生料代次 （g）	注塑轮次（p）				
	1	2	3	4	5
0	100	95.00	95.00	95.00	95.00
1	—	5.00	4.75	4.75	4.75
2	—		0.25	0.24	0.24
3	—	—	—	0.01	0.01
4	—	—	—	—	0.00

产品重量90%，流道重量10%

再生料代次 （g）	注塑轮次（p）				
	1	2	3	4	5
0	100	90.00	90.00	90.00	90.00
1	—	10.00	9.00	9.00	9.00
2	—	—	1.00	0.90	0.90
3	—	—	—	0.10	0.09
4	—	—	—	—	0.01

产品重量80%，流道重量20%

再生料代次 （g）	注塑轮次（p）				
	1	2	3	4	5
0	100	80.00	80.00	80.00	80.00
1	—	20.00	16.00	16.00	16.00
2	—	—	4.00	3.20	3.20
3	—	—	—	0.80	0.64
4	—	—	—	—	0.16

产品重量75%，流道重量25%

再生料代次（g）	注塑轮次（p）				
	1	2	3	4	5
0	100	75.00	75.00	75.00	75.00
1	—	25.00	18.75	18.75	18.75
2	—	—	6.25	4.69	4.69
3	—	—	—	1.56	1.17
4	—	—	—	—	0.39

产品重量50%，流道重量50%

再生料代次（g）	注塑轮次（p）				
	1	2	3	4	5
0	100	50.00	50.00	50.00	50.00
1	—	50.00	25.00	25.00	25.00
2	—	—	25.00	12.50	12.50
3	—	—	—	12.50	6.25
4	—	—	—	—	6.25

产品重量25%，流道重量75%

再生料代次（g）	注塑轮次（p）				
	1	2	3	4	5
0	100	25.00	25.00	25.00	25.00
1	—	75.00	18.75	18.75	18.75
2	—	—	56.25	14.06	14.06
3	—	—	—	42.19	10.55
4	—	—	—	—	31.64